住房和城乡建设领域"十四五"热点培训教材
绿色低碳建筑技术系列丛书

绿色低碳建筑材料选择与评估体系构建

陈 迅 王志霞 王 伟 主编

中国建筑工业出版社

图书在版编目（CIP）数据

绿色低碳建筑材料选择与评估体系构建 / 陈迅，王志霞，王伟主编 . -- 北京：中国建筑工业出版社，2024.9. --（住房和城乡建设领域"十四五"热点培训教材）（绿色低碳建筑技术系列丛书）. -- ISBN 978-7-112-30090-7

Ⅰ. TU5

中国国家版本馆 CIP 数据核字第 2024LU3330 号

本书是以现行标准而编制的，主要包括建筑节能材料概述、绿色低碳基础建材介绍、绿色建筑围护结构介绍、绿色建筑防水材料、绿色装饰装修材料、建筑节能相变材料、建筑节能门窗材料、绿色建筑评估体系概述以及绿色建筑材料在我国建筑工程施工技术中的应用与未来展望等内容。本书理论联系实际，遵循先进性、全面性、实用性、规范性的原则，强调在建筑工程实践中的实用性，旨在响应国家关于绿色转型和生态文明建设的号召，满足社会对环保和可持续发展的需求。

责任编辑：周娟华
责任校对：张　颖

住房和城乡建设领域"十四五"热点培训教材
绿色低碳建筑技术系列丛书
绿色低碳建筑材料选择与评估体系构建
陈　迅　王志霞　王　伟　主编

*

中国建筑工业出版社出版、发行（北京海淀三里河路9号）
各地新华书店、建筑书店经销
北京龙达新润科技有限公司制版
廊坊市文峰档案印务有限公司印刷

*

开本：787毫米×1092毫米　1/16　印张：14¾　字数：368千字
2024年6月第一版　　2024年6月第一次印刷
定价：88.00元
ISBN 978-7-112-30090-7
（43512）

版权所有　翻印必究
如有内容及印装质量问题，请联系本社读者服务中心退换
电话：(010) 58337283　QQ：2885381756
（地址：北京海淀三里河路9号中国建筑工业出版社604室　邮政编码：100037）

前　言

建筑材料是各类建筑工程的重要物质基础，在一般情况下，材料费用占建筑工程总投资的50%～60%。建筑材料发展史充分证明，建筑材料的发展赋予了建筑物以时代的特性和风格；建筑设计理论不断进步和施工技术的革新，不但受到建筑材料发展的制约，同时也受到其发展的推动。因此，正确选用符合国家和行业现行标准的节能建筑材料，是节能建筑工程设计和施工中的一项重要工作，是确保节能建筑工程符合设计要求的基础。随着国民经济的快速发展，我国建材工业在近30年实现了跨越式的发展，水泥、玻璃、混凝土、钢材、建筑陶瓷等主要建筑材料的年产量已多年位居世界第一，大量生产带来的原料消耗及对环境产生的影响，也成为我国建材工业发展亟待解决的问题。传统建筑材料的发展越来越受到能源和环保等因素的制约。随着我国的经济多年来持续稳定增长，建筑行业也在不断的发展和进步。有统计表明，我国现在每年新建的房屋面积占到世界总量的50%，建筑能耗占到中国全社会能耗总量的40%。住房和城乡建设部办公厅在2017年7月发布的文件显示，绿色建筑标准现已在我国省会以上城市中的部分建筑实施强制性推广。2016年我国建筑节能与绿色建筑工作调查结果显示，在实行节能强制性标准后，全国各地都在有序地推进绿色建筑与建筑节能的相关工作。截至2016年底，我国强制执行绿色建筑标准项目超过2万个，累计有7235个建筑项目获得绿色建筑评价标识，建筑面积超过8亿平方米，绿色建筑已成为我国新建及改造建筑的必然发展趋势。但在现有的绿色建筑中，绝大部分为设计标识项目，运行标识项目还相对较少，仅占建筑项目总量的5%左右。绿色建筑的地域分布也不均衡，标识项目主要集中在江苏、广东、上海、山东等地区，宁夏、青海等中西部地区项目数量较少。不同于绿色建筑兴起之初高成本、低效益的特点，如今绿色建筑所使用的技术已经在向着性能优、经济效益好、舒适度高的方向发展。但是，在一些新建的绿色建筑项目中，建设方可能会简单地认为越难越新颖的技术节能效果越好、越适用于绿色建筑，站在项目的宣传示范角度上盲目追求"高级"的新技术、新设备，而忽略了实际应用效果和投资回报，在绿色建筑正式投入运行后，不对其进行监测评估，导致绿色建筑在运行阶段不能达到预期效果，这些都是绿色建筑运行中出现的问题。基于实际调研结果发现，我国绿色建筑技术应用存在以下特点：一是绿色建筑技术实施效果较差，有研究表明，在实际调研的数十项绿色建筑中，约有11%的设计技术在实际建筑中并未实施或未投入运行；二是绿色建筑运营效果欠佳，在实际调研建筑中有约28.6%的绿色建筑其整体节能效果不能达到设计预期要求；三是绿色建筑的增量投资较大，可实际的经济效益并不明显。因此，我们引入了技术"适宜性"的概念，开展对绿色建筑节能环保技术的多目标适宜性预评估方法的研究，最终形成一套完整的预评估体系，针对具体的建筑个体，给出在不同气候区、不同建筑类型中使用的节能环保技术个性化的应用实效预评估，以减少由于在技术实际应用过程中不能达到设计预期效果而造成的损失。

根据我国现行标准《绿色建筑评价标准》GB/T 50378—2019（2024年版）中"节能与能源利用"部分的评分项可知，绿色建筑中的节能环保技术是以围护结构相关技术、暖通空调相关技术、照明与电气相关技术、能量综合利用技术为主，节能环保技术作为绿色建筑节能减排工作的重要支撑力量，得到了充分的关注。国家通过政策鼓励、研发资金支持等手段推动创新技术发展，促进绿色建筑技术的改进与不断革新，以达到更好的节能环保效果。但是由于绿色建筑评价方法的不完善以及大众对绿色建筑节能环保技术相关知识的缺乏，导致出现一些为了追求高评分、高星级而盲目堆砌使用技术的情况，以及一些由于对节能环保技术了解不足、评估不准确而导致的技术后期运营亏本的状况。虽然一些绿色建筑采用了大量先进的节能环保技术，但建筑本身并没有真正达到低能耗。因此，绿色建筑节能环保技术应用的快速发展也要求我们对技术有更加全面的、科学的评价体系。

中国城市科学研究会绿色建筑研究中心在2013年统计了我国不同类型的公共建筑项目389项，住宅建筑目455项。其中包括办公、商场、场馆、宾馆、学校、医院等建筑，各占44％、17％、14％、8％、8％、5％。研究者按照不同地域数量、气候分区、建筑类型、绿色星级等选择了100个绿色建筑调研项目，占到全国总量的8.12％，包含了20个运行标识项目，样本具有全面性，基本能够反映我国目前绿色建筑的实施和运行情况。统计结果显示，在绿色居住建筑中应用最少的技术为垂直绿化、太阳能光伏系统，而在公共建筑中，垂直绿化应用的并不少见，该技术增加绿化面积、有助于缓解城市热岛效应，并且可以改善屋顶和墙壁的保温隔热效果、辅助建筑节能，是一项效果良好的绿色技术，但在居住建筑中，垂直绿化可能会影响底层住户的采光效果、外墙热工性能等，且垂直绿化需要后期维护管理费用，相当于增加了长期的运行费用，因此垂直绿化应用得较少。对于太阳能光伏系统，现在该技术大多应用在公共建筑中，为了达到较高的经济效益，采用该技术的建筑一般需要较大的围护结构面积，但对于居住建筑，用户用电量相对较少，且初始投资也过大，因此大面积光伏发电系统的项目很少。因此，节能环保技术的应用效果及适宜性是与地域、建筑类型等因素密切相关的，同样的技术在不同的条件下适宜性也会有很大差别。就绿色建筑节能环保技术在实际应用中可能出现的问题，国内外已有不少学者做过相关研究。例如，张慧玲对空气源热泵在我国各个地区的应用做了系统的研究，但一些非常重要的影响空气源热泵实际应用效果的因素，例如结霜量，在绿色建筑方案设计阶段就没有给予足够的重视。

绿色建筑中使用的节能环保技术大大提高了建筑的初期投资，这是制约绿色建筑推广的一大因素，因此对建筑节能环保技术的增量成本与经济性的量化分析是很有必要的，这能为人们在绿色建筑建成前对节能环保技术的优化选择提供理论依据。节能技术增量成本回收期是节能技术增量成本周转速度的反映。若增量投资回收期短于业内普遍水平，则不仅表明该技术对于该建筑是适宜的，同时也能体现技术的发展进步水平；反之，则说明对于该建筑，这项技术是不适宜的。例如，在重庆地区某建筑中，光伏发电能耗回收期为十余年，广州某超高层办公楼项目设置的太阳能光电系统经济回收期竟长达155年。对于这样的情况，在建筑落成前期设计阶段即需要慎重选择技术。因此，经济性指标是绿色建筑节能环保技术评价过程中的重要指标之一。

目 录

第一章 建筑节能材料概述 ……………………………………………………… 1
 第一节 绿色建材的基本概念 …………………………………………………… 1
 第二节 建筑节能的重大意义 …………………………………………………… 5
 第三节 我国建筑节能的现状 …………………………………………………… 10
 第四节 建筑节能材料的作用 …………………………………………………… 13
 第五节 绿色建筑材料发展的前景 ……………………………………………… 15

第二章 绿色低碳基础建材介绍 ………………………………………………… 17
 第一节 再生骨料混凝土发展概述 ……………………………………………… 17
 第二节 混凝土固体废物的循环利用 …………………………………………… 20
 第三节 再生骨料及其制备技术 ………………………………………………… 22
 第四节 再生骨料混凝土环境评价 ……………………………………………… 25
 第五节 透水混凝土 ……………………………………………………………… 26
 第六节 光催化混凝土 …………………………………………………………… 31
 第七节 生态净水混凝土 ………………………………………………………… 35

第三章 绿色建筑围护结构介绍 ………………………………………………… 39
 第一节 绿色墙体材料的基本概念 ……………………………………………… 39
 第二节 墙体节能烧结砖材 ……………………………………………………… 42
 第三节 墙体节能砌块材料 ……………………………………………………… 48
 第四节 墙体节能复合板材 ……………………………………………………… 52
 第五节 其他墙体节能材料 ……………………………………………………… 61
 第六节 建筑节能玻璃概述 ……………………………………………………… 62
 第七节 镀膜建筑节能玻璃 ……………………………………………………… 66
 第八节 中空建筑节能玻璃 ……………………………………………………… 70
 第九节 吸热建筑节能玻璃 ……………………………………………………… 74
 第十节 真空建筑节能玻璃 ……………………………………………………… 79
 第十一节 新型建筑节能玻璃 …………………………………………………… 83
 第十二节 常用建筑保温隔热节能材料 ………………………………………… 87
 第十三节 建筑保温隔热节能技术发展 ………………………………………… 96

第四章 绿色建筑防水材料 ……………………………………………………… 100
 第一节 绿色建筑防水材料概述 ………………………………………………… 100

第二节　常用绿色建筑防水卷材 …………………………………… 102
　　第三节　常用绿色建筑防水涂料 …………………………………… 112
　　第四节　其他常用绿色防水材料 …………………………………… 122
　　第五节　绿色建筑防水材料发展 …………………………………… 128

第五章　绿色装饰装修材料 …………………………………………… 132
　　第一节　绿色装饰装修材料概述 …………………………………… 132
　　第二节　绿色建筑装饰陶瓷 ………………………………………… 139
　　第三节　绿色装饰混凝土 …………………………………………… 147
　　第四节　绿色装饰瓦材 ……………………………………………… 150
　　第五节　绿色装饰地板 ……………………………………………… 155
　　第六节　绿色装饰板材 ……………………………………………… 161
　　第七节　墙体环保节能涂料 ………………………………………… 166

第六章　建筑节能相变材料 …………………………………………… 171
　　第一节　相变材料的基本知识 ……………………………………… 171
　　第二节　建筑节能相变材料制备 …………………………………… 180
　　第三节　建筑节能相变材料应用 …………………………………… 187

第七章　建筑节能门窗材料 …………………………………………… 196
　　第一节　建筑塑料节能门窗 ………………………………………… 196
　　第二节　铝合金节能门窗 …………………………………………… 202
　　第三节　铝塑钢节能门窗 …………………………………………… 204
　　第四节　玻璃钢节能门窗 …………………………………………… 205
　　第五节　铝木节能门窗 ……………………………………………… 208
　　第六节　门窗薄膜材料和密封材料 ………………………………… 210

第八章　绿色建筑评估体系概述 ……………………………………… 215
　　第一节　国外绿色建筑评估体系现状 ……………………………… 215
　　第二节　国内绿色建筑评估体系概况 ……………………………… 216
　　第三节　节能环保技术分类及指标分析 …………………………… 218

第九章　绿色建筑材料在我国建筑工程施工技术中的应用与未来展望 …… 221
　　第一节　绿色建筑材料在我国建筑工程施工技术中的应用 ……… 221
　　第二节　绿色建筑材料未来的发展方向 …………………………… 223

参考文献 ………………………………………………………………… 227

第一章
建筑节能材料概述

全面的建筑节能就是建筑全寿命过程中每一个环节节能的总和，是指建筑在选址、规划、设计、建造和使用过程中，通过采用节能型的建筑材料、产品和设备，执行建筑节能标准，加强建筑物所使用的节能设备的运行管理，合理设计建筑围护结构的热工性能，提高供暖、制冷、照明、通风、给水排水和管道系统的运行效率，以及利用可再生能源，在保证建筑物使用功能和室内热环境质量的前提下，降低建筑能源消耗，合理、有效地利用能源。全面的建筑节能是一项系统工程，必须由国家立法、政府主导，对建筑节能作出全面的、明确的政策规定，并由政府相关部门按照国家的节能政策，制定全面的建筑节能标准；要真正做到全面的建筑节能，还须由设计、施工、各级监督管理部门、开发商、运行管理部门、用户等各个环节，严格按照国家节能政策和节能标准的规定，全面贯彻执行各项节能措施，使每一位公民真正树立起全面的建筑节能观，将建筑节能真正落到实处。

第一节 绿色建材的基本概念

随着科学技术发展和社会进步，人类越来越追求舒适、美好的生活环境，各种社会基础设施的建设规模日趋庞大，建筑材料越来越显示出其重要的地位。然而，在享受现代物质文明的同时，我们却不得不面临着一个严峻的事实：资源短缺、能源耗竭、环境恶化等问题正日益威胁着人类自身的生存和发展。而建筑材料作为能耗高、资源消耗大、污染严重的工业产业，在改善人类居住环境的同时对人类环境污染负有不可推卸的责任。因此，如何减轻建筑材料的环境负荷，实现建筑材料的绿色化，成为21世纪建材工业可持续发展的首要问题。绿色建筑材料是绿色材料中的一部分，绿色材料是在1988年第一届国际材料科学研究会上首次提出来的。1992年国际学术界给绿色材料的定义为：在原料采取、产品制造、应用过程和使用以后的再生循环利用等环节中对地球环境负荷最小和对人类身体健康无害的材料。人们对绿色材料达成共识的原则主要包括利于人的健康、能源效率、资源效率、环境责任、可承受性5个方面。其中还包括对污染物的释放、材料的内耗、材料的再生利用、对水质和空气的影响等。绿色建筑材料又称为生态建筑材料、环保建筑材料和健康建筑材料。总而言之，绿色建筑材料是一种无污染、不会对人体造成伤害的建筑材料，这类材料不仅有利于人的身体健康，而且还能减轻对地球的负荷。

（一）绿色建筑材料的概念和分类

绿色建筑材料根据其特点，可以大致分为5类：节省能源和资源型、环保利废型、特殊环境型、安全舒适型、保健功能型。其中，后两种类型与家居装修关系尤为密切。所谓节省能源和资源型，是指在建筑材料的生产过程中，能够明显地降低对传统能源和资源的消耗的产品；环保利废型是指利用新工艺、新技术，对其他工业生产的废弃物或经过无害化处理的人类生活垃圾加以利用而生产出的建筑材料产品；特殊环境型是指能够适应恶劣环境需要的特殊功能的建筑材料产品；安全舒适型是指具有轻质、高强、保温、隔热、防火、防水、调光、调温等性能的建筑材料产品；保健功能型是指具有保护和促进人类健康功能的建筑材料产品。绿色建筑材料的推广和应用是我国建筑行业绿色转型的重要途径之一。在当前全球气候变化和环境问题日益严峻的背景下，绿色建筑材料的研发和应用显得尤为重要。绿色建筑对绿色建材在资源利用方面的要求可以概括为：①尽量减少对天然建筑材料的依赖；②使用耐久性好的建筑材料；③尽量使用可再生资源生产的建筑材料；④尽量使用可再生利用、可降解的建筑材料；⑤尽量使用由各种废弃物生产的建筑材料。欧美经济发达国家和地区对于建筑物均有"建材回收率"的规定，指定建筑物必须使用30%～40%的再生玻璃、再生混凝土砖、再生木材等回收建材。1993年，日本混凝土块的再生利用率已达到70%，50%的建筑废弃物均可经过回收再循环使用；有些先进国家以80%的建筑废弃物回收率为目标。但是，我国仅对铝合金型材和钢筋的回收率较高，而对混凝土、砖瓦、玻璃、木材、塑料等的回收率很低，结果造成再生资源严重浪费、建筑垃圾污染环境。利用多种废物生产绿色建筑材料，在国内外建材行业已经成为研究和开发的"热点"。废弃物主要包括建筑废物、工业废物和生活垃圾，可作为再生资源用于生产绿色建筑材料。建筑废物中的废混凝土、废砖瓦经过处理后可制成再生骨料，可用于制作混凝土砌块、水泥制品和配制再生混凝土；建筑污泥可用于制造混凝土骨料；废木材可作为造纸的原料，也可用来制造人造木材和保温材料。

工业废物中的煤矸石、沸腾炉渣、粉煤灰、磷渣等，可以用来代替部分黏土作为煅烧硅酸盐水泥熟料的原料，也可以直接作为硅酸盐水泥的混合材；粉煤灰、矿渣经过处理可以作为活性掺合料用于配制高性能混凝土；一些工业废渣还可以用来制砖和砌块，如炉渣砖、灰砂砖、粉煤灰砖等，工业废渣砖已是当今广泛应用的建筑材料；粉煤灰、煤矸石还可以用来生产轻集料和筑路材料。此外，国外还有利用废发泡聚苯乙烯作为骨料生产轻型隔热材料；用造纸淤泥制造防火板材；用垃圾焚烧灰和下水道的污泥生产特种水泥（生态水泥）；用废纸生产新型保温材料等。据有关资料报道，生活垃圾中80%是潜在的资源，它们可以回收再利用生产建筑材料：如废玻璃磨细后可以直接作为再生骨料；废纤维和废塑料经化学处理可以制成聚合物胶粘剂，用它配制的聚合物混凝土具有高强度、高硬度、耐久性好等特点，可用于生产预制构件、修补道路和桥梁；废塑料回收还可以生产"再生木材"，其使用寿命在50年以上，可以取代经化学处理的木材，具有耐潮湿、耐腐蚀等特点，特别适合用于流水、潮湿和腐蚀介质的地方代替木材制品。另外，在新鲜垃圾中分拣出金属材料后再加入生物催化剂，经杀菌、固化处理后可以制成具有一定强度、无毒害、较高密度的固体生活垃圾混凝土，可用于路基材料。

绿色建筑材料的推广和应用是推动建筑行业绿色转型的重要途径，有助于实现我国的绿色发展、"双碳"目标。我国政府和社会各界应进一步关注及支持绿色建筑材料的研究、生产与应用，以促进建筑行业的可持续发展。

（二）绿色建筑材料的主要特征

尽可能使用减少建筑运行能耗的建筑材料。针对全球能源危机的现状，很多国家把节能称为"第五常规能源"，对建筑节能采取了许多有效措施，其中包括发展和应用绝热材料。建筑材料对于建筑节能的贡献集中体现在减少建筑运行的能耗，提高建筑的热环境性能方面。建筑物的外墙、屋顶与窗户是降低建筑能耗的关键部位，加强这些部位的保温隔热、选用优良的绝热建筑材料，是实现建筑节能最有效和最便捷的方法。在各种建筑物中采用绝热材料进行保温隔热，是最直观的也是效果最为显著的建筑节能措施；采用高效绝热材料复合墙体和屋面以及密封性能良好的多层窗是建筑节能的重要方面。绿色建筑材料的主要特征是其对环境友好和可持续性的承诺。这些特征不仅体现在材料的生产过程，还体现在其使用和生命周期结束后的处理方式。建筑节能检测表明，建筑物热损失的1/3以上是由于门窗与室外热交换造成的。提高窗户的保温隔热效果需要从以下两个方面采取措施：一方面是透光材料，玻璃的传热系数比较大，这不仅因为玻璃的热导率高，更主要是由于玻璃是透明材料，热辐射成为重要的热交换方式，因此必须采用高效节能玻璃以显著提高建筑节能效率。目前我国的门窗用的透光材料，从普通的单层玻璃发展到使用单框双玻璃、夹层玻璃、中空玻璃、镀膜玻璃等，大大提高了门窗的保温隔热性能。另一方面是门窗材料，门窗的热导率比外墙和屋面等围护结构大得多，因此发展性能优良的门窗材料和结构是建筑节能的重要措施。随着木质门窗的停止使用，铝合金和塑钢等材料被广泛用于门窗框。我国目前开发的铝合金隔热窗框型材有两种，一种是隔热桥采用树脂实心连接，隔热效果不太明显；另一种是采用硬聚氨酯泡沫实心填充隔热桥，隔热效果较好，但耐久性差。国外采用高强度树脂双肢隔热桥，用液压工艺连接隔热桥的铝合金隔热窗型材，隔热效果非常好。我国保温材料在建筑上的应用是随着建筑节能的要求日趋严格而逐渐发展起来的，相对于保温材料在工业上的应用，建筑保温材料和技术还是比较落后的，高性能节能保温材料在建筑上的利用率很低，个别地区仍在采用保温性能差的实心黏土砖。为了实现建筑节能65%的新目标，根本出路是发展高效节能的外墙外保温复合墙体，外围护墙体的保温隔热技术和材料是目前重点研究开发的节能技术，它可以有效避免热桥的产生，其保温效果良好。国外以轻质多功能复合保温材料为开发方向，在建筑物的围护结构中，不论是民用建筑还是商用建筑，全部采用轻质高效的玻璃棉、岩棉和泡沫玻璃等保温材料，在空心砌块或空心砌筑好的墙体空腔中，用高压压缩空气把絮状的玻璃棉吹到空腔中填充密实，保温效果非常好。目前，美国已开始大规模生产热反射膜用于建筑节能中，取得显著效果。

1. 节能环保

绿色建筑材料在生产过程中的节能环保特性是通过优化材料的生产工艺、提高资源利用效率和减少废弃物排放来实现的。例如，利用工业副产品如粉煤灰、矿渣等作为混凝土的掺合料，不仅可以减少水泥的用量，降低生产过程中的能源消耗，还能减少二氧化碳排放。此外，利用地热能、太阳能等可再生能源来提供生产过程中的能源需求，也是绿色建筑材料节能环保的重要途径。

2. 健康无害

绿色建筑材料在室内环境中的健康无害性体现在它们不会释放有害物质，如挥发性有机化合物（VOCs）、甲醛等。这些有害物质对人体健康有严重影响，尤其是在封闭的室内环境中。因此，使用低 VOCs 的涂料、胶粘剂和家具等绿色建筑材料，可以减少室内污染，保护居住者的健康。此外，绿色建筑材料还应具备良好的透气性和防霉性能，以保证室内空气质量。

3. 可持续性

绿色建筑材料的可持续性体现在其原料来源和生产过程两个方面。一方面，绿色建筑材料通常来源于可再生资源，如竹材、麻材、再生木材等，这些材料可以通过自然生长和再生来不断获得；另一方面，绿色建筑材料的生产过程也应符合可持续发展的原则，即在满足当前需求的同时，不损害后代满足自身需求的能力。通过回收再利用废弃物制成的材料，如再生砖、回收金属等，可以减少对原始资源的依赖，有助于保护生态环境。此外，绿色建筑材料的可持续性还体现在它们的使用寿命和废弃物处理方面，即这些材料在使用寿命结束后，可以被轻易处理或再次利用，减少对环境的负担。

4. 智能高效

一些绿色建筑材料具有智能特性，如自洁墙面、调光窗户、温湿度调节材料等，这些材料能够自动调节环境参数，提供舒适的居住环境，同时减少能源消耗。

5. 施工便利

绿色建筑材料应当易于施工安装，减少施工过程中的能耗和污染。例如，预制混凝土构件、模块化建筑系统等，可以简化施工流程，提高施工效率。虽然绿色建筑材料的初始成本可能高于传统材料，但长远来看，由于其节能、耐用等特性，可以降低建筑运营成本，具有较好的经济性。例如，高效保温材料可以降低供暖和空调费用，长远来看更经济。在材料采集和生产过程中，绿色建筑材料尽量减少对生物多样性的负面影响，保护自然生态。例如，选择可持续采伐的木材，避免破坏森林生态系统。这些特征综合体现了绿色建筑材料在节能减排、健康环保、经济可持续等方面的优势，是推动建筑行业向绿色化、低碳化转型的重要材料支撑。随着技术的进步和市场的需求，绿色建筑材料将继续发展，为构建绿色、健康、可持续的建筑环境提供更多选择。

（三）绿色建筑对绿色建材的要求

在《中国住宅产业技术》中提出了居住环境保障技术、住宅结构体系与住宅节能技术、智能型住宅技术、室内空气与光环境保障技术等多项与绿色建筑材料相关的内容。这些建筑技术的发展必然以材料为基础，建筑材料的绿色化是绿色建筑的基础。

1. 绿色建筑对绿色建材在资源利用方面的要求

绿色建筑的核心理念是全面性和持续性，它强调建筑行业在项目的每一个阶段，从设计到施工，再到运营、维护和最终的拆除，都必须充分考虑对环境的影响，并寻求在全生命周期内实现资源的最优化利用。这种建筑模式不仅关注建筑本身的绿色性能，还关注与建筑相关的产业链的绿色转型。悉尼奥运会的建设倡导了"少用即是环保"的理念，这一理念对于节约自然资源和能源、减轻环境污染具有重要意义。选用耐用性高的建筑材料,有助于节能减排、减少固体废物,并降低室内污染。绿色建筑注重减少各类资源的消耗,尤其是不可再生资源,如水资源和土地资源。

在绿色建筑材料的选择上,应减少对水资源的消耗,采用节水型建材产品,利用透水性陶瓷或混凝土砖促进雨水渗透,维持水循环,从而节约水资源。同时,应限制或淘汰那些大量消耗土地资源,尤其是耕地的建筑材料,如实心黏土砖。相反,应推广使用由工业废渣(如煤渣、矿渣、粉煤灰等)和建筑废弃物制成的建筑材料。此外,发展新型墙体材料、高性能水泥和混凝土等,这些材料不仅性能优越,还能大幅节约资源。同时,推广轻质骨料和轻质混凝土,以减轻混凝土结构的自重,减少原材料的使用。通过这些措施,绿色建筑在资源利用方面实现了高效、环保的目标。

绿色建材的选择和使用是实现绿色建筑的关键环节,它们不仅能够提升建筑的环保性能,还能够提高居住和工作的健康水平,同时也是推动建筑行业向绿色低碳转型的重要手段。随着技术的进步和市场的需求,绿色建材将继续发展,为实现碳达峰、碳中和的长远目标作出重要贡献。

2. 绿色建筑在能源方面对绿色建筑材料的要求

建筑物在建造和运行过程中需要消耗大量的能源,并对生态环境产生不同程度的负面影响。表1-1中列出了常见建筑材料生产阶段的能耗。

单位质量建筑材料在生产过程中的初始能耗(单位:GJ/t)　　表1-1

型钢	钢筋	铝材	水泥	建筑玻璃	建筑卫生陶瓷	空心黏土砖	混凝土砌块	木材制品
13.3	20.3	19.3	5.5	16.0	15.4	2.0	1.2	1.8

钢材、铝材虽然生产能耗比较高,但它们具有非常高的产品回收率,钢筋和型钢的回收率、利用率可分别达到50%和90%,铝材的回收利用率可达到95%,而且这些材料经回收处理后仍然可用于建筑结构。我国目前的废弃玻璃和废弃混凝土在建筑上的回收利用率非常低。这些回收的建筑材料再生处理过程同样还需要消耗能量,但比初始生产能耗有较大幅度的降低。据统计资料表明,我国回收钢材重新加工的能耗为钢材原始生产能耗的20%~50%,再生加工铝材的生产能耗仅占原始生产能耗的5%~8%。因此,可再生利用的建筑材料对于节约能源和保护环境都具有相当大的影响。

第二节　建筑节能的重大意义

建筑节能作为贯彻国家可持续发展战略的重大举措,已经得到社会各界和民众的更多关注。在国际上,建筑用能与工业、农业、交通运输能耗并列,属于民生能耗,一般占全国总能耗的30%~40%。由于建筑用能关系国计民生,量大面广,因此节约建筑用能牵涉国家经济发展全局,是影响深远的大事情。开展建筑节能工作,为社会提供节能、节地、节水、节材且环保的节能建筑具有非常重大的意义。随着我国社会经济的发展,人民生活水平的大幅提高,全国建筑能耗呈稳步上升的趋势,我国能源的压力逐年加大,制约着我国国民经济的持续发展,因此降低建筑能耗已经刻不容缓;另外,建筑节能是缓解我国能源紧缺、改善人民生活以及工作条件、减轻环境污染、促进经济可持续发展的一项战略方针。节约能源是全世界共同关注的问题，近年来，世界各国特别是欧美发达国家地区，对节能技术高度重视并进行了充分研究。建筑节能在能源节约中占有极其重要的地位，特别是在近30年，各国在推广建筑节能法规、建筑设计和施工、新型建筑节能材料开发和应用、建筑节能产品的认证和管理等方面都在不断地研究探索，并取得了非常显著的效果。

（一）建筑节能的基本概念

人类发展和社会进步的历程充分证明，能源是人类赖以生存和发展的基本条件。20世纪70年代的石油危机，对石油进口国家经济发展和社会生活均产生极大冲击，也给发达国家敲响了能源供应紧张的警钟。同时，能源无节制的大量消费造成了大气污染和全球温室效应，生态环境迅速恶化。节能是关系到全人类生存的大问题，是指加强对所用能源的管理，并采用技术上可行、经济上合理，以及环境和社会可以承受的措施，减少从能源生产到消费各个环节中的损失和浪费，更加有效、合理地利用能源。这个节能含义既是《中华人民共和国节约能源法》对节能的法律规定，也是世界能源委员会（World Energy Council，WEC）的节能概念。各国节能的实践证明，节能不是简单地减少能源的用量，节能的核心是提高能源的利用效率。从能源消费的角度，能源利用效率是指为终端用户提供的能源服务与所消费的能源量之比。建筑施工和使用过程中所需的能源，是能源消耗的重要组成部分。通常所指的建筑能耗，在社会总能耗中占有很大比例，而且社会经济越发达，生活水平越高，建筑能耗所占的比例越大。西方发达国家，建筑能耗占社会总能耗的30%~45%，我国的建筑能耗占社会总能耗的20%~30%。由于建筑能耗在社会总能耗中所占的比例较大，且明显有越来越大的趋势，因此不仅建筑节能已成为世界节能的主流之一，建筑节能技术也已成为当今世界建筑技术发展和研究的重点之一。不论是发达国家还是发展中国家，建筑能耗状况和建筑节能成效都是牵动社会经济发展的大问题。在欧美经济发达国家，建筑节能经历了以下三个阶段：第一阶段称为建筑中节约能源（Energy saving in Buildings），我国称为建筑节能；第二阶段称为建筑中保持能源（Energy conservation in Buildings），意为在建筑中减少能源的散失；第三阶段称为建筑中提高能源利用率（Energy efficiency in Buildings），意为不是消极意义上的建筑节能，而是积极意义上的提高能源的利用率。通过近些年的实践，目前多数国家公认的建筑节能含义是：在建筑中合理使用和有效利用能源，不断提高能源的利用率，减少能源的消耗。建筑节能主要包括建筑材料、建筑结构、供暖、通风、空调、家用电器等。正确的建筑节能观，应该以提高建筑物的能源利用效率，同时尽量降低建筑物的固有能耗，用最小的能源消耗代价取得最大的经济效益和社会效益；以满足日益增长的需求为目标，走可持续发展的道路。根据发达国家的经验，可以从以下5个途径来推动我国的建筑节能工作。

1. 设计节能

在建筑设计阶段，通过科学合理的设计方法，如采用先进的建筑模拟软件，优化建筑物的形态、朝向、间距和立面等，以提高建筑物的整体热工性能。此外，设计时还应考虑建筑物的被动式设计策略，如自然采光、自然通风等，以减少对机械设备和人工照明的依赖。

2. 建材节能

选择高性能、低能耗的建材,如高效保温隔热材料、高强度钢材、高性能玻璃等。这些材料不仅能够提高建筑物的能源效率,还能够提升建筑物的结构性能和使用寿命。此外,优先选用本地建材,以减少运输过程中的能源消耗和碳排放。

3. 施工节能

在建筑施工过程中,采用先进的施工技术和施工管理方法,确保建筑节能设计的有效实施。例如,使用节能施工设备、采用高效施工工艺等,以提高建筑物的节能性能。同时,施工过程中应严格控制建筑材料的浪费,减少资源消耗。

4. 运营维护节能

在建筑物的运营和维护过程中,通过科学、合理的能源管理和节能措施,如使用节能设备、优化建筑物的运行模式、实施智能建筑管理系统等,降低能源消耗。此外,定期对建筑物进行能源审计和性能检测,以确保其节能性能的持续有效性。

5. 节能改造

对已建成的建筑物进行节能改造,通过改善其热工性能、更换高性能的用能设备、优化能源系统等,提高建筑物的能源利用效率。节能改造不仅可以提升建筑物的能源性能,还能够延长其使用寿命,提高投资回报率。

建筑节能的实施不仅可以减少建筑物的能源消耗,降低运行成本,提高居住舒适度,还能减少对环境的污染和影响。在我国,建筑节能已成为政策要求的重要内容,也是实现可持续发展的重要途径。通过推广建筑节能技术和建材,鼓励建筑节能实践,我国建筑行业将逐步向绿色低碳方向转型,为应对气候变化和保护生态环境作出积极贡献。

(二)建筑节能的重大意义

建筑节能的重要性在当今社会愈发凸显,其深远的影响体现在以下几个方面:

1. 节约能源资源

建筑节能通过降低建筑物的能源消耗,有助于缓解全球能源紧张的状况。在能源资源日益成为战略物资的背景下,建筑节能显得尤为重要。例如,通过高效保温材料和智能节能系统,建筑可以显著减少对空调和暖气的依赖,从而节约电力和化石燃料。

2. 减少温室气体排放

建筑节能有助于减少温室气体的排放,对抗全球气候变化具有重要意义。建筑物是能源消耗的大户,通过提高能源利用效率,减少对化石能源的依赖,建筑节能可以有效降低二氧化碳等温室气体的排放。

3. 提高经济效益

建筑节能可以降低建筑物的运营成本,提高投资回报率。例如,通过安装太阳能光伏板和高效节能灯具,对于建筑物可以减少电力支出,从而提高经济效益。对于开发商和使用者来说,节能建筑可以减少能源费用,提高房产的吸引力。

4. 智能高效

智能高效是绿色建筑材料的另一个重要特征。随着物联网和大数据技术的发展,建筑材料可以变得更加智能化。例如,自洁墙面材料可以通过纳米技术制成,具有自我清洁和自洁能力，减少了清洁能源的消耗。调光窗户可以根据外部光线自动调节透光度，以节约能源并提供室内舒适的光线。温湿度调节材料能够自动调节室内温度和湿度，提供人体舒适的居住环境，并减少空调等设备的能源消耗。

5. 施工便利

施工便利性是绿色建筑材料设计和生产的重要考虑因素。为了减少施工过程中的能耗和污染，绿色建筑材料应当易于施工安装。例如，预制混凝土构件可以在工厂预先制造，然后运输到施工现场进行组装，减少了现场施工的复杂性和污染。模块化建筑系统可以通过标准化的模块快速组装建筑，提高了施工效率并减少了错误发生的概率。

6. 耐用可靠

耐用可靠性是绿色建筑材料的基本要求之一。例如，高强度混凝土可以承受更大的荷载，减少建筑结构的大小和重量，延长建筑的使用寿命。耐候钢等材料能够承受恶劣环境条件，如高温、高湿、强腐蚀等，保持建筑的稳定性和安全性。

7. 可循环利用

可循环利用性是绿色建筑材料的重要特点之一。例如，钢材、混凝土等材料在建筑生命周期结束后可以通过回收体系进行回收，然后重新用于其他建筑项目，减少了资源的浪费和环境的负担。

8. 兼容性好

例如，绿色屋顶系统可以与现有建筑结构和系统无缝对接，提供额外的隔热和遮阳功能。绿色墙面系统可以与建筑的外墙结构相结合，提供额外的隔热和隔声效果。这种良好的兼容性不仅提高了建筑的性能，也提高了施工的效率和质量。总的来说，绿色建筑材料在智能高效、施工便利、耐用可靠、可循环利用和兼容性好等方面的优势，为建筑行业提供了更加可持续和环保的选择。随着科技的进步和人们对环境保护意识的提高，绿色建筑材料将在未来建筑领域发挥越来越重要的作用。

（三）我国建筑节能的潜力

据有关资料报道，我国建筑不仅能耗高，而且能源利用效率很低，单位建筑能耗比同等气候条件下的国家高出 2～3 倍。因建筑能耗高，仅北方供暖地区每年就多消耗标准煤 1800 万 t，直接经济损失达 70 亿元。现阶段是我国大力推进建筑节能的关键时机。2001 年，世界银行在《中国促进建筑节能的契机》的报告中提出，2000～2015 年是中国民用建筑发展鼎盛期的中后期，2016 年民用建筑保有量的 1/2 是 2000 年以后新建的。全国存量建筑中仍有近 40％为非节能建筑，这些建筑在保温隔热、设备效率等方面存在较大改进空间。

在 400 多亿平方米的既有建筑中，城市建筑总面积约为 138 亿平方米。建筑物普遍存在着围护结构保温隔热性和气密性差、供热空调系统效率低等问题，其节能潜力巨大。以占我国城市建筑总面积约 60％的住宅建筑为例，供暖地区城镇住宅面积约有 $4\times10^{10} m^2$，2000 年的供暖季平均能耗约为 25kg 标准煤 $/m^2$，如果在现有基础上实现 65％的节能，则每年大约可节省 0.65×10^8 t 标准煤。空调是住宅能耗的另一个重要方面，我国住宅空调总量年增加约 1100 万台，空调电耗在建筑能耗中所占的比例迅速上升。根据预测，今后 10 年我国城镇建成并投入使用的民用建筑至少为每年 $8\times10^8 m^2$，如果全部安装空调或供暖设备,则10年增加的用电设备负荷将超过1×10^8kW,约为我国2000年发电能力的1/3。如果我国大部分新建建筑按节能标准建造,并对既有建筑进行节能改造,则可使空调负荷降低40%~70%,有些地区甚至不装空调也可保证夏季基本处于舒适范围。

公共建筑节能潜力也很大。目前,全国公共建筑面积大约为$4.5\times10^9\,\text{m}^2$,其中采用中央空调的大型商厦、办公楼、宾馆为$(5\sim6)\times10^8\,\text{m}^2$。如果按节能50%的标准进行改造,总的节能潜力约为$1.35\times10^8\,\text{t}$标准煤。

1. 建筑规模的潜力

随着我国城镇化进程的不断推进,建筑规模持续扩大,新建建筑和既有建筑的总量十分巨大。这意味着通过提高节能标准和技术,可以在很大程度上减少能源消耗。例如,对于新建建筑,可以强制执行更高的节能标准,而对于既有建筑,可以通过翻新和改造来提升其能效。

2. 节能改造的潜力

我国既有建筑数量庞大,这些建筑大多未充分采用节能技术,通过节能改造可以大幅提升能源效率。根据国家发展改革委、住房和城乡建设部发布的《加快推动建筑领域节能降碳工作方案》,到2025年,完成既有建筑节能改造面积比2023年增长2亿平方米以上,建筑节能改造空间巨大。

3. 用能结构的优化潜力

目前,我国建筑能源消费结构中,传统化石能源占比较高,而清洁能源和可再生能源的使用比例较低。通过调整和优化用能结构,增加可再生能源的使用,可以显著降低建筑领域的碳排放。例如,推广太阳能热水器和太阳能光伏板,以及利用地热能和风能等可再生能源。

4. 技术创新的潜力

随着科技进步,新的节能技术和材料不断涌现,如高性能隔热材料、高效节能设备、智能建筑管理系统等,这些技术的应用将为建筑节能带来新的增长点。例如,利用纳米技术开发的新一代隔热材料,以及通过互联网物联网技术实现的智能建筑管理系统。

5. 政策引导的潜力

国家已经出台了一系列建筑节能的政策措施,包括标准制定、财政补贴、税收优惠等,这些政策将进一步激发建筑节能的潜力。例如,通过设定强制性的节能标准,提供财政补贴支持节能技术的研究和应用,以及通过税收优惠鼓励建筑节能实践。

6. 公众意识的提升潜力

随着公众环保意识的增强,节能减排已成为社会共识。通过提高公众参与度和责任感,可以进一步推动建筑节能实践。例如,通过教育和宣传,提高公众对建筑节能重要性的认识,鼓励公众参与到建筑节能的实践中来。

7. 区域差异的潜力

我国地域广阔,不同气候区的建筑节能需求和潜力不同。例如,北方地区冬季供暖能耗较高,而南方地区夏季空调能耗较高,针对性地采取节能措施可以有效降低能耗。例如,北方地区可以推广节能型供暖系统,南方地区可以推广节能型空调系统。

总体来看,我国建筑节能潜力巨大,通过全面深化建筑节能改革,加强技术创新和政策引导,可以实现建筑行业的绿色转型,为生态文明建设作出重要贡献。建筑节能不仅是能源和环境保护的需要，也是实现经济和社会可持续发展的必然选择。

第三节　我国建筑节能的现状

我国既是一个发展中大国，同时又是一个建筑大国，2021年至2023年新建房屋面积分别达到了19.89亿m^2、12.06亿m^2和9.56亿m^2，几乎超过所有发达国家每年建成建筑面积的总和。随着全面建设小康社会的逐步推进，建设事业迅猛发展，以后建筑能耗将会迅速增长。所谓建筑能耗，是指建筑使用能耗，主要包括供暖、空调、热水供应、照明、炊事、家用电器、电梯等方面的能耗，其中供暖、空调能耗和照明用电占建筑总能耗的70%以上。我国既有的近$4.0×10^{10} m^2$的建筑，仅有1%为节能建筑，其余无论从建筑围护结构还是供暖空调系统来衡量，均属于高能耗建筑。单位面积供暖所耗能源相当于纬度相近的发达国家的2～3倍。这是由于我国的建筑围护结构保温隔热性能差，供暖用能的2/3被白白浪费掉。而每年的新建建筑中真正称得上"节能建筑"的还不足$1×10^8 m^2$，建筑能耗总量在我国能源消费总量中的份额已超过27%，逐渐接近30%。我们必须清醒地认识到，我国是一个发展中国家，人口众多，人均能源资源相对匮乏。人均耕地只有世界人均耕地的1/3，水资源只有世界人均占有量的1/4，已探明的煤炭储量只占世界储量的11%，原油占2.4%。每年新建建筑使用的实心黏土砖，毁掉良田12万亩（1亩≈$666.7 m^2$，下同）。物耗水平相较发达国家，钢材高出10%～25%，混凝土多用水泥80 kg/m^3，污水回用率仅为25%。国民经济要实现可持续发展，推行建筑节能势在必行、迫在眉睫。目前，我国建筑用能浪费极其严重，而且建筑能耗增长的速度远远超过我国能源生产可能增长的速度，如果听任这种高能耗建筑持续发展下去，国家的能源生产势必难以长期支撑此种浪费型需求，为此必须组织大规模的旧房节能改造，这将要耗费更多的人力物力。在建筑中积极提高能源使用效率，就能够大大缓解国家能源紧缺状况，促进我国国民经济建设的发展。因此，建筑节能是贯彻可持续发展战略、实现国家节能规划目标、减排温室气体的重要措施，符合全球发展趋势。

（一）建筑能耗与能效基本情况

（1）建筑能耗大。据有关资料统计表明，2014年我国建筑能耗8.14亿t标准煤，占全国能源消费总量的19.12%；2017年建筑能耗9.47亿t标准煤，占全国能源消费总量的21.11%；2021年建筑能耗19.1亿t标准煤，占全国能源消费总量的36.3%。随着建筑业的高速发展和人民生活水平的提高，建筑能耗占全社会总能耗的比例还将急剧增长。

（2）建筑能效低。我国建筑能耗的50%～60%来自供热和空调，尤其是北方地区城市集中供热的热源，仍然是以燃煤锅炉为主。由于锅炉的单台热功率普遍较小，热效率较低，污染很严重，加上供热输配管网保温隔热性能差，整个供热系统的综合效率一般仅为35%～55%，远远低于先进国家80%左右的水平，而且整个供热系统的电耗、水耗也极高。据我国某城市统计分析，空调负荷随季节和气候等因素变化，空调能耗占总能耗的22.33%～79.60%，平均空调能耗为42.90%。最大值可达到87.84%。由此可见，空调能耗是主要的建筑能耗。但是公共建筑中央空调系统的综合效率也较低。

（3）围护结构保温、隔热性能差。中国既有建筑面积达$4.2×10^{10} m^2$，其中城市房屋

建筑面积 $1.4091\times10^{10}\mathrm{m}^2$。新增建筑中，超过 80% 的建筑是高能耗建筑。既有建筑中，95% 以上属于高能耗建筑。我国大部分建筑的保温隔热性能差，门窗的空气密闭性差，导致我国的单位建筑面积能耗为同纬度气候相近国家的 2~3 倍，而且舒适性较差。尤其是外墙窗户的传热系数为同纬度发达国家的 3~4 倍。以多层住宅建筑为例，外墙的单位面积能耗是 4~5 倍，屋顶是 2.5~5.5 倍，外窗是 1.5~2.2 倍，门窗空气渗透率是 3~6 倍。近年来，尽管我国已经出台了很多建筑节能标准，但是目前新建建筑中的节能标准达标率还不到 6%。北京市的新建筑节能标准规定，在供暖季节内，建筑物的平均能耗应控制在 $20.6\mathrm{W/m}^2$。这一标准是根据北京市的气候条件和能源结构而制定的，旨在推动建筑节能和减少环境污染。然而，与纬度相近的北欧国家相比，如瑞典、丹麦和芬兰，北京市的能耗标准仍然偏高。这些国家在相同气候条件下，供暖季的平均能耗仅为 $11\mathrm{W/m}^2$，显示出它们在建筑节能方面更为先进和有效。

(4) 地区差异大。我国地域辽阔，气候多样，不同地区的建筑能耗和能效受到多种因素的影响，呈现出显著的差异性。北方地区由于冬季寒冷，供暖能耗较高，而南方地区夏季炎热潮湿，空调能耗成为主要能源消耗项。此外，经济水平的差异也影响了建筑技术和设施的配备，沿海和经济发达地区往往能享受到更先进的建筑技术和更高效的能源设备，而内陆和经济欠发达地区则在建筑能效提升方面面临更多挑战。针对这些地区差异，应当制定和实施差异化的节能策略和技术，例如在北方地区推广高效节能的供暖技术，在南方地区推广智能节能的空调系统，以提高建筑的整体能效，同时减少能源消耗。

近年来，我国政府对建筑节能工作的重视程度日益提高，出台了一系列建筑节能政策和标准，如《民用建筑节能条例》《绿色建筑评价标准》等。这些政策和标准对新建建筑的能效提出了明确要求，推动了建筑行业向节能和环保方向的转型。此外，政府还通过财政补贴、税收优惠等激励措施，鼓励企业和消费者采取节能行动。这些政策和标准不仅有助于降低建筑能耗，提高能效，也为建筑行业的绿色转型提供了法治保障。

随着我国经济的快速发展，人民生活水平不断提高，建筑行业正面临着能源消耗和环境压力的双重挑战。在国家政策的引导和市场机制的作用下，建筑节能和提高能效已成为行业发展的必然趋势。未来，新建建筑将更加注重能效设计，传统建筑也将通过改造提升能效。同时，可再生能源和清洁能源的应用将得到更广泛的推广，智能建筑和绿色建筑将成为建筑行业的发展新方向。通过技术创新和管理优化，建筑行业将逐步实现能耗下降和可持续发展目标。未来的建筑将更加注重节能设计、绿色材料的使用、智能能源管理系统的发展，以及公众节能意识的提高。总体来看，我国建筑能耗较高，能效较低，但通过政策引导、技术创新和市场机制等手段，建筑能耗和能效有较大的提升空间。实现建筑行业的绿色转型，不仅需要政府的支持和推动，还需要企业和公众的积极参与，共同为构建节能、环保、高效的建筑环境而努力。

(二) 我国建筑节能发展缓慢的原因

多年来，我国开展了相当规模的建筑节能工作，主要采取先易后难、先城市后农村、先新建后改建、先住宅后公建、从北向南逐步推进的策略。但是，到目前为止，建筑节能仍然停留在试点、示范的层面上，尚未扩大到整体，究其原因主要有以下几个方面：①工程实践证明，建筑节能开发建设，尤其是达到新的节能标准成本较高，多数建设单位在经济上和观念上达不到建筑节能的要求。②据我国北京节能建筑设计和施工经验表明，按新的建筑节能设计标准测算，大体上每平方米建筑面积成本要增加100元左右。而多数开发商对建筑节能认识不足，追求的是以最小的投资换取最大的空间利益。③建筑设计在围护结构设计、施工，计算达到的系数等方面要比普通建筑复杂。我国多年来习惯于普通建筑工程的选材、设计和施工，对节能建筑的设计和施工不仅缺乏经验，而且也比较保守。④很多地方政府考虑的是地区生产总值在全国所占的位置，对建筑节能工作的重要性和紧迫性认识不足，这是建筑节能工作发展缓慢的根本原因。⑤由于我国对建筑节能研究开展较晚，设计观念、技术水平和设备仍比较落后，所以建筑节能的建筑材料、工艺技术还没有形成体系，对建筑节能的推广应用不利。⑥近年来，国家对建筑节能虽然越来越重视，先后颁布了《中华人民共和国节约能源法》《公共建筑节能设计标准》GB 50189—2015、《严寒和寒冷地区居住建筑节能设计标准》JGJ 26—2010、《夏热冬暖地区居住建筑节能设计标准》JGJ 75—2012、《夏热冬冷地区居住建筑节能设计标准》JGJ 134—2010等法令、规范和标准，但还没有全部把建筑节能在规范中列入强制执行的范畴。⑦国家及地方政府缺乏对建筑节能的实质性经济鼓励政策，对建筑节能缺乏必要的资金支持，导致建筑节能的研究进展缓慢。

1. 认识不足

尽管国家层面已经高度重视建筑节能，并在政策、法规和技术推广方面做了大量工作，但在部分地区和行业内部，对建筑节能的重要性认识仍然不足。这种认知不足表现在地方政府对建筑节能政策的执行力度不够，以及对建筑节能项目的支持力度不足。在一些建筑行业内部，尤其是设计和施工环节，建筑节能仍然不是优先考虑的事项，导致节能措施无法得到有效实施。此外，部分从业人员对建筑节能知识的掌握不足，也影响了建筑节能工作的推进。

2. 技术水平限制

与发达国家相比，我国在建筑节能技术方面还存在一定差距。尤其是在新材料、新设备和新技术的研发及应用上，尚未形成完整的产业链和技术体系。虽然我国在建筑节能领域取得了一定的进展，但与国际先进水平相比，仍需要加大研发力度，提高技术水平。这限制了建筑节能技术的推广和应用，影响了建筑节能的发展速度。为缩小这一差距，我国需要加大对建筑节能科研项目的投入，推动产学研一体化，促进建筑节能技术成果的转化和应用。

3. 经济因素

建筑节能往往需要初始投资，而部分企业或个人可能因为成本考虑而犹豫不决。尤其在经济较为落后的地区，资金投入和技术改造的动力不足，这使得建筑节能在这些地区的推广面临较大困难。为解决这一问题，政府可以通过设立财政补贴、税收优惠等政策，降低企业和个人在建筑节能改造方面的经济负担。同时，金融机构可以提供相应的贷款支持，帮助企业和个人解决资金难题。此外，还可以通过示范项目、宣传推广等方式，提高建筑节能的知名度和认可度，从而促进建筑节能产业的发展。

4. 政策执行力度

国家层面对建筑节能的重视体现在了一系列政策和标准的制定上，但在地方执行层面，由于监管体系的不完善、执法力度的不足，以及相关部门之间的协调不畅，导致这些政策和标准得不到有效落实。例如，建筑节能审查流于形式，节能标准执行不严格，使得一些建筑在设计和施工过程中未能充分考虑节能要求。因此，提高政策执行力度，加大监管和执法，是推动建筑节能工作关键的一环。

5. 市场机制不完善

建筑节能市场机制的不完善表现在多个方面，包括缺乏明确的节能标准和认证体系，节能产品和服务市场的不成熟，消费者对节能产品和服务的认知度和接受度不高，以及缺乏有效的激励政策等。这些因素共同作用，导致建筑节能市场的发展动力不足。因此，建立和完善市场机制，提高消费者对节能产品的认知和接受度，是推动建筑节能市场发展的重要措施。

6. 既有建筑改造难度大

我国既有建筑数量庞大，这些建筑大多未充分采用节能技术，导致大量能源的浪费。对这些建筑进行节能改造，需要面对技术、经济、法律等多方面的挑战。技术上，改造过程中可能涉及结构安全、设备兼容性等问题；经济上，改造投资大，回收期长，而且可能面临资金筹措难题；法律上，改造过程中可能涉及产权、法规等方面的复杂问题。因此，既有建筑的节能改造是一个系统工程，需要政府、企业和业主共同努力，制定合理的改造方案，创新融资模式，以及完善相关法律法规。

7. 建筑行业传统观念

建筑行业内部的传统观念是影响建筑节能技术应用和推广的重要因素之一。在行业内，存在着重速度、轻质量，重短期利益、轻长期效益的现象。这种现象导致在建筑设计和施工过程中，对节能技术和材料的选用不够重视，以及对节能效果的长期性认识不足。要改变这种状况，需要从行业教育入手，提高从业人员的节能意识和技术水平，同时在政策层面给予适当的引导和激励，推动建筑行业向绿色、节能的方向转型。

8. 公众参与度低

公众对建筑节能的认知度和参与度有待提高。缺乏广泛的公众参与和监督，建筑节能工作的推进会面临挑战。提高公众对建筑节能的认识和参与度，是推动建筑节能发展的关键。

为了克服这些困难，需要从政策法规、技术研发、经济激励、宣传教育等多个层面综合施策。例如，加强建筑节能的政策宣传和教育培训，提高公众和行业对建筑节能的认识；加大财政补贴和税收优惠力度，降低建筑节能的初始成本；推动建筑节能技术的研发和推广，提高技术水平；完善建筑节能市场机制，激发市场活力；加大监管和执法力度，确保政策执行到位；鼓励公众参与和监督，提高建筑节能工作的透明度和效率。通过这些措施，可以推动我国建筑节能工作取得更大的进展。

第四节 建筑节能材料的作用

为了节约能源，减少环境污染，必须推广应用节能建筑。测试证明，建筑用能的50％通过围护结构消耗，其中门窗占70％，墙体占30％，因此，建筑节能主要就是对围护结构（如墙体、门窗、屋顶、地面等）的隔热保温。节能工程设计、施工和使用说明，为了保持室内有适宜人们工作、学习与生活的气温环境，房屋的围护结构所用的建筑材料必须具有一定的保温隔热性能，即应当选用建筑节能材料。围护结构所用材料具有良好的保温隔热性能，才能使室内冬暖夏凉，节约供暖和降温的能源。因此，节能材料是建造节能建筑工程的重要物质基础，具有重要的建筑节能意义。建筑节能必须以合理使用、发展节能建筑材料为前提，必须有足够的保温绝热材料为基础。使用绝热节能建筑材料，一方面是为了满足建筑空间或热工设备的热环境要求，另一方面是为了节约珍贵的能源。仅就一般居民供暖空调而言，通过使用绝热围护材料，可在现有的基础上节能 50%～80%。目前，有些国家将建筑节能材料看作是继煤炭、石油、天然气、核能之后的第五大"能源"，可以看出建筑节能材料在人类社会中的重要作用。工程实践还证明，使用建筑节能材料还可以减小外墙的厚度，减轻屋面体系的自重和整个建筑物的重量，从而节约其他资源和能源的消耗，降低工程造价。建筑节能材料是构建节能建筑的基础，它们在提升建筑性能和减少环境影响方面扮演着关键角色。以下是对建筑节能材料作用的具体阐述。

1. 保温隔热

保温隔热是建筑节能的关键技术之一。使用高效保温隔热材料，如聚氨酯、岩棉、玻璃棉等，能够有效减少建筑物的热量传递。在寒冷地区，这些材料可以减少室内热量的流失，降低供暖系统的能耗；在炎热地区，则可以减少室内外热量的交换，降低空调系统的能耗。

2. 节能降耗

在建筑物中，照明、空调、供暖等设备和系统的能耗占据了很大比例。因此，采用高效节能材料和设备，如 LED 照明、节能窗户、高效节能空调等，可以在使用过程中显著降低能源消耗。这些材料的广泛应用，有助于减少建筑的能源需求，降低对化石能源的依赖，减少环境污染。

3. 提高舒适度

室内环境的舒适度直接关系居住者和使用者的健康及生活质量。通过使用隔声、隔热、透光、透气等性能良好的材料，可以创造出安静、舒适、明亮、健康的室内环境。这种环境不仅提高了居住质量，也有助于减少对空调、暖气等设备的依赖，从而减少能源浪费，实现节能减排。

4. 促进绿色建筑发展

绿色建筑是未来建筑行业的发展趋势，它强调在建筑的设计、施工、运营和拆除全过程中，最大限度地减少对环境的负面影响，提高资源利用效率，提供健康、舒适、高效的建筑物。建筑节能材料的应用是实现这一目标的关键。它们不仅能够提升建筑的能源效率，还能促进可再生能源的使用，推动建筑行业的绿色转型，实现可持续发展。例如，利用绿色建材和可再生材料，可以减少对自然资源的消耗，提升建筑的生态效益，推动绿色建筑成为行业标准。

5. 减少环境污染

建筑节能材料的应用有助于减少环境污染。传统的建筑材料往往需要大量开采和加工，过程中会产生大量废弃物和污染物。而节能材料，如回收利用的建筑废弃物、有机复合材料等，可以减少对环境的破坏，降低建筑垃圾的产生。此外，使用这些材料还能减少建筑过程中的温室气体排放，有助于应对气候变化。

6. 延长建筑寿命

高质量的节能材料不仅能够提升建筑的能源效率，还能提高建筑的结构稳定性和耐久性。这些材料能够抵御恶劣气候条件的影响，减少建筑的维护需求，延长建筑的使用寿命。例如，高性能的保温材料可以防止建筑外壳的温度波动，从而减少建筑结构的应力，延长建筑物的使用周期。虽然高质量节能材料的初始成本可能较高，但它们能够通过降低长期的能源消耗来提供显著的经济效益。例如，高效的隔热材料可以减少冷暖气的损失，从而降低空调和供暖的能源需求，减少电费和燃料费用。这些节省下来的运营成本可以在较短的时间内回收初始投资，并提高建筑的经济回报率。因此，节能建筑不仅对环境有益，也对投资者和使用者具有经济吸引力。

随着技术的不断进步和人们环保意识的提高，建筑节能材料的应用将越来越广泛。政府和企业应加大对建筑节能材料研究和推广的力度，通过政策引导和市场机制，推动建筑节能材料在建筑行业中的广泛应用，为构建低碳、绿色、可持续的建筑环境作出贡献。

第五节　绿色建筑材料发展的前景

（一）政策支持持续加强

国家高度重视绿色建材产业发展，不断出台相关政策推动其应用与推广。例如，工业和信息化部、国家发展改革委、住房和城乡建设部等十部门联合发布的《绿色建材产业高质量发展实施方案》，为绿色建材产业的发展明确了方向和目标，提供了有力的政策保障。在政策引导下，绿色建材的市场准入、生产标准、认证体系等方面将不断完善，有利于产业的规范化发展。

地方政府也积极响应国家政策，结合本地实际情况制定相关的扶持政策和措施，如税收优惠、财政补贴、土地支持等，鼓励企业加大对绿色建材的研发、生产和应用投入。

（二）市场需求不断增长

1. 建筑行业绿色发展需求

随着全球气候变化和环境保护意识的提升，绿色建筑成为建筑行业的重要发展趋势。绿色建筑对绿色建材的需求巨大，绿色建材能够满足绿色建筑在节能、减排、安全、健康等方面的要求，有助于降低建筑的能耗和碳排放，提高建筑的可持续性。

2. 消费者环保意识提高

消费者对居住环境的质量和健康要求越来越高，对绿色建材的认可度和需求也在不断增加。绿色建材具有无毒无害、环保健康的特点，可以提高室内空气质量和居住舒适度，满足人们对美好生活的追求。因此，在家庭装修和室内装饰等领域，绿色建材的市场需求也在逐渐扩大。

（三）技术创新推动产业升级

1. 研发投入增加

为了满足市场需求和提高产品竞争力，企业和科研机构不断加大对绿色建材的研发投入。在材料科学、工程技术、信息技术等领域的不断创新和突破,将推动绿色建材的性能不断提升,功能不断完善,成本不断降低。

2. 新型绿色建材涌现

随着技术创新的不断推进,新型绿色建材不断涌现,如高性能混凝土、新型保温材料、节能玻璃、环保涂料等。这些新型绿色建材具有更好的节能、环保、安全等性能,能够满足不同建筑结构和应用场景的需求,为绿色建材产业的发展提供了新的增长点。

(四)产业协同发展促进产业链完善

1. 上下游企业合作加强

绿色建材产业的发展需要上下游企业的协同合作,包括原材料供应商、建材生产企业、建筑设计企业、施工企业等。随着产业的不断发展,上下游企业之间的合作将更加紧密,形成完整的产业链,提高产业的整体效率和竞争力。

2. 产业集群效应显现

各地积极培育绿色建材产业集群,通过产业园区、聚集区等形式,将相关企业集中在一起,实现资源共享、优势互补、协同发展。产业集群的形成有利于提高绿色建材产业的规模效应和创新能力,推动产业的快速发展。

(五)国际市场拓展潜力大

1. 全球绿色建材需求增长

在全球范围内,越来越多的国家和地区开始重视绿色建材的发展,对绿色建材的需求不断增长。中国的绿色建材企业可以凭借自身的技术优势和成本优势,积极拓展国际市场,参与国际竞争。

2. "一带一路"倡议带来机遇

"一带一路"倡议的推进为中国绿色建材企业"走出去"提供了良好的机遇。沿线国家和地区的基础设施建设需求巨大,对绿色建材的需求也在不断增加,中国绿色建材企业可以通过参与"一带一路"建设项目,拓展国际市场份额。

第二章
绿色低碳基础建材介绍

第一节　再生骨料混凝土发展概述

（一）国内外再生混凝土的发展

再生骨料混凝土是一种环保型建筑材料，它主要由废旧混凝土经过破碎、筛分等处理后得到的再生骨料替代或部分替代天然骨料配制而成。这种材料的发展符合国家关于循环经济和绿色发展的战略方针，是建筑行业实现可持续发展的关键路径之一。

1. 国外再生混凝土的发展

国际上，许多发达国家早已认识到废旧混凝土回收利用的重要性，并开展了相关的研究和应用。例如，欧洲国家在20世纪70年代就开始了废旧混凝土的回收利用工作，并将其纳入建筑材料的生产体系中。经过几十年的发展，国外的再生混凝土技术已经相当成熟，不仅在道路上得到应用，还在建筑结构中广泛使用，形成了完整的产业链。

美国、日本等国家的再生混凝土应用也非常广泛。它们利用再生骨料生产再生混凝土，不仅在节约资源方面取得了成效，同时也减少了废旧混凝土对环境的污染。这些国家通过立法和政策引导，推动了再生混凝土行业的发展。

2. 国内再生混凝土的发展

我国在再生混凝土的研究与应用方面起步较晚，但发展速度快，政策支持力度大。自21世纪初以来，随着资源的紧张和环境保护意识的增强，我国政府开始大力推广循环经济，其中就包括建筑材料的循环利用。再生混凝土作为其中的一个重要方面，得到了迅速的发展。

在国内，众多城市如北京、上海、广州等地都在积极探索再生混凝土的应用。特别是近年来，随着绿色建筑和低碳经济的不断推进，再生混凝土的生产和应用技术得到了显著提升。在技术层面，我国已经掌握了再生混凝土的基本生产工艺，并且在配比优化、性能提升等方面取得了一系列研究成果。

同时，为了促进再生混凝土行业的发展，我国出台了一系列政策和标准，如《中华人民共和国循环经济促进法》《绿色建筑行动方案》等，都对建筑废弃物的资源化利用提出了明确要求。在市场需求方面，随着城市建设和旧城改造的不断深入，再生混凝土的市场空间正在逐步扩大。

总之，再生骨料混凝土作为一项重要的绿色建筑材料，在国内外的研发和应用都在不断深入，这不仅有利于缓解建筑材料对天然资源的依赖，减少环境压力，而且也是推动建筑行业向绿色、低碳转型的重要举措。未来，随着技术的进一步成熟和市场的逐渐扩大，再生骨料混凝土将在建设资源节约型、环境友好型社会中发挥更大的作用。

在政策推动和市场需求的双重作用下，再生混凝土产业将继续保持增长态势。国内外经验表明，再生混凝土的应用不仅可以带来经济效益，还能促进环保和社会可持续发展。因此，再生混凝土的未来发展前景广阔，有望成为建筑材料领域的新宠。随着技术的不断进步和市场的逐渐成熟，再生混凝土的性能将进一步提升，应用领域也将不断扩大，为建筑行业的绿色发展提供有力支撑。

（二）发达国家对再生混凝土的利用现状

发达国家的再生混凝土利用现状反映了它们对环境保护和资源循环利用的高度重视。以下是一些发达国家的再生混凝土利用现状。

1. 欧洲国家

欧洲国家在再生混凝土的应用方面处于世界领先地位。德国、瑞典、丹麦等国家通过立法和政策支持，推动了建筑废料的回收和再利用。这些国家拥有完善的回收体系，再生混凝土的生产和应用已经非常普及。例如，德国在20世纪80年代就开始推广使用再生混凝土，现在再生混凝土已经占到了其混凝土总消耗量的一部分。德国政府通过设定回收目标和提供经济激励措施，鼓励建筑业使用再生材料。

2. 美国

美国也在再生混凝土的应用方面取得了显著进展。特别是在加利福尼亚州等地区，由于严格的环境保护法规，再生混凝土的使用得到了广泛推广。美国的再生混凝土主要用于道路铺装、基础施工等；而且，在某些地区，再生混凝土已经成为建筑材料市场的一个重要部分。美国环保局（EPA）推广了"建筑材料回收和再利用计划"，通过提高建筑废料的回收率，减少对自然资源的依赖。

3. 日本

日本是一个资源贫乏的国家，因此对废旧混凝土的回收和再利用非常重视。日本的再生混凝土生产技术先进，应用范围广泛，包括建筑结构、道路铺装、港口建设等多个领域。日本政府通过设立基金、提供补贴等措施，鼓励企业使用再生混凝土。此外，日本还制定了严格的建筑废料处理标准，要求建筑企业必须对废料进行回收和再利用。

4. 澳大利亚

澳大利亚也是一个在再生混凝土利用方面取得显著进展的国家。澳大利亚的再生混凝土主要用于道路和桥梁的建设，以及工业和民用建筑的基础施工。澳大利亚政府和企业都高度重视建筑废料的回收利用，认为这不仅能减少环境污染，还能节约宝贵的自然资源。澳大利亚建筑和建设委员会（ABCC）推广了"绿色建筑计划"，旨在通过提高建筑材料的循环利用率，减少建筑行业的环境影响。

总的来说，发达国家在再生混凝土的应用方面已经取得了显著成果，这得益于它们完善的法律法规体系、先进的生产技术，以及高度的社会环保意识。这些国家的成功经验对其他国家，包括中国，在再生混凝土的研究和应用方面具有很好的借鉴意义。通过学习发达国家的经验和做法，我们可以更好地推进我国的再生混凝土产业的发展，实现资源的可持续利用，促进绿色建筑的发展。

（三）我国对再生混凝土的利用现状

我国作为发展中国家，在再生混凝土的研发和应用方面取得了显著进展，但与发达国家相比，整体起步较晚，尚处于发展阶段。以下是我国对再生混凝土利用现状的概述。

1. 政策支持

我国政府高度重视建筑废弃物的资源化利用，将其作为推进循环经济和实施绿色建筑发展战略的重要内容。近年来，国家出台了一系列政策措施鼓励和支持建筑废弃物的回收、处理和再利用。这些政策不仅为再生混凝土行业提供了法律依据和政策保障，也为我国建筑行业的绿色发展指明了方向。

2. 技术研发

我国在再生混凝土的技术研发方面取得了较快进展。许多研究机构、高校和企业在再生混凝土的配比优化、性能提升、生产工艺等方面进行了深入研究，并取得了一系列技术创新。随着技术的不断成熟，再生混凝土的质量逐渐得到市场认可。此外，我国还积极参与国际合作，引进国外先进技术，不断提升国内再生混凝土技术水平。

3. 产业发展

我国的再生混凝土产业规模逐年扩大，产业体系逐步完善。再生混凝土不仅在道路、桥梁等基础设施建设中得到应用，也开始在工业和民用建筑中得到使用。一些地区已经建立了再生混凝土生产基地，形成了从废旧混凝土回收、破碎、筛分到再生混凝土生产的完整产业链。随着产业的不断发展，再生混凝土的生产成本逐渐降低，性能也不断提高，越来越受到市场的青睐。

4. 市场推广

我国政府和企业在市场推广方面做了大量工作，通过政策引导、财政补贴、示范项目等方式，鼓励和引导市场对再生混凝土的需求。随着环保意识的提高和绿色建筑的推广，再生混凝土的市场认可度和市场份额正在逐渐增加。在一些大型工程项目中，再生混凝土的应用已经取得了显著成效，为行业的发展树立了典范。

5. 挑战与机遇

尽管我国在再生混凝土利用方面取得了一定的成绩，但仍面临一些挑战，如技术水平参差不齐、产品质量不稳定、市场接受度有待提高、回收体系不完善等。然而，随着国家对环保和资源循环利用的重视，以及绿色建筑标准的逐步实施，再生混凝土行业面临着巨大的发展机遇。未来，随着技术的不断进步和市场的逐渐成熟，再生混凝土在我国的发展前景将更加广阔。

总体来看，我国在再生混凝土的利用方面已经取得了初步成效，未来有望在政策推动、市场引导和技术创新的作用下，实现更广泛的应用和更深远的影响。再生混凝土作为我国建筑行业绿色发展的重要组成部分，将为节约资源、保护环境和推动经济可持续发展作出更大的贡献。

第二节　混凝土固体废物的循环利用

（一）循环利用的可行性

混凝土固体废物的循环利用是建筑固体废物管理的重要组成部分，对于实现资源的可持续利用和减少环境污染，具有重要意义。

1. 技术可行性

混凝土固体废物的循环利用在技术上是可行的。废旧混凝土可以通过破碎、筛选等工艺处理成再生骨料，这些再生骨料可以替代或部分替代天然骨料用于混凝土生产。随着技术的发展，再生混凝土的质量已经能够满足许多应用场景的要求，其在力学性能、耐久性等方面的表现逐渐得到市场的认可。此外，一些研究机构和企业在混凝土固体废物的处理和再利用方面取得了重要进展，例如开发了高效的破碎和筛分设备，以及混凝土配比优化技术，提高了再生混凝土的性能。

2. 经济可行性

从经济角度来看，混凝土固体废物的循环利用具有一定的经济可行性。虽然初期处理废旧混凝土的成本较高，但随着处理技术的改进和规模化生产，成本有望进一步降低。此外，再生混凝土的使用可以减少对天然骨料的需求，从而降低材料成本。在某些情况下，政府还会提供补贴或税收优惠，以鼓励废弃物的循环利用。这些措施有助于降低企业的运营成本，提高循环利用的经济效益。

3. 环境可行性

混凝土固体废物的循环利用对环境的贡献是显著的。它不仅可以减少建筑垃圾的堆放和填埋，减少对土地的占用和环境的污染，还能降低碳排放。因为生产再生混凝土相比生产天然混凝土，通常具有更低的能源消耗和碳排放量。此外，循环利用混凝土固体废物还可以减少对自然资源的开采，保护生态环境。

4. 政策可行性

许多国家和地区已经出台了相关的政策和法规，鼓励和支持建筑固体废物的循环利用。这些政策可能包括税收减免、资金扶持、强制回收等措施，为混凝土废弃物的循环利用提供了政策保障。例如，德国通过了《循环经济和废物处理法》，要求企业和公共机构在建筑材料采购中优先考虑再生材料。

5. 社会可行性

社会对混凝土固体废物循环利用的接受度也在逐渐提高。随着环保意识的增强和绿色建筑理念的推广，越来越多的企业和个人开始认识到循环利用的重要性，并愿意支持和使用再生混凝土。此外，一些环保组织和社会团体也在积极推动混凝土固体废物的循环利用，通过宣传教育和示范项目，提高公众对这一问题的认识。

综上所述，混凝土固体废物的循环利用在技术、经济、环境、政策和社会方面都具有可行性。尽管存在一些挑战，如技术标准化、质量控制、市场推广等，但随着技术的进步、政策的支持和市场的成熟，混凝土固体废物的循环利用有望在未来得到更广泛的应用。为了实现这一目标，需要进一步加强技术创新、政策支持和市场推广，促进混凝土固体废物循环利用行业的发展。

在未来的发展中，混凝土固体废物的循环利用需要更多的关注和投入。政府可以通过制定更严格的环境保护法规，强制推动混凝土固体废物的循环利用。同时，政府还可以提供更多的资金扶持和税收优惠，降低企业的运营成本，鼓励更多的企业参与到混凝土固体废物的循环利用中来。

此外，还需要加强对混凝土固体废物循环利用技术的研发和推广。通过技术创新，提高混凝土固体废物的处理效率和再生混凝土的质量，使其在更广泛的应用领域中得到推广。同时，还需要加强对再生混凝土性能的研究，确保其在各种应用场景中的适用性和可靠性。

另外，提高公众对混凝土固体废物循环利用的认识和接受度也是至关重要的。可以通过宣传教育和示范项目，向公众展示混凝土固体废物循环利用的优势和成果，提高公众对环保和资源利用的意识。同时，还可以通过推广绿色建筑和可持续发展的理念，引导公众在建筑材料选择和应用中优先考虑再生混凝土。

总之，混凝土固体废物的循环利用是一个具有巨大潜力的领域，可以为资源的可持续利用和环境保护作出重要贡献。通过技术创新、政策支持和市场推广，混凝土固体废物的循环利用有望在未来得到更广泛的应用，为可持续发展作出更大的贡献。

（二）废弃混凝土材料完全循环利用

废弃混凝土材料的完全循环利用是一个涉及多个步骤的复杂过程，它不仅需要技术上的创新，还需要有效的管理和政策支持。

1. 收集与运输

废弃混凝土的收集与运输是循环利用过程中的第一步。这通常涉及与拆除工程、施工余料或旧建筑物维修相关的废弃物。为了提高效率，需要建立一个有效的废弃物收集系统，包括废弃物的分类、打包和运输。这要求与建筑公司、拆除承包商和废物处理设施单位建立紧密的合作关系。在运输过程中，应采取适当的措施保护再生骨料的质量，避免再次污染。

2. 破碎与筛分

收集到的废弃混凝土需要被运输到处理设施进行进一步的处理。在这里，废弃混凝土会被破碎成小块，以便于进一步处理。破碎后的混凝土块会被送入筛分设备，根据粒度大小进行分类。这样可以分离出不同规格的再生骨料，满足不同工程的需求。破碎和筛分过程需要采用先进的设备和技术，以保证再生骨料的质量。

3. 清洗与处理

筛分后的再生骨料可能含有灰尘、油污或其他杂质。为了提高其质量，需要进行清洗处理。清洗可以去除杂质，提高再生骨料的纯净度和质量。此外，有时候再生骨料可能需要与其他材料（如水泥、砂、添加剂等）混合，以恢复其原有的混凝土性质。这一步骤称为新配制，它可以提高再生混凝土的性能，以满足特定的工程需求。新配制过程需要根据具体工程需求进行优化，以保证再生混凝土的质量和性能。

4. 质量控制

在整个循环利用过程中，质量控制至关重要。确保再生混凝土的材料质量符合标准和规范，是确保其可以安全、可靠地用于建筑项目的前提。这需要建立一套严格的质量控制体系，包括材料检测、性能测试和质量认证。通过质量控制，可以保证再生混凝土的材料质量得到广泛认可，提高市场竞争力。

5. 销售与使用

经过质量控制的再生混凝土或再生骨料会被销售给建筑公司或混凝土生产商，用于新的建筑或基础设施项目。使用再生材料不仅可以减少对天然资源的依赖，还能减少建筑废物的填埋和环境污染。为了促进再生混凝土的市场接受度，需要开展市场推广活动，向客户展示其环保优势和经济效益。同时，政府可以通过制定政策，鼓励使用再生材料，提高其在市场中的地位。

完全循环利用废弃混凝土材料是一个复杂的过程，需要合适的设施、技术和管理。然而，随着对循环经济和可持续发展的重视，废弃混凝土的循环利用已经成为建筑行业的一个重要趋势。为了进一步推动这一进程，需要政府在政策上提供支持，如提供税收优惠、补贴和强制回收政策。同时，还需要加强与科研机构、高校和企业的合作，推动技术创新和产业升级。

在未来的发展中，废弃混凝土的循环利用有望得到更广泛的应用。随着技术的进步和市场的发展，废弃混凝土的循环利用将变得更加经济、高效，为建筑行业的可持续发展作出更大的贡献。

第三节 再生骨料及其制备技术

（一）再生骨料的主要性能

再生骨料是指通过回收和再加工废旧混凝土获得的骨料，其制备过程包括破碎、筛分、清洗等步骤。再生骨料在性能上与天然骨料有所不同。

1. 物理性能

粒形和粒度分布：再生骨料的粒形通常不如天然骨料规则，包含更多的不规则形状和棱角。粒度分布也更加不均匀，这会影响混凝土的工作性和强度。为了改善粒度分布和粒形，可以采用更先进的破碎和筛分技术。

密度和孔隙率：再生骨料的密度和孔隙率与天然骨料有所不同，这取决于废旧混凝土的原始材料和破碎过程中的损失。再生骨料的密度较低，孔隙率较高，这会影响混凝土的强度和耐久性。

2. 力学性能

强度：再生骨料的强度低于天然骨料，尤其是在抗压强度方面。然而，通过优化破碎技术和配合比，可以提高再生混凝土的强度。此外，添加适量的水泥或其他强化剂，也可以提高再生混凝土的强度。

耐久性：再生骨料的耐久性会受到影响，因为它包含更多的杂质和较少的结晶水。这会影响混凝土的抗渗性、抗碳化和抗冻性能。为了改善耐久性，可以采用适当的添加剂或优化混凝土配合比。

3. 化学性能

碱-骨料反应：再生骨料含有更多的碱金属盐，这会加剧碱-骨料反应的风险，从而影响混凝土的结构安全。为了减少碱-骨料反应的风险，可以对再生骨料进行适当的处理或选择低碱-骨料的废旧混凝土进行回收。

氯离子含量：废旧混凝土中含有较多的氯离子，这会对钢筋的腐蚀产生影响。为了减少氯离子的影响，可以对再生骨料进行清洗或使用防腐剂。

4. 环境影响

可持续性：再生骨料的最大优势是它的可持续性，因为它减少了废旧混凝土对环境的压力，减少了天然资源的开采。通过回收和再利用废旧混凝土，可以减少建筑垃圾的填埋和对环境的污染。

减少污染：再生骨料的生产过程可以减少废旧混凝土的堆放和填埋，减少对土地和水源的污染。同时，减少化石燃料的使用，也有助于减少温室气体排放。

5. 经济性能

成本效益：再生骨料的成本通常低于天然骨料，尤其是在废旧混凝土资源丰富的情况下。这可以降低混凝土的成本，提高经济效益。

市场潜力：随着环保意识的提高，再生骨料的市场需求逐渐增加，这为其经济性能提供了支持。政府和企业可以采取措施，鼓励使用再生骨料，提高其在市场中的地位。

总体而言，再生骨料在性能上与天然骨料存在一些差异，但这些差异可以通过优化制备工艺和配比设计来最小化。再生骨料的优点在于其可持续性和环境友好性，这使得它在建筑行业中具有重要的应用价值。随着技术的进步和市场的发展，再生骨料的应用前景将更加广阔。

（二）再生骨料的改性处理

再生骨料的改性处理是提升其性能和拓宽其应用范围的关键。以下是一些常见的再生骨料改性处理方法，以及它们对再生混凝土性能的影响。

1. 物理方法

破碎和筛分：通过精细的破碎和筛分，可以获得更均匀的粒度分布，从而改善再生骨料的物理性能。这有助于提高混凝土的工作性和强度。此外，精细的粒度分布还可以减少混凝土的渗透性，提高其耐久性。

清洗和除尘：去除再生骨料中的灰尘和杂质，可以提高其质量，尤其是对于用于高性能混凝土的再生骨料。清洗和除尘不仅可以提高混凝土的性能，还可以提升其外观质量，减少混凝土的孔隙率，增强其抗渗性。

2. 化学方法

表面处理：通过化学药剂处理，如酸洗、碱处理等，可以改变再生骨料表面的化学性质，提高其与水泥的粘结力。这有助于提高混凝土的强度和耐久性。表面处理还可以增强再生骨料与纤维材料的粘结，提高混凝土的抗裂性和韧性。

浸泡和耦合：使用特定的化学溶液浸泡再生骨料，如硅酸盐溶液，可以增强其与水泥的耦合作用，提高混凝土的性能。浸泡和耦合处理还可以提高混凝土的耐久性，减少混凝土的收缩和裂缝。

3. 热处理

烘干和加热：通过烘干和加热可以去除再生骨料中的水分和挥发物，改善其密度和强度，减小混凝土的孔隙率，提高其抗渗性和耐久性。

煅烧：在高温下煅烧再生骨料，可以改变其矿物组成，提高其强度和耐久性。煅烧还可以去除再生骨料中的有机物质，减少混凝土的收缩和裂缝。

4. 复合材料技术

掺合材料：将再生骨料与天然骨料、工业废料或其他掺合材料混合，可以制备出具有更好性能的复合骨料。掺合材料可以提高混凝土的强度、耐久性和工作性。此外，掺合材料还可以改善混凝土的环保性能，减少对天然资源的需求。

纤维增强：在再生混凝土中加入纤维材料，如聚丙烯纤维或钢纤维，可以提高其抗裂性和韧性。纤维增强处理还可以提高混凝土的耐久性，减少混凝土的收缩和裂缝。

5. 优化混凝土配比

调整水泥种类和用量：根据再生骨料的性能，选择合适的水泥种类和调整水泥用量，可以优化混凝土的性能。例如，使用高强度水泥可以提高混凝土的强度，而使用低热水泥可以减少混凝土的收缩和裂缝。

使用外加剂：添加合适的外加剂，如减水剂、缓凝剂等，可以改善混凝土的工作性。例如，使用减水剂可以提高混凝土的流动性，而使用缓凝剂可以延长混凝土的凝结时间。

通过这些改性处理方法，可以针对性地改善再生骨料的不足之处，提高其性能，使其更好地满足不同混凝土的应用需求。同时，改性处理也有助于提高再生混凝土的整体质量和可持续性。随着技术的不断进步和创新，未来可能会出现更多的改性处理方法，进一步推动再生骨料在建筑行业中的应用。

（三）再生骨料的制备技术

再生骨料的制备技术是一个综合性的过程，它不仅要求将废旧混凝土转化为适合再次使用的新材料，还要求在这个过程中实现资源的最大化利用和环境影响的最小化。

1. 收集

废旧混凝土的收集是循环利用的第一步，它要求有一个有效的废弃物回收系统。这包括与拆除工程、施工余料或旧的建筑物维修相关的废弃物的收集。正确的收集方法可以减少资源浪费和环境污染。

2. 分类

废弃混凝土的分类是为了分离出混凝土材料与其他非混凝土杂质，如金属、塑料等。这可以通过手动拣选或使用磁性分离、风选等物理方法来实现。分类的质量直接影响再生骨料的最终质量。

3. 破碎

破碎是将废弃混凝土块减小到更小尺寸的过程，这有助于提高其后续处理效率。破碎技术包括锤式破碎、圆锥破碎等，不同的技术适用于不同粒度要求的产品。

4. 筛分

筛分是根据粒度大小将破碎后的混凝土分离的过程。这可以通过振动筛、滚筒筛等设备实现，确保再生骨料的粒度分布满足不同应用的需求。

5. 清洗

清洗是为了去除再生骨料中的灰尘、油污和其他杂质，提高其质量。清洗可以通过水洗、喷淋等方法进行，必要时还可以结合使用化学清洁剂。

6. 脱水

脱水是为了去除再生骨料中的多余水分，这可以通过自然晾晒、滚筒干燥等方法实现。脱水过程对于提高再生骨料的储存稳定性和运输效率至关重要。

7. 烘干

对于水分含量较高的再生骨料，烘干处理是必要的，以达到适合储存和使用的含水率。烘干可以通过热风干燥、红外干燥等方法进行，需要控制适宜的温度和时间。

8. 筛分和包装

最终筛分是为了确保再生骨料达到所需的产品规格，包装则是为了便于储存、运输和使用。包装材料应选择环保、可回收的材质。

9. 质量检测

在整个制备过程中，对再生骨料的质量进行检测，确保其满足规定的质量标准。这包括检测其强度、粒度分布、纯净度等指标。

10. 调整和优化

根据质量检测结果，对制备工艺进行必要的调整和优化，以持续提高产品质量。这可能涉及工艺参数的调整、设备的选择和改进。

再生骨料的制备技术的关键在于确保其质量满足再次使用的标准，同时还要考虑到经济性和可持续性。通过不断的工艺改进和技术创新，可以提高再生骨料的性能，扩大其应用范围，从而促进建筑行业的可持续发展。此外，政府的政策支持和市场的需求也是推动再生骨料制备技术发展和应用的重要因素。

第四节　再生骨料混凝土环境评价

（一）环境评价方法

生命周期评估（LCA）是一种系统性的评估方法，它用于评估产品从原材料采集、制造、使用到废弃处理全过程的环境影响。

（二）环境评价过程

再生骨料混凝土的环境评价是一个全面的过程，涉及混凝土生命周期的每一个阶段，包括原材料的采集与生产、制造过程、使用寿命、废弃处理以及整体环境影响等。

1. 原材料采集与生产

再生骨料的生产过程通常比开采天然骨料更为环境友好，因为它减少了采石和混凝土生产过程中的能源消耗和温室气体排放。再生骨料的加工可能会产生一定的废气和废水，但这些可以通过适当的处理技术得到控制。此外，再生骨料的采购通常来自于废弃混凝土的回收，这样可以减少对新的自然资源的需求。

2. 制造过程

再生骨料混凝土的生产过程应该尽量减少水泥的用量，以降低二氧化碳排放。使用高效的生产设备和优化生产流程可以进一步减少资源消耗和排放。此外，使用辅助材料如粉煤灰、矿渣等可以替代部分水泥，从而减少二氧化碳的排放。

3. 使用寿命

再生骨料混凝土的耐久性通常优于传统混凝土，这意味着更长的使用寿命和更少的维护需求，从而减少生命周期内的环境影响。耐久性的提高也减少了混凝土更换的频率，从而减少了生命周期内的环境影响。

4. 废弃处理

再生骨料混凝土在使用寿命结束后的回收和再利用，相比填埋或焚烧，可以显著减少环境影响。回收的再生骨料可以用于新的混凝土生产，实现资源的循环利用。这种循环利用的方式有助于减少建筑废物的堆放和对环境的影响。

5. 整体环境影响

生命周期评估显示，再生骨料混凝土在减少温室气体排放、节省能源和减少废物产生方面具有明显优势。评估结果表明，再生骨料混凝土在大部分生命周期阶段都表现出较传统混凝土更好的环境性能。

经济性和成本效益分析也是环境评价的一部分，因为它们影响再生骨料混凝土的市场接受度和广泛应用。经济效益的评估可以帮助决策者了解再生骨料混凝土的经济优势，从而促进其在建筑行业中的应用。

进行环境评价时，通常会使用LCA软件工具来收集和分析相关数据，以量化再生骨料混凝土在不同生命周期阶段的环境影响。这些数据可以帮助决策者、设计师和政策制定者更好地理解产品的整体环境表现，并据此作出更加可持续的选择。此外，LCA结果还可以用于制定相关政策，促进建筑行业的可持续发展。

总之，再生骨料混凝土的环境评价是一个复杂的过程，涉及混凝土生命周期的每一个阶段。通过全面的评价，我们可以更好地理解再生骨料混凝土的环境优势，并据此作出更加可持续的选择。随着技术的进步和市场的成熟，再生骨料混凝土的应用前景将更加广阔，对于推动建筑行业的绿色转型和可持续发展具有重要意义。

第五节　透水混凝土

透水混凝土，也称为多孔混凝土或无砂混凝土，是一种特殊类型的混凝土，其特点是具有较高的孔隙率，通常在15%～25%。这种混凝土由粗骨料表面包覆一层薄水泥浆相互粘结而形成，形成孔穴均匀分布的蜂窝状结构，因此具有良好的透气性、透水性和轻质的特点。

（一）透水混凝土的优点

1. 改善地表水循环

透水混凝土能够使雨水直接渗透到地下，补充地下水资源，减少地表径流，有助于调节城市湿度，缓解城市内涝问题。这对于城市水资源的可持续利用具有重要意义。

2. 节能环保

由于透水混凝土能够降低城市热岛效应，减少地表积水，因此可以降低城市空调和照明能耗。这有助于减少能源消耗，降低温室气体排放。

3. 提高路面耐久性

透水混凝土的开放孔隙能够减少雨水对路面的冲刷，从而提高路面的耐久性，延长道路的使用寿命。这有助于减少城市基础设施的维护成本。

4. 降低噪声

透水混凝土的孔隙能够吸收部分噪声，起到降低道路噪声污染的作用。这有助于提升城市居民的生活质量。

5. 其他优点

透水混凝土可以提供安全舒适的步行环境。透水混凝土的路面具有良好的防滑性能，能够提供安全舒适的步行环境。这对于提高城市公共空间的安全性和吸引力具有重要意义。

透水混凝土下面的土壤能够得到更多的水分和养分，有利于植物的生长。这有助于提升城市绿化水平，增加生物的多样性。

透水混凝土的独特孔隙结构，给人以视觉上的美感，可以应用于公园、广场等景观设计中。这有助于提升城市景观质量，增强城市居民的幸福感和归属感。

透水混凝土可以利用废旧材料作为骨料，实现资源的循环利用，有助于节约天然资源。这符合可持续发展的理念，有助于减少对自然资源的依赖。

总的来说，透水混凝土具有良好的环境效益和经济效益，是未来城市建设中值得推广和应用的一种绿色建筑材料。随着技术的进步和市场的需求，透水混凝土的应用范围将更加广泛，为城市环境建设和可持续发展提供更多的可能性。

透水混凝土的制备通常涉及在混凝土混合物中加入特殊的添加剂，如透水剂或泡沫剂，以增加混凝土的孔隙率。此外，选择适合的骨料和控制混凝土的配合比也是制备过程中的关键步骤。制备出的透水混凝土需要具备足够的强度和耐久性，同时具有良好的透水性和透气性。

透水混凝土广泛应用于城市道路、广场、停车场、公园等场所。它不仅能够提供良好的铺装材料，还能够改善地表水循环，降低城市热岛效应，提高城市绿化水平。透水混凝土的应用有助于打造更加生态、环保和可持续的城市环境。

随着城市化进程的加快和环境问题的日益突出，透水混凝土的应用将更加广泛。未来的发展趋势包括提高透水混凝土的性能，扩大其应用范围，以及研发新的制备技术和材料。此外，透水混凝土与其他绿色建筑材料的结合，如太阳能板、风能利用等，将为城市可持续发展提供更多的解决方案。

总之，透水混凝土作为一种绿色建筑材料，具有改善地表水循环、节能环保、提高路面耐久性等多种优点。它的应用有助于打造更加生态、环保和可持续的城市环境。随着技术的进步和市场的需求，透水混凝土在未来城市建设中将发挥更大的作用。

（二）透水混凝土的种类

透水混凝土，这种具有连通孔隙的混凝土，因其独特的性能和广泛的适用性，正在逐渐成为城市建设和景观设计中的重要材料。

1. 素透水混凝土

素透水混凝土是最基本的透水混凝土类型，主要由水泥、骨料和少量添加剂组成。它具有较高的孔隙率和较低的强度，因此适用于非交通区域，如人行道、广场和绿化带。素透水混凝土的孔隙结构允许水分、空气和细小颗粒物质通过，有助于改善地表水循环和减少城市内涝问题。

2. 强化透水混凝土

为了提高透水混凝土的强度和耐久性，可以在其中加入钢筋、玻璃纤维或其他增强材料。这种类型的透水混凝土适用于承受一定交通压力的区域，如轻型车辆行驶的道路。强化透水混凝土在保持孔隙率的同时，增加了材料的整体强度和稳定性。

3. 多孔沥青

多孔沥青虽然不是混凝土，但也是一种透水路面材料，主要由沥青、矿料和开口沥青组成。它具有较好的透水性和耐久性，适用于道路和停车场。多孔沥青的使用可以减少雨水径流，提高路面的使用寿命。

4. 露骨料透水混凝土

露骨料透水混凝土在表面保留了部分骨料，不仅提高了美观性，还增加了防滑性能。适用于步行道、露台和景观区域。这种类型的透水混凝土在孔隙率和强度之间取得了良好的平衡，同时也提供了良好的视觉效果。

5. 彩色透水混凝土

通过添加染料或颜料，透水混凝土可以呈现不同的颜色和图案，增加路面美观性。这种类型的透水混凝土适用于需要美化和识别的特殊区域，如艺术区、公园或商业步行街。

6. 纤维增强透水混凝土

在透水混凝土中加入纤维材料，如聚丙烯纤维或钢纤维，可以提高混凝土的抗裂性和耐久性，适用于需要较高抗裂性能的区域，如在寒冷气候下施工的道路或频繁经受干湿循环的区域。

7. 预拌透水混凝土

这是一种预先在工厂混合好的透水混凝土，可以直接运输到施工现场进行铺设，提高了施工效率。预拌透水混凝土确保了材料的一致性和质量，适用于需要快速施工的工程项目。

透水混凝土的设计和应用需要考虑其预期的使用功能、环境条件、经济成本和施工技术。不同的透水混凝土种类适用于不同的工程需求，如交通负载、气候条件和水文要求。在选择透水混凝土类型时，还需要考虑项目的预算、施工的便利性及维护的长期成本。

（三）透水混凝土的施工方法

透水混凝土的施工是一个复杂而细致的过程，涉及材料选择、施工技术和后续的养护工作。

1. 准备工作

(1) 设计配合比。根据工程要求和当地材料的特点，设计透水混凝土的配合比，确保其满足所需的强度和透水性要求。

(2) 清理施工场地。施工前，必须清理施工场地，移除所有杂物和障碍物，确保表面平整、干净。

(3) 设置施工基准线。为了保证混凝土铺设的准确性和均匀性，需要设置施工基准线，并遵循相关的建筑规范和标准。

(4) 铺设基层。在透水混凝土铺设前，需要先铺设一层基层，如碎石层或砂层，以保证透水性和稳定性。

2. 搅拌混凝土

(1) 使用专业的搅拌设备。搅拌透水混凝土时，应使用专业的搅拌设备，确保混凝土混合均匀。

(2) 添加特殊添加剂。混凝土配合比中应包含特殊的添加剂，如纤维素材料，以提高其透水性和抗裂性。

3. 浇筑混凝土

(1) 均匀浇筑。将搅拌好的混凝土均匀浇筑在基层上。尽量避免间隙和蜂窝，确保混凝土的连续性。

(2) 控制浇筑速度。尽可能在一天内完成混凝土的浇筑和压实，以保证混凝土的质量和强度。

4. 压实和抹平

(1) 压实。使用平板振动器或夯实工具对混凝土进行压实，确保混凝土充满基层的孔隙。

(2) 抹平。压实后，使用抹平机或手工抹平，以消除表面不平整和多余的混凝土。注意不要过度抹平，以免封闭孔隙。

5. 孔隙填充

(1) 填充时机。在混凝土表面干燥后，可以进行孔隙填充，通常使用细砂或特殊填缝剂填充孔隙。

(2) 填充方法。填充时要注意填充材料的均匀分布，避免出现空鼓和沉淀。

6. 养护

(1) 养护重要性。透水混凝土在浇筑后需要进行充分的养护，以保证混凝土的强度和透水性。

(2) 养护措施。养护期间，应避免重载车辆通行，防止混凝土未达到设计强度就受到破坏。根据气候条件，可能需要覆盖湿布或喷水保持湿润。

7. 结束工作

(1) 清理。养护结束后，对透水混凝土表面进行清理，去除多余的填充物和杂物。

(2) 修整和验收。进行必要的修整和验收，确保透水混凝土的质量和效果。必要时进行表面处理，以提高耐久性和美观性。

透水混凝土的施工需要专业的技术和严格的质量控制，以确保其达到预期的透水性和耐久性。在施工过程中，应遵循当地的建设规范和标准，同时也要注意环境保护和安全生产。施工后，还需要对透水混凝土进行定期检查和维护，以确保其长期性能。

（四）透水混凝土配合比设计

透水混凝土的配合比设计是一个综合性的工程活动，它涉及材料科学、力学原理和施工技术的综合应用。

1. 确定设计目标

（1）透水系数：根据工程需求，确定混凝土所需的透水系数。这取决于工程所在地的气候条件、降水量以及预期的使用功能。

（2）强度等级：确定预期的混凝土强度等级，这通常基于工程的设计寿命和预期的负载条件。

（3）耐久性要求：考虑混凝土的耐久性要求，包括抗裂、抗冻、抗磨损、抗化学侵蚀等，以确保混凝土在预期的使用寿命内保持良好状态。

2. 选择合适的水泥类型

（1）水泥选择：透水混凝土通常使用普通硅酸盐水泥或矿渣硅酸盐水泥。这两种水泥具有良好的透气性和足够的强度。

（2）水泥掺合料：有时会添加掺合料，如粉煤灰或矿渣，以提高混凝土的透水性和耐久性。

3. 选择骨料

（1）骨料类型：选择粒径小于一定尺寸的碎石或河砂作为骨料。骨料的类型和质量对混凝土的性能有重要影响。

（2）骨料形状：骨料的形状和表面特征会影响混凝土的透水性和耐久性。圆滑的骨料表面可能不利于透水，而多孔或粗糙的骨料则有助于提高透水性。

4. 添加剂

（1）纤维素材料：添加纤维素材料，如聚丙烯纤维或钢纤维，以提高混凝土的抗裂性。

（2）化学添加剂：添加特殊的化学添加剂，如减水剂或渗透增强剂，以改善混凝土的透水性和耐久性。

5. 确定水灰比

（1）水灰比的重要性：水灰比是影响混凝土强度和透水性的关键因素。水灰比越低，混凝土的强度通常越高，但透水性会降低。

（2）平衡点：需要找到一个平衡点，以确保混凝土既满足强度要求，又保持良好的透水性。

6. 计算配合比

（1）配合比计算：根据上述因素，计算出水泥、骨料、水和添加剂的比例。这通常需要专业的计算软件或经验丰富的工程师来完成。

（2）试配：进行试配，测试混凝土的强度和透水性，并根据结果调整配合比。

7. 质量控制

（1）原材料质量控制：在生产过程中，严格控制原材料的质量，确保其符合设计要求。

（2）施工技术控制：确保混凝土在搅拌、浇筑和养护过程中遵循既定的施工技术，以保证混凝土的质量。

8. 测试和验证

（1）性能测试：在混凝土浇筑后，进行必要的测试，如立方体抗压强度测试和透水性测试，以验证混凝土的实际性能是否符合设计要求。

（2）结果分析：根据测试结果，对混凝土的配合比进行分析和调整，以确保其满足工程需求。

透水混凝土的配合比设计需要专业知识和经验，通常需要工程师或设计师的参与，以确保混凝土的性能满足特定的工程需求。此外，配合比设计还应考虑当地的材料供应和施工条件，以适应实际的工程环境。

第六节 光催化混凝土

光催化混凝土是一种新型的建筑材料，它通过在混凝土中掺入光催化剂，如二氧化钛（TiO_2），来赋予混凝土自洁和空气净化的功能。当光催化剂受到光照时，可以激发产生电子-空穴对，这些对具有强氧化性，能够分解吸附在混凝土表面的有机污染物和某些无机物，从而达到净化空气和自清洁的效果。

（一）光催化反应的原理

光催化混凝土的工作原理基于光催化反应。当光催化剂（如 TiO_2）受到特定波长的光照时，其价带上的电子被激发到导带上，留下空穴。导带电子与氧气反应生成负离子，而空穴则与水分或氢氧根离子反应生成羟基自由基。这些负离子和羟基自由基具有很强的氧化能力，能够氧化并分解有机污染物，将其转化为无害的物质，如二氧化碳和水。

（二）光催化混凝土的制备

光催化混凝土的制备是一个精细的过程，需要确保光催化剂均匀地分布在混凝土基质中，以最大限度地发挥其净化功能。

1. 选择合适的光催化剂

（1）选择光催化剂：通常选用二氧化钛（TiO_2）作为光催化剂，因为它对光具有较高的响应性，并且在环境中有较好的稳定性和无毒性。

（2）光催化剂的特性：除了稳定性和对光的响应性，还需要考虑光催化剂的粒径、表面处理、光催化活性等因素。

2. 确定光催化剂的含量

（1）影响因素：光催化剂的含量对混凝土的净化效率和机械性能有重要影响。过多的光催化剂可能会导致混凝土强度下降，过少则可能无法达到预期的净化效果。

（2）最佳掺量：通常需要通过试验确定最佳的掺量，这可能涉及不同的混凝土配合比和光催化剂的类型。

3. 制备混凝土基质

（1）混凝土配合比：根据设计要求制备混凝土，确保混凝土的配合比满足所需的强度和耐久性。

(2) 原材料：使用符合标准的原材料，如水泥、砂、石子等，确保混凝土的基质质量。

4. 掺加光催化剂

(1) 干混法：将干燥的光催化剂直接撒入混凝土中，然后搅拌均匀。这种方法简单易行，但需要确保光催化剂的均匀分散。

(2) 湿混法：将光催化剂与水混合成浆体，然后将浆体加入到混凝土中。这种方法可以更好地控制光催化剂的分散性，但需要更多的搅拌时间。

5. 拌和和浇筑

(1) 使用搅拌设备将掺有光催化剂的混凝土拌和均匀，确保光催化剂在混凝土中分布均匀。

(2) 拌和后，将混凝土浇筑到预先准备好的模具中，形成所需的形状和尺寸。

6. 养护

混凝土浇筑后需要进行养护，以保证混凝土的强度和光催化性能。养护过程中应避免光线直接照射，以防止光催化剂在早期阶段就发生激活。

7. 测试和评估

养护完成后，对光催化混凝土进行各项性能测试，包括机械性能测试、光催化性能测试等。评估光催化混凝土的性能是否满足设计要求，如强度、透水性、光催化活性等。

8. 应用

(1) 工程应用：经过测试和评估确认性能合格后，光催化混凝土可以应用于实际工程中，如道路铺装、墙面装饰等。

(2) 质量控制：实际应用中，需要持续监控光催化混凝土的性能，确保其在长期使用中仍能保持良好的净化效果。

在制备光催化混凝土时，还需要注意以下几点。

(1) 光催化剂的分散均匀性：确保光催化剂在混凝土中均匀分散，避免出现团聚现象。

(2) 混凝土的拌和工艺：正确的拌和工艺可以确保光催化剂的均匀分布，提高混凝土的性能。

(3) 养护条件：适宜的养护条件可以促进混凝土的强度发展，同时保持光催化剂的活性。

(4) 改性光催化剂：通过改性光催化剂，如掺杂其他金属离子或有机物质，可以提高光催化性能。

(5) 配合比调整：根据光催化剂的特性和混凝土的性能要求，调整混凝土的配合比。

通过上述步骤，可以制备出具有良好光催化性能的混凝土，为环境保护和能源转换提供了一种有效的材料选择。随着研究的深入和技术的进步，光催化混凝土的应用领域将不断拓展，为构建可持续发展的社会作出贡献。

（三）光催化混凝土的工程应用

光催化混凝土的工程应用因其独特的环保特性和美观装饰效果而备受青睐。

1. 道路和铺装

光催化混凝土可以用于道路、步行道和自行车道的铺装。这些路面能够在光照条件下分解有害物质,如汽车尾气中的氮氧化物(NO_x)和挥发性有机化合物(VOCs),从而净化空气。

光催化混凝土的路面设计可以根据工程需求和美学要求进行定制,提供不同的颜色、图案和质感。

2. 墙面和立柱

光催化混凝土可用于建筑的外墙装饰和立柱覆盖。这些结构不仅能够美化建筑外观,还能在光照条件下发挥作用,减少建筑表面的污染。

光催化混凝土还可以用于制作广告牌和标志,既能展示信息,又能净化空气。

3. 污水处理

光催化混凝土可用于人工湿地和曝气池等污水处理设施。这种混凝土能够利用光催化反应降解水中的有机污染物,提高水质。

光催化混凝土还可以用于建造雨水花园,促进雨水的自然渗透和净化。

4. 花园和景观设计

光催化混凝土可以用于制作步道、坐凳、雕塑和其他装饰元素。这些元素不仅能够融入自然环境,还能在光照条件下净化空气和水质。

光催化混凝土的装饰性使其成为景观设计的理想选择,可以为户外空间增添艺术气息。

5. 户外家具

光催化混凝土还可用于制作户外家具,如桌子、椅子、长凳等。这些家具能够在不牺牲美观和耐用性的前提下,提供额外的环境保护效益。

光催化混凝土家具可以根据客户需求进行定制,满足个性化的户外空间需求。

6. 停车场和屋顶

光催化混凝土适用于停车场铺装和屋顶材料。这些材料能够在光照条件下分解空气中的污染物,同时提供良好的耐久性和防水性能。

光催化混凝土还可以用于建造绿色屋顶,不仅可以净化空气,还能提供额外的隔热和隔声效果。

在实际应用中,光催化混凝土的性能和效果需要通过严格的测试和评估来确保。这包括对其光催化活性、机械性能、耐久性和环境影响进行评估。此外,为了使光催化混凝土的环境效益最大化,还需要考虑其长期稳定性和维护策略。

随着光催化技术的发展和创新,光催化混凝土的应用范围可能会进一步扩大。例如,光催化混凝土可以用于制造自清洁的表面,减少清洁水和化学清洁剂的使用。它还可以用于制造智能混凝土,这种混凝土能够响应环境变化,如温度、湿度和光照,从而自动调节其性能。

总之,光催化混凝土的工程应用不仅能够提供的美观和耐用性,还能够提供额外的环境保护效益。随着技术的进步和市场需求的增长,光催化混凝土有望在更多的工程领域得到应用,为可持续发展和环境保护作出更大的贡献。

（四）光催化混凝土应用中存在问题

光催化混凝土虽然在环保和美化方面具有巨大潜力，但其应用过程中确实存在一些问题和挑战，需要通过研究和创新来克服。

1. 光催化效率

光催化混凝土的效率受到多种因素影响，包括光照强度、光催化剂的活性和分布均匀性。为了提高效率，研究人员正在开发新型光催化剂，提高其光吸收范围和电荷分离效率。同时，优化混凝土的微观结构，确保光催化剂能够均匀分散且充分暴露于光照下。

光催化混凝土的耐久性和稳定性是确保其长期有效性的关键。研究者通过改善光催化剂的化学稳定性、增加混凝土的防护层或使用耐候性强的材料来提高耐久性。此外，通过模拟实际环境条件，测试光催化混凝土的长期性能，以评估其稳定性。

2. 机械性能

光催化剂的掺入可能会影响混凝土的机械性能。为了保证混凝土的强度和耐磨性，研究者正在探索不同的混凝土配方和光催化剂类型，以及控制光催化剂粒径和分布的方法。

3. 成本

光催化混凝土的成本较高，限制了其在某些项目中的应用。为了降低成本，研究者正在寻找替代光催化剂材料，如改性天然矿物，以及优化生产工艺，提高混凝土的批量生产能力。

4. 维护和清洁

光催化混凝土表面的污染会影响其光催化活性。研究者正在开发自清洁表面技术，如超疏水涂层，以减少污染物的吸附。同时，研究清洁方法和频率，以保持光催化活性的稳定。

5. 环境影响评估

光催化混凝土的环境影响需要进行全面评估，包括其生产和使用过程中的能耗、废弃物产生和潜在的二次污染。研究者正在使用生命周期评估（LCA）等方法，评估光催化混凝土的整体环境效益。

6. 法规和标准

缺乏统一的国际或国家标准限制了光催化混凝土的应用。为此，相关行业组织和研究机构正在制定标准和指南，以确保光催化混凝土的安全性和性能。

7. 潜在的健康风险

光催化混凝土在分解污染物时可能会产生中间产物，其健康影响需要评估。同时，光催化剂的纳米尺寸可能引发健康风险担忧。研究者正在研究这些中间产物的性质，并探索减少潜在风险的方法。

为了解决这些问题，研究者正在不断探索新的光催化剂、改进混凝土配方、开发耐久性更强的材料以及制定更有效的维护策略。通过跨学科合作，结合材料科学、环境科学和建筑工程的知识，光催化混凝土的应用问题和挑战有望得到解决。随着技术的进步，光催化混凝土有望成为更加实用和可持续的建筑材料，为环境保护和建筑行业的发展作出更大贡献。

第七节　生态净水混凝土

（一）生态混凝土的净水机理

生态混凝土作为一种新型建筑材料，正逐渐受到关注，尤其是在环境保护和生态修复方面。生态净水混凝土是生态混凝土的一种，它通过特定的设计和材料选择，实现了净水功能，对于改善和保护水环境具有重要意义。

生态净水混凝土的多孔结构和空隙能够物理过滤水中的悬浮物和颗粒物。这些孔隙由微小的微孔和较大的气泡组成，能够有效地拦截和沉淀水中的杂质，从而提高水质。

混凝土中的成分，如硅酸盐，可以与水中的污染物发生化学反应，形成不溶性沉淀物，从而去除污染物。这种化学吸附作用有助于去除水中的重金属离子和有机污染物。

生态净水混凝土表面可以形成生物膜，其中的微生物能够降解水中的有机污染物。这些微生物通常依赖于混凝土中的孔隙作为生存空间，并提供营养物质。生物净化作用是一种自然且可持续的净化方式，有助于改善水质。

生态净水混凝土中可掺入光催化剂，如二氧化钛（TiO_2），在光照条件下，这些催化剂能够产生活性氧种，分解水中的有机物和污染物。光催化作用是一种高效的净化方式，可以在光照条件下持续发挥作用。

生态净水混凝土不仅是一种建筑材料，还可以作为生态系统的一部分，促进水生生物的繁衍和生态平衡，对受污染的水体进行生态修复。这种生态修复作用有助于恢复水体的自然状态，维持生态平衡。

生态净水混凝土在水体治理、雨水收集和利用、城市排水系统等方面具有广泛的应用潜力。例如，在城市排水系统中，生态净水混凝土可以用于构建人工湿地和生物滤池，去除雨水中的污染物，提高雨水质量。在湖泊和河流的治理中，生态净水混凝土可以用于构建河岸带和湿地，通过物理、化学和生物作用，去除水中的污染物，恢复水体的自净能力。

生态净水混凝土的性能和效果会受到其组成、制备工艺、使用环境和维护管理等多种因素的影响。例如，混凝土的孔隙结构和大小会影响其过滤效果，光催化剂的类型和掺量会影响其光催化效果。此外，水体的温度、pH 值、污染物浓度等环境条件也会影响生态净水混凝土的性能。

为了确保生态净水混凝土达到预期的净水效果，需要在设计和施工过程中充分考虑这些因素。同时，需要定期对生态净水混凝土进行维护和管理，确保其长期稳定地发挥净水作用。通过综合考虑这些因素，生态净水混凝土可以成为一种有效的水环境治理工具，为保护水资源和生态环境作出贡献。

生态净水混凝土作为一种具有净水功能的建筑材料，具有物理过滤、化学吸附、生物净化、光催化作用和生态修复等多重净水机理。它在水体治理、雨水收集和利用、城市排水系统等领域具有广泛的应用潜力，提供了一种可持续的水环境治理解决方案。然而，为了实现最佳的净水效果，需要综合考虑生态净水混凝土的组成、制备工艺、使用环境和维护管理等因素，确保其长期稳定地发挥净水作用。随着生态净水混凝土技术的不断发展和创新，它将在保护水资源和生态环境方面发挥更大的作用。

（二）生态净水混凝土的透水性和耐酸性

生态净水混凝土的透水性和耐酸性是衡量其性能的两个重要指标。

1. 透水性

透水性是指材料允许水通过其孔隙的能力。对于生态净水混凝土来说，良好的透水性有助于以下几个方面。

（1）雨水渗透

透水性好的混凝土能够允许雨水渗透到地下，补充地下水资源，减少径流，缓解城市内涝问题。这对于城市排水系统和雨水利用具有重要意义。

（2）生态循环

有助于地表水和地下水之间的循环，维持生态系统的平衡。这对于水生生物的生存和生态系统的健康发展至关重要。

（3）减少热量

提高地表的透水性有助于减少城市热岛效应，因为水分可以蒸发吸收热量。这有助于降低城市温度，改善城市环境。

2. 耐酸性

耐酸性是指材料抵抗酸性物质侵蚀的能力。生态净水混凝土常常处于酸性环境，例如，雨水可能含有二氧化碳，与水结合形成碳酸，或者环境中可能存在其他酸性污染物。因此，耐酸性至关重要。

在设计和制备生态净水混凝土时，需要通过选择合适的原料、优化配合比、采用合适的制备工艺等措施，来确保其具有既定的透水性和耐酸性。为了提高生态净水混凝土的透水性和耐酸性，可以采取以下措施。

（1）选择合适的骨料

使用具有良好透水性和耐酸性的骨料，如天然石英砂或石灰石骨料。

（2）优化配合比

通过调整水泥、砂、石等原料的比例，以及添加适量的掺合料和外加剂，来优化混凝土的性能。

（3）采用合适的制备工艺

使用振动搅拌、超声波搅拌等先进的制备工艺，以提高混凝土的均匀性和工作性能。

（4）表面处理

通过对混凝土表面进行特殊处理，如涂覆光催化剂或生物膜，以增加其透水性和耐酸性。

（5）混合材料

添加具有透水性和耐酸性的材料，如透水性陶粒或耐酸性的有机纤维，以改善混凝土的性能。

通过上述措施，可以提高生态净水混凝土的透水性和耐酸性，使其更好地应用于生态建设和环境保护领域。随着科技的进步和人们对环境保护意识的提高，生态净水混凝土的发展前景将更加广阔。

(三)生态净水混凝土的装置

生态净水混凝土是一种新型的环保材料,它不仅具有传统的混凝土的强度和耐久性,还具有特殊的孔隙结构,能够实现水的净化和过滤功能。这种混凝土通常通过加入特殊的添加剂或采用特殊的设计来增加其孔隙率,从而使其具有更好的透水性和过滤性能。

生态净水混凝土的装置通常是指为了实现其净水功能而设计的结构或系统。这些装置可以是在城市硬化地面中嵌入的模块,也可以是独立的过滤单元,它们利用生态净水混凝土的特性来处理和净化水流。生态净水混凝土常见的应用场景包括以下几种。

1. 透水性铺装

这是一种常见的生态净水混凝土装置,用于道路、人行道和广场的铺装。透水性铺装允许雨水渗透到地下,减少地表径流,同时混凝土中的孔隙可以过滤和清除一部分污染物。这种装置可以有效地改善城市的水循环,减少城市内涝的风险,同时对环境保护也起到了积极的作用。

2. 雨水花园和生物滞留池

这些装置通常包含一定比例的生态净水混凝土,用于构建雨水花园或生物滞留池。混凝土的孔隙提供了植物生长的空间,同时也能过滤和净化雨水。这种装置不仅能够美化城市环境,还能够有效地净化雨水,提高城市的生态环境质量。

3. 地下过滤系统

地下过滤系统通常由生态净水混凝土制成的大型过滤模块组成,它们被埋设在地下,用于处理流经的雨水或污水。这种装置可以有效地去除水中的悬浮物和污染物,提高水质。

4. 过滤墙和过滤桩

在河流、湖泊或其他水体的岸边,生态净水混凝土可以用来构建过滤墙或过滤桩,以去除水体中的悬浮物和污染物。这种装置可以有效地改善水体的水质,保护水生态环境。

5. 城市排水沟和雨水收集系统

城市排水沟和雨水收集系统中也可以使用生态净水混凝土,以提高其过滤和净化能力。这种装置可以有效地改善城市的水环境,减少城市内涝的风险。

这些装置的设计和施工需要考虑当地的气候条件、水文特征、污染物类型以及预期的处理效果。生态净水混凝土的装置通常需要与其他生态工程技术相结合,如植被恢复、土壤改良等,以达到最佳的生态净水效果。

在我国,生态净水混凝土的应用已经越来越广泛。许多城市在进行城市硬化建设时,都会优先选择这种材料。生态净水混凝土不仅能够提高城市的生态环境质量,还能够提高城市的可持续发展能力。相信在不久的将来,生态净水混凝土将会成为城市建设的必备材料。

(四)生态净水混凝土的试验及应用

生态净水混凝土的试验和应用是一个系统工程,涉及材料科学、环境工程、建筑工程等多个领域。

(1) 材料筛选与配合比优化

在制备生态净水混凝土之前，首先要进行材料筛选，选择适合的光催化剂、骨料、水泥等原料。光催化剂的选择需要考虑其对特定污染物的降解效率以及耐久性。其次骨料和水泥的质量直接影响混凝土的强度和透水性。通过实验室试验和现场试验，可以确定最佳的材料配合比，以达到预期的净水效果和耐久性。

(2) 透水性测试

透水性测试是评估生态净水混凝土透水性能的重要方法。常用的测试方法包括净水头法、环刀法等。这些测试可以确定混凝土的孔隙率和透水系数，从而评估其透水性能。

(3) 污染物去除效率测试

通过实验室模拟污染水源，测试生态净水混凝土对不同类型污染物的去除效率，如有机物、重金属等。这通常涉及将污染物溶液通过混凝土样品，然后分析进出口水样中的污染物浓度变化，以确定混凝土的过滤效果。

(4) 生态修复

在土壤和水体受到污染的地区，生态净水混凝土可以作为修复材料，帮助清除污染物，恢复生态环境。这种方法通过混凝土中的过滤和光催化作用，以及与其他生态技术的结合，来实现环境的修复。

在农业生产中，生态净水混凝土可用于构建农田排灌系统，提高水的利用效率，减少农药和化肥的流失。这种方法有助于实现农业的可持续发展。随着技术的不断进步和应用经验的积累，生态净水混凝土有望在更多的领域得到广泛应用，为保护环境和提高生活质量作出更大的贡献。

第三章
绿色建筑围护结构介绍

能源就是向自然界提供能量转化的物质，是人类活动的物质基础。从某种意义上讲，人类社会的发展离不开优质能源的出现和先进能源技术的使用。在当今世界，能源的可持续发展、能源的科学利用、能源和环境是全世界、全人类共同关心的问题，也是我国社会经济发展的重要问题。我国作为全球能源消耗排名第二的国家，其建筑领域的能源消耗量呈现持续增长趋势。从20世纪70年代末期的10%，建筑能耗在全国能源总消耗中的占比已经增长至目前的大约30%。数据分析显示，供暖和空调系统是建筑能耗的主要来源，占据了建筑总能耗的半数。实际工程经验证实，运用创新的环保节能型墙体材料，能有效降低供暖与空调系统的能源消耗。因此，推广这些新型材料对于提升建筑能效、减少能源浪费具有重要的实际意义。

第一节 绿色墙体材料的基本概念

近年来，我国能源结构正在进行重大调整，能源安全的形态正在发生质变。这给中国的政治、外交、军事、科技和产业结构等提出了一个全新的课题——如何保障中国能源安全？怎么确保能源结构可持续发展？解决好这个问题，对于实现建筑"绿色发展"理念和实现"两个一百年"的中国梦具有十分重要的意义。我国对于节能墙体材料的改革和运用非常重视。2005年，国家发展和改革委员会、国土资源部、建设部、农业部联合召开全国推进墙体材料革新和推广节能建筑电视电话会议，就全面贯彻落实《国务院办公厅关于进一步推进墙体材料革新和推广节能建筑的通知》（国办发〔2005〕33号）精神，进行了全面部署。

据实际测量，建筑用能50%左右通过围护结构消耗，围护结构包括墙体、门窗、屋顶和地面，建筑节能主要就是围护结构的隔热保温。墙体面积较大，如何科学地选用新型节能墙体材料，对于围护结构的节能效果有着重要影响。从长远来看，发展绿色墙体材料是我国墙体材料产业发展的基本方向；从现实来讲，绿色墙体材料产业是发展绿色建筑的迫切要求。未来会有越来越多的房地产商重视开发健康住宅，更多地使用绿色建材。面对消费者对生活、健康质量的更高要求，绿色墙材产品将成为未来墙体材料工业发展的一道亮丽风景线。

（一）绿色墙体材料的特点

绿色墙体材料主要包括固体废物生产绿色墙体材料、非黏土质新型墙体材料、高保温性墙体材料三类新材料，例如煤矸石空心砖、高掺量烧结粉煤灰砖、石膏砌块和墙板、农林业副产品生产轻质板材等。随着国家可持续发展战略的实施，以及在生态建设及环境保护方面的加强，我国实施了墙体材料革新政策，大力开发和推广使用新型墙体材料。新型墙体材料具有可以有效减少环境污染、节省大量的生产成本、增加房屋使用面积等一系列优点，其中相当大一部分品种属于绿色建材，具有轻质、隔热、隔声、保温等特点。有些材料甚至具备防火功能。新型墙体材料是我国墙体材料发展的新方向。它充分利用废弃物，减少环境污染，节约能源和自然资源，保护生态环境和保证人类社会的可持续发展，具有良好的经济效益、社会效益和环境效益。新型墙体材料是集轻质、高强、节能为一体的绿色高性能墙体材料，它可以很好地解决墙体材料生产和应用中资源、能源、环境协调发展的问题，是我国墙体材料发展的方向。近年来我国新型墙体材料发展迅速，取得了可喜的成绩。

绿色墙体材料是指在生产、使用和回收过程中对环境友好、可持续的墙体材料。它们具有以下特点。

1. 环保性

绿色墙体材料的生产过程通常采用低能耗、低污染的技术，尽量减少对环境的负面影响。例如，使用废弃物作为原料，或者采用可再生能源等低碳技术进行生产。

这些材料往往可以采用回收料或者可再生资源作为原料，减少废物的产生。例如，废旧报纸、塑料瓶等可以被回收利用，制成新的建筑材料。

2. 节能性

绿色墙体材料具有较好的保温隔热性能，能够有效减少建筑物的能耗。例如，使用新型节能墙体材料可以降低冬季取暖和夏季制冷的能源需求，从而减少温室气体排放。节能墙体材料可以通过提高热阻值和减少热传导系数来实现节能效果。例如多孔材料、真空绝热材料等可以有效减少热量的传递。

3. 耐久性

绿色墙体材料具有较高的强度和耐久性，可以延长建筑物的使用寿命，减少维护频率和成本。例如，使用高性能混凝土、天然石材等材料可以提高建筑物的结构稳定性。耐久性材料可以抵抗环境因素的影响，如温度变化、湿度波动、化学腐蚀等，从而减少建筑物的维修和更换需求。

4. 健康性

绿色墙体材料不含有害物质，如重金属、挥发性有机化合物（VOCs）等，不会对室内空气质量产生负面影响，有利于人体健康。无毒无害的材料可以减少室内污染，特别是对于过敏体质人群和儿童等敏感人群的健康更为重要。

5. 舒适性

绿色墙体材料能够提供良好的室内环境，如良好的隔声性能、适宜的湿度调节等，提高居住舒适度。隔声性能好的材料可以减少外界噪声的干扰，提高室内环境的安静度。适宜的湿度调节材料可以平衡室内湿度，减少霉菌和细菌的滋生。

6. 可循环性

绿色墙体材料可以在使用寿命结束后方便地进行回收和再利用，减少建筑垃圾的产生，符合循环经济的原则。可循环材料可以减少资源浪费，降低建筑垃圾的处理压力，对环境产生积极影响。

绿色墙体材料作为建筑领域的一项重要创新，其对环境的友好性体现在多个方面。首先，这类材料的生产过程中能耗较低，减少了对自然资源的开采和消耗，有利于保护生态环境。其次，绿色墙体材料通常具有较好的隔热和保温性能，能够显著降低建筑物在使用过程中的能源需求，进而减少温室气体排放。在提高建筑物的能源效率方面，绿色墙体材料通过优化建筑的热工性能，有效控制室内温度，减少对供暖和空调系统的依赖。这不仅降低了建筑物的运营成本，还有助于实现长期的节能减排目标。

经济性方面，虽然绿色墙体材料的初期投资可能略高于传统材料，但其长期的节能效果和维护成本的降低能够为建筑业主带来经济效益。此外，随着技术的进步和规模化生产，绿色墙体材料的成本正在逐渐降低，使得其在市场上的竞争力不断增强。居住舒适度是绿色墙体材料另一个不可忽视的优势。优良的隔热和隔声性能，为居住者提供了更为安静和舒适的室内环境。此外，一些绿色墙体材料还具有调节室内湿度、改善空气质量的功能，进一步提升了居住者的生活品质。鉴于绿色墙体材料在环境保护、能源节约、经济效益和居住舒适度方面的综合优势，它们在未来建筑行业中的发展和应用前景广阔。随着全球对可持续发展和环境保护意识的不断提升，绿色墙体材料将成为推动建筑行业转型升级的重要力量。建筑行业将越来越重视这些材料的研发、生产和应用，以实现绿色建筑和可持续发展的目标。此外，政策的支持和市场需求的增长也将为绿色墙体材料的发展提供强有力的驱动，促使建筑行业向更加绿色、环保、高效的方向迈进。综上所述，绿色墙体材料不仅对环境友好，而且能够提高建筑物的能源效率、经济性和居住舒适度，是实现绿色建筑和可持续发展的关键材料。

（二）绿色墙体材料的分类

绿色墙体材料是指在生产过程中环保、节能、健康，使用后能够提供良好室内环境，并且具有可循环利用特点的一类材料。新型节能墙体材料大致可以分为3大类，即建筑板材类、非黏土砖类和建筑砌块类。它们具体分类如下。

（1）纤维增强硅酸钙板：由钙质材料、硅质材料与纤维等制成，分为石棉和无石棉两类。具有密度低、比强度高、湿胀率小、防火、防潮、防蛀等特点，适用于高层与超高层建筑。

（2）玻璃纤维增强水泥轻质多孔隔墙条板（GRC板）：以耐碱玻璃纤维为增强材料，以硫铝酸盐水泥轻质砂浆为基材，具有若干个圆孔的条形板材。最初仅用于非承重的内隔墙，现开始用于公共、住宅和工业建筑围护墙体。

（3）蒸压加气混凝土板：由钙质材料、硅质材料、石膏、铝粉、水和钢筋等制成，板内有大量微小、非连通的气孔，孔隙率达到70%~80%。具有自重轻、绝热性好、隔声、吸声等特性，且具有良好的耐火性和一定的承载能力。可用于单层或多层工业厂房的外墙，也可用于公共建筑及居住建筑的内墙或外墙、屋面板、楼板。

（4）石膏墙板：包括纸面石膏板、石膏空心条板。石膏空心条板包括石膏珍珠岩空心条板、石膏粉硅酸盐空心条板和石膏空心条板等，具有防火、隔声、隔热、防静电、防电磁波辐射等功能。主要用作工业和民用建筑物的非承重内隔墙。

（5）钢丝网架水泥夹芯板：包括阻燃型泡沫塑料条板或半硬质岩棉板作芯板的钢丝网架夹芯板。具有质量轻、保温、隔热性能好、安全方便等优点。主要用于房屋建筑的内隔墙、围护外墙、保温复合外墙、楼面、屋面及建筑加层等。

（6）金属面夹芯板：包括金属面聚氨酯夹芯板、金属面岩棉、矿棉夹芯板等。质量轻、强度高、施工方便、快捷，可多次拆卸，可变换地点重复安装，具有较高的持久性，并有防腐涂层的彩色金属面夹芯板装饰性较高。普遍用于冷库、仓库、工厂车间、仓储式超市、商场、办公楼、洁净室、旧楼房加层、活动房、战地医院、展览馆和体育场馆及候机楼等的建造。

第二节　墙体节能烧结砖材

（一）烧结普通砖

烧结普通砖是一种传统的建筑材料，主要由黏土、页岩、煤矸石等原料经过混合、成型、干燥和高温烧结而成。它由于制作工艺成熟、价格相对较低、施工方便等原因，在建筑工程中得到了广泛的应用。

根据现行国家标准《烧结普通砖》GB 5101—2017 中的规定，烧结普通砖按照其抗压强度不同，可分为 MU30、MU25、MU20、MU15 和 MU10 五个强度等级，烧结普通砖的强度等级如表 3-1 所示。

烧结普通砖的强度等级　　　　　　　　　　　表 3-1

强度等级	抗压强度平均值 f/MPa	强度标准值 f_k/MPa
MU30	≥30.0	≥22.0
MU25	≥25.0	≥18.0
MU20	≥20.0	≥14.0
MU15	≥15.0	≥10.0
MU10	≥10.0	≥6.5

烧结普通砖，通过高温烧结工艺制成，具有优异的物理强度。这种强度不仅包括抗压强度，还有抗拉强度、抗弯强度等，能够满足多种建筑结构的需求。在建筑工程中，烧结砖常被用作承重墙体材料，承受结构负荷。此外，烧结砖的强度还使其在高温、高压等极端条件下仍能保持稳定，保证了建筑的安全性。烧结砖材的化学稳定性是其另一大优势。由于高温烧结过程，砖材内部结构紧密，不易与其他物质发生化学反应。这使得烧结砖在酸碱盐等化学环境中都能保持稳定，不易被腐蚀。因此，烧结砖在各种环境条件下都能保持其性能不受外界影响，保证了建筑的长期稳定性。

烧结普通砖的耐久性是其受到广泛应用的重要原因之一。高温烧结过程使得砖材具有较好的抗风化、抗腐蚀能力。在自然界中，烧结砖能够抵御各种自然因素的影响，如风雨、紫外线照射等。这种耐久性使得烧结砖成为长期建筑项目中可靠的选择，减少了建筑维护和更换的频率。烧结普通砖的独特表面纹理和色彩，使其在建筑美学中占有重要地位。砖材的天然纹理和色泽，能够给建筑带来丰富多样的外观效果。此外，烧结砖的尺寸规格多样,可以满足不同建筑设计的需求。在现代建筑中,烧结砖不仅用于承重,还常被用作装饰材料,提升建筑的美观度。

烧结普通砖在施工过程中易于切割、雕刻和塑造,能够适应不同的建筑造型需求。这种可塑性使得烧结砖成为建筑师实现创意设计的有力工具。然而,随着绿色建筑的兴起,烧结普通砖也暴露出了一些不足,如生产过程能耗较高、不够节能环保等。因此,新型绿色墙体材料逐渐成为建筑行业的发展趋势。

烧结普通砖虽然传统,但在绿色建筑的发展中,它也逐渐面临着转型升级的压力,以适应现代建筑的需求和环保的要求。烧结普通砖的外观质量要求见表3-2。

烧结普通砖的外观质量要求　　　　　　　　　　表3-2

项目	优等品	一等品	合格品
两条面高度差/mm	≤2	≤3	≤4
弯曲/mm	≤2	≤3	≤4
杂质凸出高度/mm	≤2	≤3	≤4
缺棱掉角的三个破坏尺寸不得同时大于/mm	5	20	30
裂纹长度/mm a. 大面上宽度方向延伸到条面的长度 b. 大面上宽度方向延伸到顶面的长度或条面上水平裂纹的长度	≤30 ≤50	≤60 ≤80	≤80 ≤100
完整面不得少于	二条面和二顶面	一条面和一顶面	—
颜色	基本一致	—	—

(二)烧结多孔砖和多孔砌块

根据现行国家标准《烧结多孔砖和多孔砌块》GB/T 13544—2011中的规定,烧结多孔砌块是指经过焙烧而成,孔洞率大于或等于33%,孔的尺寸小而数量多的砌块,这类砌块主要用于承重部位。烧结多孔砖和多孔砌块的诞生,是对传统烧结砖的一次重要改进,它们不仅继承了传统砖的优点,还在节能环保、施工效率、保温隔热性能等方面有了显著的提升。这些材料的出现,标志着建筑材料行业向着更加绿色、高效、可持续的方向发展。

1. 烧结多孔砖和多孔砌块的分类

烧结多孔砖和多孔砌块按主要原料分类可分为黏土砌块(N)、页岩砖和页岩砌块(Y)、煤矸石砖和煤矸石砌块(M)、粉煤灰砖和粉煤灰砌块(F)、淤泥砖和淤泥砌块(U)、固体废物砖和固体废物砌块(G)。

烧结多孔砖和多孔砌块是建筑行业中常用的墙体材料,以其优良的热工性能和环保特性被广泛应用于各种建筑结构中。这些材料的生产过程涉及原料的混合、成型、干燥和烧结等步骤,最终形成具有多孔结构的砖或砌块,这种结构有助于提高材料的隔热和隔声效果。抗压强度是衡量烧结多孔砖和多孔砌块性能的重要指标之一,它反映了材料在受到压缩时的承载能力。根据抗压强度的不同,烧结多孔砖和多孔砌块被分为MU30、MU25、MU20、MU15和MU10五个等级。其中,MU代表烧结多孔砖,数字则表示材料的抗压强度,单位为MPa(兆帕)。例如,MU30表示该砖的抗压强度不小于30MPa。这种分类方式有助于建筑师和工程师根据具体的工程需求选择合适的材料。

除了抗压强度,烧结多孔砖和多孔砌块的密度也是影响其性能的重要因素。密度等级反映了材料的致密程度,与材料的重量、热导率和耐久性等性能密切相关。烧结多孔砖按密度等级可分为1000、1100、1200和1300四个等级,单位为kg/m^3。多孔砌块的密度等级则可分为900、1000、1100和1200四个等级,单位为kg/m^3。较低的密度等级意味着材料更轻,隔热性能更好,但可能抗压强度较低;而较高的密度等级则意味着材料更重,抗压强度较高,但隔热性能可能略逊一筹。在选择烧结多孔砖和多孔砌块时,建筑师和工程师需要综合考虑工程的具体要求,包括建筑物的负载需求、隔热和隔声要求以及预算限制等。例如,对于需要承受较大负载的墙体,可能会选择MU30等级的砖;而对于更注重隔热性能的墙体,则可能会选择密度较低的材料。

2. 烧结多孔砖和多孔砌块的规格

(1) 外形要求

砖和砌块的外形一般为直角六面体,在与砂浆的接合面上应设有增加结合力的粉刷槽和砌筑砂浆槽,并符合下列规定。

1) 粉刷槽。混水墙用砖和砌块,应在条面或顶面上设有均匀分布的粉刷槽或类似的结构,深度不小于2mm。

2) 砌筑砂浆槽。砌块至少应在一个条面或顶面上设立砌筑砂浆槽。在砌体结构中,砌筑砂浆槽的深度对于确保砌体的稳定性和结构的整体性至关重要。砌筑砂浆槽,也称为砂浆接缝,是用于填充和粘合砖块或砌块的垂直或水平间隙的砂浆。当两个条面(即砖块或砌块的长边)或顶面(即砖块或砌块的上表面)都有砌筑砂浆槽时,这些槽的深度需要保持在一定的范围内。具体来说,深度应大于15mm,且小于25mm。这个深度范围可以确保砂浆与砖块或砌块之间有足够的粘结力,同时避免砂浆层过厚导致不必要的材料浪费。相对地,如果只有一个条面或顶面有砌筑砂浆槽,那么这个槽的深度会有所不同。在这种情况下,砌筑砂浆槽的深度应大于30mm,且小于40mm。这个更大的深度范围有助于提供更强的粘结力,因为只有一个面提供粘结,所以需要更深的砂浆槽来保证结构的稳定性。砌筑砂浆槽的宽度,应超过砂浆槽的所处砌块面宽度的50%。

(2) 尺寸要求

砌块和砖的长度、宽度、高度的尺寸应符合下列要求:砖的规格尺寸(单位mm)为290、240、190、180、140、115、90;砌块规格尺寸(单位mm)为490、440、390、340、290、240、190、140、115、90;其他规格尺寸由供需双方协商确定。

3. 烧结多孔砖和多孔砌块技术要求

烧结多孔砖和多孔砌块的尺寸允许偏差,但应符合表3-3中的要求。

烧结多孔砖和多孔砌块的尺寸允许偏差(单位:mm)　　　　表3-3

尺寸范围	样本平均偏差	样本极差
>400	±3.0	≤10.0
300~400	±2.5	≤9.0
200~300	±2.5	≤8.0
100~200	±2.0	≤7.0
<100	±1.5	≤6.0

(三)非烧结垃圾尾矿砖

根据现行行业标准《非烧结垃圾尾矿砖》JC/T 422—2007 中的规定,非烧结垃圾尾矿砖是指以淤泥、建筑垃圾、焚烧垃圾等为主要原料,掺入少量水泥、石膏、石灰、外加剂、胶结剂等材料,经粉碎、搅拌、压制成型、蒸压、蒸养或自然养护而制成的一种实心非烧结垃圾尾矿砖。非烧结垃圾尾矿砖是一种创新的墙体材料,它利用工业废渣、垃圾尾矿等废弃物作为主要原料制成。这种材料的出现,标志着建筑行业在环保和资源利用方面迈出了重要的一步。

1. 规格与分类

非烧结垃圾尾矿砖是一种环保型的建筑材料,它是利用工业废料或城市垃圾作为原料,通过科学配比和压制成型,不经过高温烧结而制成的墙体材料。这种砖的生产过程不仅能有效减少环境污染,还能节约能源和土地资源。这种砖的外形设计为矩形体,提供了标准化和模块化的尺寸,便于施工和设计。其公称尺寸为 240mm×115mm×53mm,这一尺寸与许多传统烧结砖的尺寸相似,使得非烧结垃圾尾矿砖能够适应现有的建筑体系和施工方法,简化了在建筑项目中的应用。然而,非烧结垃圾尾矿砖的尺寸并不是固定不变的,它具有一定的灵活性。根据具体的工程需求、设计要求或施工条件,供需双方可以进行协商,以确定最适合项目的砖块尺寸。这种灵活性使得非烧结垃圾尾矿砖能够更好地满足多样化的建筑需求,适应不同的建筑风格和功能要求。

非烧结垃圾尾矿砖按抗压强度可分为 MU25、MU20 和 MU15 三个等级。

2. 尺寸要求

非烧结垃圾尾矿砖的尺寸偏差应符合表 3-4 中的要求。

非烧结垃圾尾矿砖的尺寸偏差　　　　表 3-4

项目名称	标准值/mm	项目名称	标准值/mm
长度	±2.0	高度	±2.0
宽度	±2.0	深度	—

(四)粉煤灰砖

粉煤灰砖的问世,是建筑材料领域的一大创新,它不仅利用了原本可能对环境造成影响的工业废渣,还具有了优于传统烧结砖的性能。这些特点使得粉煤灰砖成为建筑行业中一股不可忽视的力量。根据现行的行业标准《蒸压粉煤灰砖》JC/T 239—2014 中的规定,粉煤灰砖是指以粉煤灰、石灰为主要原料,掺加适量石膏、外加剂、颜料和集料,经坯料制备、成型,高压或常压蒸汽养护而成的实心粉煤灰砖。粉煤灰砖可用于工业与民用建筑的墙体和基础。但用于基础或用于易受冻融和干湿交替作用的建筑部位必须使用一等砖与优等砖。同时,粉煤灰不得用于长期受热(200℃以上)、受急冷急热和有酸性介质侵蚀的部位。

粉煤灰砖分为 MU30、MU25、MU20、MU15 和 MU10 五个等级。粉煤灰砖根据尺寸偏差、外观质量、强度等级,可分为优等品(A)、一等品(B)、合格品(C)。其生产过程中的原材料要求如下:

1. 水泥

制作粉煤灰砖所用的水泥，宜采用通用硅酸盐水泥，其技术性能应符合现行国家标准《通用硅酸盐水泥》GB 175—2023 中的要求。

2. 细骨料

制作粉煤灰砖所用的细骨料，应符合现行国家标准《建设用砂》GB/T 14684—2022 中的规定。

3. 石灰

制作粉煤灰砖所用的石灰，应符合现行行业标准《硅酸盐建筑制品用生石灰》JC/T 621—2021 中的规定。

4. 粉煤灰

制作粉煤灰砖所用的粉煤灰，应符合现行行业标准《硅酸盐建筑制品用粉煤灰》JC/T 409—2016 中的规定。

5. 其他原材料

制作粉煤灰砖所用的石膏、外加剂和颜料等，应符合相应现行标准中的规定，且不能对砖的性能产生不良影响。

（五）蒸压灰砂砖

根据现行国家标准《蒸压灰砂砖》GB/T 11945—2019 中的规定，蒸压灰砂砖是以砂、石灰为主要原料，经坯料制备，压制成型、蒸压养护而成的实心砖，简称灰砂砖。蒸压灰砂砖的原料主要为砂，推广蒸压灰砂砖取代黏土砖，对减少环境污染、保护耕地、改善建筑功能有积极作用。

蒸压灰砂砖的规格与等级蒸压灰砂砖的外形为直角六面体，砖的公称尺寸为 240mm×115mm×53mm，生产其他规格尺寸产品，由供需双方协商确定。蒸压灰砂砖按其颜色不同，可分为彩色（Co）和本色（N）。蒸压灰砂砖按抗压强度可分为 MU25、MU20、MU15 和 MU10 四个等级。蒸压灰砂砖根据尺寸偏差、外观质量、强度等级等方面，可以分为优等品（A）、一等品（B）、合格品（C）。

粉煤灰砂砖的原材料要求如下。

1. 细骨料

制作蒸压灰砂砖所用的细骨料应符合现行行业标准《硅酸盐建筑制品用砂》JC/T 622—2009 中的规定。

2. 石灰

制作蒸压灰砂砖所用的石灰应符合现行行业标准《硅酸盐建筑制品用生石灰》JC/T 621—2021 中的规定。

3. 其他原材料

制作蒸压灰砂砖所用的外加剂和颜料等，应符合相应现行标准中的规定，且不能对砖的性能产生不良影响。

蒸压灰砂砖作为一种节能型的烧结砖材料，在绿色建筑和节能减排的背景下，其重要性日益凸显。这种砖材是通过将灰砂与其他辅助材料混合，经过高压蒸汽养护工艺制成的，具有较高的强度和耐久性。与传统的黏土砖相比，蒸压灰砂砖在生产过程中能耗更低，排放更少，是一种环保型的建筑材料。蒸压灰砂砖的应用范围正在不断扩大，从住宅建筑到商业建筑，再到公共设施建设，都能见到它的身影。这种材料的使用不仅能够满足建筑物的结构性能需求，如抗压、抗冻、耐久等，还能够提供良好的隔热和隔声效果，提高建筑物的节能性能和舒适度。蒸压灰砂砖的生产过程促进了资源的综合利用。它可以使用工业副产品如粉煤灰、矿渣等作为原料，有效减少了这些废弃物的环境影响。此外，蒸压灰砂砖的生产不依赖于黏土资源，有助于减少对土地资源的开采和破坏。

（六）混凝土多孔砖

混凝土多孔砖的诞生，标志着建筑材料科技的一次重大进步。这种新型墙体材料不仅提升了建筑物的节能性能，还兼顾了施工效率和经济性，成为现代建筑领域的一颗新星。根据行业相关规定，混凝土多孔砖系指以水泥为胶结料，砂、石、煤矸石等为集料，可掺入少量的粉煤灰、粒化高炉矿渣粉等，经配料、搅拌、成型、养护等工艺制成的多孔砖。混凝土多孔砖按其尺寸偏差、外观质量，可分为一等品（B）和合格品（C）；混凝土多孔砖根据强度不同被划分为MU10、MU15、MU20、MU25、MU30五个等级，以适应不同的建筑需求。在制作混凝土多孔砖时，对原材料有严格的标准要求：应优先选择通用硅酸盐水泥，这种水泥的技术性能需满足国家标准《通用硅酸盐水泥》GB 175—2023的相关规定。使用的细骨料也应遵守国家标准《建设用砂》GB/T 14684—2022的要求，以确保砖体的质量和性能。通过遵守这些原材料标准，混凝土多孔砖能够保证其耐久性、稳定性和整体性能，满足建筑施工中的各种要求。

混凝土多孔砖的原材料要求如下：

1. 粗骨料

制作混凝土多孔砖所用的粗骨料应符合现行国家标准《建设用卵石、碎石》GB/T 14685—2022中的规定。轻集料应符合《轻集料及其试验方法 第1部分：轻集料》GB/T 17431.1—2010中的规定。重矿渣应符合《混凝土用高炉重矿渣碎石技术条件》YB/T 4178—2008中的规定。如采用石屑等破碎石材，小于0.15mm的细石粉含量应不大于20%。

2. 粉煤灰

制作混凝土多孔砖所用的粉煤灰应符合现行国家标准《用于水泥和混凝土中的粉煤灰》GB/T 1596—2017中的规定。

3. 外加剂

制作混凝土多孔砖所用的外加剂应符合现行国家标准《混凝土外加剂》GB 8076—2008中的规定。

混凝土多孔砖的外形为直角六面体，其长度、宽度、高度应分别符合下列规定：290mm、240mm、190mm、180mm；240mm、190mm、115mm、90mm；115mm、90mm。最小外壁厚度不应小于15mm，最小肋厚度不应小于10mm。

（七）烧结保温砖和保温砌块

根据现行国家标准《烧结保温砖和保温砌块》GB/T 26538—2011中的规定，烧结保温砖和保温砌块系指以黏土、页岩或煤矸石、粉煤灰、淤泥等固体废弃物为主要原材料制成的，或加入成孔的材料制成的实心或多孔薄壁经焙烧而成，主要用于建筑物围护结构保温隔热的砖和砌块。

1. 分类

烧结保温砖和保温砌块按其主要原料不同，可分为黏土保温砖和保温砌块（NB）、页岩保温砖和保温砌块（YB）、煤矸石保温砖和保温砌块（MB）、粉煤灰保温砖和保温砌块（FB）、淤泥保温砖和保温砌块（YNB）、其他固体废弃物保温砖和保温砌块（QGB）。烧结保温砖和保温砌块按其密度等级不同，可分为700级、800级、900级和1000级四个等级；烧结保温砖和保温砌块按其传热系数 K 不同，可分为2.00、1.50、1.35、1.00、0.90、0.80、0.70、0.60、0.50和0.40十个质量等级。

2. 规格

烧结保温砖和保温砌块的外形为直角六面体，其长度、宽度、高度应符合表3-5中的规定。其他规格尺寸由供需双方协商确定。

烧结保温砖和保温砌块的规格要求　　　　表3-5

保温砖和保温砌块种类	尺寸规格（长度、宽度或高度）/mm
A类	490,360(350,365),300,250(240,248),290,100
B类	390,290,240,190,180(175),140,115,90,53

（八）蒸压粉煤灰多孔砖

蒸压粉煤灰多孔砖的问世，是对传统建筑材料的一次绿色革新。这种砖材利用了工业废渣——粉煤灰，将其转化为具有经济效益和环保价值的建筑材料，体现了循环经济和绿色发展的理念。

蒸压粉煤灰多孔砖的生产过程中不需要高温烧结，能耗较低，有助于减少温室气体排放。这种生产方式符合绿色建筑的理念，有助于减少建筑物的整体碳足迹。蒸压粉煤灰多孔砖的主要原料为粉煤灰，这些材料来源广泛。粉煤灰是火力发电厂燃煤过程中产生的细小工业废渣，具有较高的活性硅酸和活性氧化铝含量，可以作为一种有效的胶凝材料。经过合理的配方和生产工艺，蒸压粉煤灰多孔砖能够达到相应的抗压强度等力学性能要求。同时，其孔隙结构有助于提高保温隔热性能，使得建筑物在冬季能够保持室内温暖，在夏季能够隔绝外部热量。蒸压粉煤灰多孔砖可以应用于建筑物的外墙、隔墙、基础等部位。它们不仅能够提供良好的建筑性能，还能够体现绿色建筑的理念，促进资源的循环利用。

第三节　墙体节能砌块材料

建筑砌块是指所用的比普通黏土砖尺寸大的建筑墙体块材，在建筑墙体工程中多采用高度为180～350mm的小型砌块。生产砌块多采用地方材料和工农业废料，材料来源十分广泛，可节约大量黏土资源，制作非常方便。由于砌块的尺寸比普通黏土砖大，故用砌块来砌筑墙体还可提高施工速度，改善墙体的多种功能，特别对建筑节能非常有利。建筑砌块是我国大力推广应用的新型墙体材料之一，品种规格很多，主要有混凝土空心砌块

（包括小型砌块和中型砌块两类）、蒸压加气混凝土砌块、轻骨料混凝土砌块、粉煤灰砌块、煤矸石空心砌块、石膏砌块、菱镁砌块、大孔混凝土砌块等。其中目前应用较多的是混凝土小型空心砌块、蒸压加气混凝土砌块、粉煤灰硅酸盐砌块和石膏砌块。

（一）粉煤灰混凝土小型空心砌块

粉煤灰混凝土小型空心砌块的问世，为建筑行业提供了一种既环保又经济的墙体材料选择。这种砌块的内部空心结构不仅提高了墙体的保温隔热性能，还减轻了墙体的自重，从而降低了材料成本和建筑物的结构负担。

1. 分类

粉煤灰混凝土小型空心砌块按照砌块中孔洞排列数的不同，可以分为单排孔、双排孔（2）、多排孔（D）三类；粉煤灰混凝土小型空心砌块按砌块密度等级分为600、700、800、900、1000、1200和1400七个等级；粉煤灰混凝土小型空心砌块按砌块抗压强度分为MU3.5、MU5、MU7.5、MU10、MU15和MU20六个强度等级。

2. 性能

粉煤灰混凝土小型空心砌块的外观质量要求应符合表3-6中的规定。

粉煤灰混凝土小型空心砌块的外观质量　　表3-6

项目		技术指标	项目		技术指标
尺寸允许偏差/mm	长度	±2.0	缺棱掉角	个数	≤2
	宽度	±2.0		3个方向投影的最小值/mm	≤20
	高度	±2.0		裂缝延伸投影的累计尺寸/mm	≤20
最小外壁厚/mm	用于承重墙体	≥30	肋厚/mm	用于承重墙体	≥25
	用于非承重墙体	≥20		用于非承重墙体	≥15
弯曲/mm		≤2	—		—

粉煤灰混凝土小型空心砌块广泛应用于建筑行业，尤其是在追求高能效和绿色建筑的项目中。在实际工程中，粉煤灰混凝土小型空心砌块的使用有助于提升建筑物的整体节能性能，减少对环境的负担。随着建筑行业对节能与环保标准的不断提升，新型墙体材料如粉煤灰混凝土小型空心砌块的需求正逐步上升。这些材料凭借其环境友好和资源节约的特性，逐渐在建筑材料市场中占据重要地位，并成为促进建筑行业向绿色发展转型的关键因素。

（二）轻集料混凝土小型空心砌块

按砌块孔的排列数不同，轻集料混凝土小型空心砌块可分为单排孔、双排孔、三排孔和四排孔四类；按砌块密度等级不同，可分为700、800、900、1000、1100、1200、1300和1400八个等级（除自燃煤矸石掺量不小于砌块质量的35%的砌块外，其他砌块的最大密度等级为1200）。

轻集料混凝土小型空心砌块原材料要求如下。

1. 水泥

配制轻集料混凝土小型空心砌块的水泥，其技术性能应符合现行国家标准《通用硅酸盐水泥》GB 175—2023中的要求。

2. 轻集料

配制轻集料混凝土小型空心砌块的轻集料，应符合《轻集料及其试验方法 第1部分：轻集料》GB/T 17431.1—2010 中的规定。

3. 细骨料

配制轻集料混凝土小型空心砌块的细骨料，应符合现行国家标准《建设用砂》GB/T 14684—2022 中的规定。

4. 外加剂

配制轻集料混凝土小型空心砌块的外加剂，应符合现行国家标准《混凝土外加剂》GB 8076—2008 中的规定。

5. 其他原材料

配制轻集料混凝土小型空心砌块的其他原材料，应符合相关标准的规定，并对砌块的耐久性、环境和人体不应产生有害影响。

（三）蒸压加气混凝土砌块

根据现行国家标准《蒸压加气混凝土砌块》GB/T 11968—2020 中的规定，蒸压加气混凝土砌块是以钙质材料、硅质材料和水按一定比例配合，加入少量的发气剂和外加剂，经搅拌、浇筑、切割、蒸压养护等工序制成的一种轻质、多孔墙体材料。

1. 轻质高强

蒸压加气混凝土砌块具有较低的密度和较高的抗压强度。

2. 良好的保温隔热性能

由于其多孔结构，蒸压加气混凝土砌块具有优良的保温隔热性能。

3. 防火性能好

加气混凝土砌块具有良好的防火性能，能够满足建筑防火的安全要求。这种性能为建筑物提供了更高的安全标准，尤其是在高层建筑和人员密集场所。

4. 吸声隔振

其多孔结构也使得蒸压加气混凝土砌块具有一定的吸声和隔振性能。这为建筑物提供了更好的声学效果，提高了居住和工作的舒适度。

5. 施工方便

砌块的尺寸和重量设计便于施工，可以提高施工效率，减少劳动力成本。这使得蒸压加气混凝土砌块在施工过程中具有较高的经济效益。

蒸压加气混凝土砌块广泛应用于建筑物的墙体、隔墙、吊顶等领域。

（四）泡沫混凝土砌块

根据现行行业标准《泡沫混凝土砌块》JC/T 1062—2022 中的规定，泡沫混凝土砌块系指用物理方法将泡沫剂水溶液制备成泡沫，再将泡沫加入到由水泥基的胶凝材料、集料、掺合料、外加剂和水等制成的浆料中，经搅拌、浇筑成型、自然或蒸汽养护而成的轻质多孔混凝土砌块，也称为发泡混凝土。

泡沫混凝土砌块的分类泡沫混凝土砌块按其立方体抗压强度，可分为 A0.5、A1、A1.5、A2.5、A3.5、A5 和 A7.5 七个等级；泡沫混凝土砌块按砌块的干表观密度，可分为 B03、B04、B05、B06、B07、B08、B09 和 B10 八个等级；泡沫混凝土砌块按砌块尺寸偏差和外观质量，可分为一等品（B）和合格品（C）两个等级。

泡沫混凝土砌块原材料要求如下。

1. 水泥

泡沫混凝土砌块所用的水泥，其技术性能应符合现行国家标准《通用硅酸盐水泥》GB 175—2023 和《快硬硫铝酸盐水泥 快硬铁铝酸盐水泥》JC/T 933—2019 中的规定。

2. 细骨料

泡沫混凝土砌块所用的细骨料应符合现行国家标准《建设用砂》GB/T 14684—2022 中的规定。

3. 轻集料

泡沫混凝土砌块所用的轻集料应符合现行国家标准《轻集料及其试验方法 第 1 部分：轻集料》GB/T 17431.1—2010 中的规定。

4. 膨胀珍珠岩

泡沫混凝土砌块所用的膨胀珍珠岩应符合现行行业标准《膨胀珍珠岩》JC/T 209—2012 中的规定。

泡沫混凝土砌块的优势主要体现在以下 5 个方面。

1. 保温隔热性能好

泡沫混凝土砌块的多孔结构使其具有很好的保温隔热性能。

2. 轻质高强

泡沫混凝土砌块密度较低，重量较轻，但同时具有较高的抗压强度。

3. 吸声性能好

其多孔结构也使得泡沫混凝土砌块具有一定的吸声性能。这为建筑物提供了更好的声学效果，提高了居住和工作的舒适度。

4. 施工方便

泡沫混凝土砌块的尺寸和重量便于施工，可以提高施工效率，降低成本。这使得泡沫混凝土砌块在施工过程中具有较高的经济效益。

5. 环保节能

生产泡沫混凝土砌块的原料主要是水泥和砂，这些材料来源广泛，且生产过程中能耗较低，符合绿色环保的要求。这种环保节能特性，使得泡沫混凝土砌块成为建筑行业实现绿色发展的关键材料。

泡沫混凝土砌块广泛应用于建筑物的外墙保温层、内部隔墙、屋面保温等部位。它们不仅能够提升建筑物的能源利用效率，还能够提供良好的隔声、防火等性能。在实际工程中，泡沫混凝土砌块的使用有助于实现绿色建筑的目标，减少能源消耗和环境污染。

（五）普通混凝土小型空心砌块

普通混凝土小型空心砌块的问世，为建筑行业提供了一种既经济又高效的砌块材料。这种砌块的独特设计使其在建筑领域具有广泛的应用潜力。普通混凝土小型空心砌块砌体，砌筑前不需对小砌块浇水湿润；但遇天气干燥炎热，宜在砌筑前不需对小砌块浇水湿润；对轻骨料混凝土小砌块，宜提前 1～2d 浇水湿润。雨天及小砌块表面有浮水时，不得用于施工。施工前，应按房屋设计图编绘小砌块平、立面排块图，施工中应按排块图施工。当砌筑厚度大于190mm的小砌块墙体时，宜在墙体内外侧双面挂线。小砌块应将生产时的地面朝上反砌于墙上，小砌块墙体宜逐块坐（铺）浆砌筑。底层室内地面以上或防潮层以下的砌体，应采用强度等级不低于C20（或Cb20）的混凝土灌实小砌块的孔洞。在散热器、厨房和卫生间等设置的卡具安装处砌筑的小砌块，宜在施工前用强度不低于C20（Cb20）的混凝土将其孔洞灌实。小砌块墙体应孔对孔、肋对肋错缝搭砌。单排孔小砌块的搭接长度应为块体长度的1/2；多排孔小砌块的搭接长度可适当调整，但不宜小于小砌块长度的1/3，且不应小于90mm。墙体的个别部位不能满足上述要求时，应在此部位水平灰缝中设置钢筋网片，且网片两端与该位置的竖缝距离不得小于400mm，或采用配块。墙体竖向通缝不得超过两皮小砌块，独立柱不允许有竖向通缝。

砌筑应从转角或定位处开始，内外墙同时砌筑，纵横交错搭接。外墙转角处应使小砌块隔皮露端面。墙体转角处和纵横交接处应同时砌筑。临时间断处应砌成斜槎，斜槎水平投影长度不应小于斜槎高度。临时施工洞口可预留直槎，但在补砌洞口时，应在直槎上下搭砌的小砌块孔洞内用强度等级不低于Cb20或C20的混凝土灌实。厚度为190mm的自承重小砌块墙体宜与承重墙同时砌筑。厚度小于190mm的自承重小砌块墙宜后砌，且应按设计要求预留拉筋或钢筋网片。

第四节　墙体节能复合板材

（一）矿物棉装饰吸声板

矿棉板产品常见的有高性能工程板和高级工程板，高性能工程板有臻语、臻丽、臻雅、臻韵等花纹，高级工程板有妙韵、飞雪、韵致、臻致等花纹。龙骨有38平面宽边、38平面宽边凹槽、32平面窄边线槽、32窄边立体凹槽等，产品型号规格见表3-7。

产品型号规格　　　　　　　　　　　　　　　　　表3-7

品名	规格	尺寸（长×宽×高）	单位	表面花色
臻丽 RH90 14mm	平板	600mm×600mm×14mm	m²	
	跌级板	600mm×600mm×14mm	m²	
臻雅 RH95 15mm	平板	600mm×600mm×15mm	m²	
	跌级板	600mm×600mm×15mm	m²	
臻韵 RH95 15mm	平板	600mm×600mm×15mm	m²	
	跌级板	600mm×600mm×15mm	m²	

续表

品名	规格	尺寸(长×宽×高)	单位	表面花色
致静 RH95 15mm	平板	600mm×600mm×15mm	m²	
	跌级板	600mm×600mm×15mm	m²	
妙韵 RH99 16mm（18mm）	平板	600mm×600mm×16mm	m²	
	跌级板	600mm×600mm×16mm	m²	
	平板	600mm×600mm×18mm	m²	
	跌级板	600mm×600mm×18mm	m²	
飞雪有孔/无孔 RH99 18mm	平板	600mm×600mm×18mm	m²	
	跌级板	600mm×600mm×18mm	m²	

1. 吸声性能好

矿物棉装饰吸声板具有良好的吸声性能，能够有效吸收声波，降低室内外的噪声。这种性能使得矿物棉装饰吸声板成为建筑吸声、隔声的理想选择。

2. 隔热性能好

除了吸声外，矿物棉纤维还具有一定的隔热性能，有助于减少室内外的热交换。这为建筑物提供了更好的保温隔热效果，从而降低能耗。

3. 环保健康

矿物棉纤维是一种无毒、无害的天然材料，对人体健康无害。这种环保健康的特性，使得矿物棉装饰吸声板成为建筑材料领域的一股清新力量。

4. 耐火性能好

矿物棉纤维具有较好的耐火性能，不易燃烧，提高建筑物的安全性。这在火灾多发地区或需要高安全性的建筑中，显得尤为重要。

5. 装饰效果

矿物棉装饰吸声板表面平整，色彩丰富，可以根据需要进行染色或印刷，具有很好的装饰效果。这为建筑物提供了更好的视觉效果，改善室内环境。

矿物棉装饰吸声板广泛应用于会议室、剧院、音乐厅、办公室、商场等需要吸声、隔热、装饰的场所。它们不仅能够提升建筑物的声学性能，还能够提供良好的视觉效果，改善室内环境。

（二）纤维水泥夹芯复合墙板

纤维水泥复合板是装配式墙板的一种，由两层纤维水泥板（根据室内外环境使用不同产品性能的纤维水泥板）和EPS保温板（厚度根据不同项目保温性能要求确定）复合而成。纤维水泥复合板兼具墙体功能和保温功能，具有现场施工快、强度高、隔声效果好、防火性能好等特点，适用于大型工业厂房，仓库等领域，见图3-1。

图 3-1 应用场景

（三）混凝土轻质条板

混凝土轻质条板的出现，为建筑行业带来了一种具有创新性和环保性的墙体材料。这种材料的独特设计使其在建筑领域具有广泛的应用潜力。

1. 轻质高强

混凝土轻质条板在保持较高抗压强度的同时，实现了较低的密度，减轻了建筑结构的重量。这使得建筑物的整体结构更加稳定，同时也降低了建筑成本。

2. 节能环保

轻质条板具有良好的保温隔热性能，有助于减少建筑物的能耗，提高能源利用效率。这使得混凝土轻质条板成为实现绿色建筑和节能减排的重要材料。

3. 施工方便

轻质条板通常具有标准尺寸，便于运输和安装，可以提高施工效率。这为建筑施工提供了便利，降低了施工成本。

4. 耐久性好

混凝土轻质条板具有良好的耐水性、耐候性和耐腐蚀性，使用寿命较长。这使得墙板成为建筑材料领域的一股稳定力量。

5. 多功能性

除了作为墙体材料，混凝土轻质条板还可以用于屋面保温、地面隔热等领域。这为建筑物的节能设计和施工提供了更多可能性。

混凝土轻质条板广泛应用于住宅、商业建筑、办公楼等建筑物的墙体施工。它们特别适合于需要减轻建筑结构负担和节能要求的建筑项目。此外，由于其施工方便和良好的保温隔热性能，也常用于现场浇筑的轻质墙体、隔断墙等。

在选择使用混凝土轻质条板时，应考虑建筑的设计要求、条板的尺寸和性能以及施工条件等因素，以确保条板能够满足项目的具体需求。随着建筑技术的不断进步和节能减排的要求提高，混凝土轻质条板等新型墙体材料在建筑行业中的应用将继续扩大。它们将成为推动建筑行业绿色转型的重要力量,为建筑行业提供更多高效、节能、环保的建筑解决方案。在绿色建筑和可持续发展的大趋势下,混凝土轻质条板将成为建筑材料领域的一股重要力量,为推动建筑行业的绿色转型作出更大贡献。

(四)玻璃纤维增强水泥外墙板

玻璃纤维增强水泥外墙板(Glass Fiber Reinforced Concrete,GFRC)的问世,为建筑行业带来了一种具有创新性和高性能的墙体材料。这种材料的独特设计使其在建筑领域具有广泛的应用潜力。

1. 高强度与良好的韧性

玻璃纤维的加入显著提高了水泥基体的强度,尤其是在抗拉和抗弯性能上,同时具有良好的韧性。这使得GFRC成为承受重载和抵御恶劣环境条件的理想选择。

2. 耐久性好

GFRC具有较高的耐腐蚀性和抗裂性,能够抵抗恶劣的环境条件,使用寿命长。这种耐久性使得GFRC成为追求长期稳定性的建筑项目的理想选择。

3. 轻质

与传统混凝土相比,GFRC由于玻璃纤维的轻质特性,使得整体材料更加轻便。这减轻了建筑结构的重量,降低了建筑成本。

4. 施工方便

GFRC通常为预制品,尺寸规范,可以像普通混凝土一样进行施工,安装方便。这为建筑施工提供了便利,提高了施工效率。

5. 美观性

GFRC表面光滑,可以根据需要进行颜色和纹理的设计,具有良好的装饰效果。这为建筑物提供了更好的视觉效果,提升了整体的美观度。

玻璃纤维增强水泥外墙板广泛应用于高层建筑的外墙面板、装饰板、雕塑和其他艺术构件。它们不仅可以提升建筑物的外观美感,还可以提高结构的耐久性和安全性。此外,GFRC还常用于围护结构、幕墙系统以及需要高强度和良好耐久性的各种建筑部件。

在选择使用玻璃纤维增强水泥外墙板时,应考虑建筑的设计要求、材料的性能、成本以及施工条件等因素。

GFRC材料的制造商通常提供多种颜色和纹理选择,以满足不同的建筑设计需求。此外,GFRC还可以通过模具制作成各种形状和尺寸,为建筑师提供更大的设计自由度。这种材料的灵活性和多样性使其成为现代建筑设计和施工中的宠儿。

在施工过程中,GFRC板材可以通过螺栓或胶粘剂与结构框架连接,形成牢固的整体。这种连接方式不仅提高了施工速度,还增强了墙体的整体性能。此外,GFRC板材的安装通常不需要特殊的工具或技术,使得施工更加简便。

随着技术的不断进步,玻璃纤维增强水泥外墙板的生产成本逐渐降低,使其成为更具竞争力的建筑材料。这种材料的应用不仅能够提升建筑物的性能,还能够减少对环境的影响,符合当代建筑行业的发展趋势。

总之,玻璃纤维增强水泥外墙板作为一种高性能的复合材料,在建筑行业中的应用前景广阔。它不仅能够满足建筑师对于美观、耐久和功能性的需求,还能够促进建筑行业的可持续发展。随着技术的不断进步和市场需求的增长，玻璃纤维增强水泥外墙板将继续发展，为建筑行业带来更多的创新和变革。

（五）外墙内保温板

外墙内保温板作为一种新型的建筑材料，其独特的性能和优势使其在建筑行业中备受关注。它主要由保温材料和固定材料组成，旨在为建筑物提供良好的保温隔热性能，同时保持墙体的结构完整性和美观性。这种材料被广泛应用于需要改善室内温度舒适度和节能性能的建筑中。

外墙内保温板的特点主要包括以下几个方面。

1. 保温隔热

外墙内保温板的主要功能是提供良好的保温隔热性能，减少室内外的热交换，降低能耗。这使得建筑物能够更加节能，减少能源消耗，降低运行成本。

2. 结构保护

保温板可以减少外界温度变化对墙体结构的影响，延长建筑物的使用寿命。通过保持墙体的稳定性和完整性，保温板有助于防止温度引起的墙体开裂、脱落等问题。

3. 施工方便

保温板通常为预制产品，尺寸规范，安装方便，可以提高施工效率。这不仅节省了施工时间，也减少了人力成本，为建筑项目的顺利推进提供了保障。

4. 防火性能

优质的保温板应具备良好的防火性能，以减少火灾风险。这对于保障建筑物和人员安全至关重要，避免了火灾的发生和蔓延。

5. 耐久性好

外墙内保温板应具有良好的耐水性、耐候性和耐腐蚀性，确保长期有效。这使得保温板能够在各种恶劣环境下保持稳定性和耐久性，减少了维修和更换的频率。

外墙内保温板广泛应用于各类建筑物，包括住宅、商业建筑、办公楼等。它们特别适合于旧建筑的节能改造和新建筑的保温设计。此外，由于其施工方便和良好的保温隔热性能，也常用于现场浇筑的轻质墙体、隔断墙等。

在选择使用外墙内保温板时，应综合考虑建筑的设计要求、保温板的性能、成本以及施工条件等因素，以确保保温板能够满足项目的具体需求。合理的选材和设计可以使保温板发挥最大的效果，提升建筑物的整体性能。

在实践中，建筑师和工程师应根据具体项目的要求，选择合适的保温板材料和施工技术。同时，政府和企业也应加大研发力度，不断优化保温板的材料和工艺，提高其性能和质量，降低成本，推动建筑行业的可持续发展。

总之，外墙内保温板作为一种新型的建筑材料，以其优异的保温隔热性能、施工便捷性、防火性能和耐久性等特点，在建筑行业中具有广泛的应用前景。随着科技的进步和人们对环保节能的重视，外墙内保温板将继续发挥重要作用，为构建更加节能、环保、舒适的建筑物提供强有力的支持。

（六）建筑用轻质隔墙条板

建筑用轻质隔墙条板作为一种新型的墙体材料，其在建筑行业中的应用越来越广泛。这种材料主要用于建筑内部的隔墙构造，具有轻质、高强、节能、环保等特点，能够满足现代建筑的需求。

建筑用轻质隔墙条板的特点主要包括以下几个方面。

1. 轻质高强

轻质隔墙条板采用轻质骨料，如膨胀珍珠岩、聚苯乙烯泡沫颗粒、陶粒等，使得板材密度较低，减轻了建筑结构的重量。同时，通过合理的配方和生产工艺，轻质隔墙条板仍能保持较高的抗压强度，确保建筑的安全性。

2. 节能环保

轻质隔墙条板具有良好的保温隔热性能，有助于减少建筑物的能耗，提高能源利用效率。这使得建筑物能够更加节能，降低运行成本，符合我国节能减排的要求。

3. 施工方便

轻质隔墙条板通常具有标准尺寸，便于运输和安装，可以提高施工效率。这不仅节省了施工时间，也减少了人力成本，为建筑项目的顺利推进提供了保障。

4. 耐久性好

轻质隔墙条板具有良好的耐水性、耐候性和耐腐蚀性，使用寿命较长。这使得轻质隔墙条板能够在各种环境条件下保持稳定性和耐久性，减少了维修和更换的频率。

5. 多功能性

除了作为隔墙材料，轻质隔墙条板还可以用于吊顶、隔断、填充墙等建筑部位。这为建筑师和工程师提供了更多的选择，使得轻质隔墙条板在建筑中的应用更加广泛。

建筑用轻质隔墙条板广泛应用于住宅、商业建筑、办公楼等建筑物的内部隔墙施工。它们特别适合于需要减轻建筑结构负担和节能要求的建筑项目。此外，由于其施工方便和良好的隔声性能，也常用于隔断墙、填充墙等。

在选择使用建筑用轻质隔墙条板时，应综合考虑建筑的设计要求、条板的尺寸和性能以及施工条件等因素，以确保条板能够满足项目的具体需求。合理的选材和设计可以使轻质隔墙条板发挥最大的效果，提升建筑物的整体性能。随着建筑技术的不断进步和节能减排的要求提高，建筑用轻质隔墙条板等新型墙体材料在建筑行业中的应用将继续扩大。未来，我们有望看到更多高效、环保、节能的建筑项目采用轻质隔墙条板，以实现建筑与自然环境的和谐共生。

（七）灰渣混凝土空心隔墙板

灰渣混凝土空心隔墙板是一种创新型的建筑材料，它将工业废渣的利用与建筑行业的需求相结合，具有多方面的优势和特点。

灰渣混凝土空心隔墙板的特点主要包括以下几个方面。

1. 轻质高强

灰渣混凝土空心隔墙板采用轻质骨料，如煤灰、矿渣等，使得板材密度较低，减轻了建筑结构的重量。同时，通过科学的设计和生产工艺，空心隔墙板仍能保持较高的抗压强度，确保了建筑的安全性。

2. 节能环保

灰渣混凝土空心隔墙板的制作过程中，利用了工业废渣，减少了废物的排放，具有一定的节能环保效果。这不仅减少了环境污染，也提高了资源的利用率，符合我国的发展战略。

3. 施工方便

空心隔墙板通常具有标准尺寸，便于运输和安装，可以提高施工效率。这不仅节省了施工时间，也减少了人力成本，为建筑项目的顺利推进提供了保障。

4. 耐久性好

灰渣混凝土具有一定的耐水性、耐候性和耐腐蚀性，使用寿命较长。这使得灰渣混凝土空心隔墙板能够在各种环境条件下保持稳定性和耐久性，减少了维修和更换的频率。

5. 经济性

利用工业废渣制作板材，降低了生产成本，具有一定的经济性。这使得灰渣混凝土空心隔墙板在市场上具有竞争力，受到了广泛的欢迎。

灰渣混凝土空心隔墙板广泛应用于住宅、商业建筑、办公楼等建筑物的内部隔墙施工。它们特别适合于需要减轻建筑结构负担和节能要求的建筑项目。此外，由于其施工方便、良好的隔声性能和保温隔热性能，也常用于隔断墙、填充墙等。

在选择使用灰渣混凝土空心隔墙板时，应考虑建筑的设计要求、材料的性能、成本以及施工条件等因素，以确保板材能够满足项目的具体需求。合理的选材和设计可以使灰渣混凝土空心隔墙板发挥最大的效果，提升建筑物的整体性能。

随着建筑技术的持续革新和对节能减排要求的日益增强，灰渣混凝土空心隔墙板等创新墙体材料正逐渐在建筑行业中占据更加重要的位置。这些材料以其卓越的环保性能和节能效果，不仅满足了现代建筑对高效能的需求，也促进了建筑项目与自然环境之间的和谐共存。灰渣混凝土空心隔墙板作为一种新型墙体材料，其生产过程中有效利用了工业废渣，减少了对自然资源的依赖和开采，体现了循环经济的理念。这种材料的空心设计不仅减轻了墙体自重，还提高了墙体的隔热和隔声性能，有助于降低建筑物的能源消耗，实现节能减排的目标。在未来的建筑项目中，灰渣混凝土空心隔墙板的应用将更加广泛。建筑设计师和工程师将更加倾向于选择这种既环保又节能的墙体材料，以满足绿色建筑的标准和认证要求。随着对这种材料性能认识的深入和生产技术的不断进步，灰渣混凝土空心隔墙板的成本效益比将进一步提高，使其在市场上更具竞争力。此外，政策的支持和市场的需求也将推动灰渣混凝土空心隔墙板的发展。政府对绿色建筑和节能减排的鼓励政策，以及消费者对健康、环保居住环境的追求，都将成为推动这种新型墙体材料应用的强大动力。

综合来看，灰渣混凝土空心隔墙板等新型墙体材料的发展前景广阔。它们不仅将在新建建筑项目中得到广泛应用，也将在既有建筑的节能改造中发挥重要作用。随着建筑行业对可持续发展的重视，这些材料将成为实现建筑与自然环境和谐共生的关键因素，为创造更加绿色、健康、可持续的居住环境提供有力支持。

在实践中，建筑师和工程师应根据具体项目的要求，选择合适的灰渣混凝土空心隔墙板材料和施工技术。

（八）建筑隔墙用保温条板

建筑隔墙用保温条板作为一种创新墙体材料，在建筑行业中正逐渐受到重视。这些条板以其轻质、高强度、节能和环保的特性满足了现代建筑业的高标准要求。

保温隔热性能是保温条板的核心优势，它们通过减少室内外的热交换，有效降低建筑物的能耗，助力实现节能减排目标。同时，保温条板还能保护建筑结构免受外界温度波动的影响，延长建筑的使用寿命并防止出现因温度变化引起的开裂和脱落问题。施工方面，预制的保温条板尺寸规范，安装简便，这极大提升了施工效率，节约了时间和人力成本。此外，优质的保温条板还具备良好的防火性能，对提升建筑安全性至关重要，能有效预防火灾风险。保温条板的耐久性也是其一大亮点，它们具备耐水、耐候和耐腐蚀的特性，能在各种环境条件下保持长期稳定。这使得它们在住宅、商业和办公建筑等内部隔墙施工中得到了广泛应用，特别是在需要减轻结构负担和满足节能要求的项目中。在选择保温条板时，需要综合考虑建筑设计要求、材料性能、成本和施工条件，以确保所选材料能够满足项目的具体需求。合理的选材和设计可以最大化保温条板的效果，提升建筑物的整体性能。随着建筑技术的进步和节能减排要求的提升，保温条板在建筑行业中的应用预计将进一步扩大。未来，我们将看到更多建筑项目采用这种高效、环保、节能的新型墙体材料，推动建筑与自然环境的和谐共生。建筑师和工程师在实践中应根据项目需求，选择适合的保温条板材料和施工技术。政府和企业也应增加研发投入，不断优化保温条板的材料和工艺，提高其性能和质量，降低成本，促进建筑行业的可持续发展。

总体而言，建筑隔墙用保温条板凭借其保温隔热、结构保护、施工便捷、防火和耐久性等优势，在建筑行业中展现出广阔的应用前景。它们将在推动建筑行业向更节能、环保、舒适的方向发展中发挥重要作用，并为实现可持续发展目标提供坚实的支持。

（九）复合保温石膏板

复合保温石膏板是一种结合了石膏板的美观性和保温材料的节能特性的新型墙体材料，它在建筑行业中的应用越来越广泛。这种材料通常用于建筑的隔墙、吊顶以及装饰性墙面等，不仅提供了一定的保温隔热效果，还能够满足建筑的美观和功能性需求。

复合保温石膏板的特点主要包括以下几个方面。

1. 保温隔热

复合保温石膏板内部含有保温材料，如聚苯乙烯泡沫、玻璃纤维等，这些材料能够有效减少热量的传递，提供良好的保温效果。这有助于降低建筑物的能耗，提高能源利用效率。

2. 轻质高强

石膏板本身是一种轻质材料，复合保温石膏板在保持了石膏板轻质的同时，还具有较高的强度和刚性。这使得建筑物能够减轻结构负担，提高建筑物的稳定性和安全性。

3. 施工方便

复合保温石膏板通常为预制产品，易于切割和安装，可以提高施工效率，减少施工周期。这不仅节省了施工时间，也减少了人力成本，为建筑项目的顺利推进提供了保障。

4. 防火性能好

石膏板具有良好的防火性能，复合保温石膏板在满足保温隔热的同时，也具备了良好的防火安全性。这对于保障建筑物和人员安全至关重要。

5. 耐久性好

复合保温石膏板具有良好的耐水性、耐候性和耐腐蚀性，使用寿命较长。这使得复合保温石膏板能够在各种环境条件下保持稳定性和耐久性，减少了维修和更换的频率。

6. 环保节能

利用石膏这种可再生的天然材料，以及废旧物品如泡沫塑料等作为保温材料，符合环保节能的理念。这有助于减少建筑垃圾，提高资源利用率，推动建筑行业的可持续发展。

复合保温石膏板广泛应用于住宅、商业建筑、办公楼等建筑物的内部隔墙、吊顶以及装饰性墙面等。由于其良好的保温隔热性能、施工便捷性以及环保节能的特点，复合保温石膏板在建筑行业中得到了广泛的应用。

在选择使用复合保温石膏板时，应考虑建筑的设计要求、材料的性能、成本以及施工条件等因素，以确保材料能够满足项目的具体需求。合理的选材和设计可以使复合保温石膏板发挥最大的效果，提升建筑物的整体性能。

随着建筑技术的不断进步和对节能环保要求的提高，复合保温石膏板等新型墙体材料在建筑行业中的应用前景将更加广阔。未来建筑行业的发展将更加注重高效、环保和节能的理念，这为复合保温石膏板等创新材料的应用提供了广阔的舞台。随着对建筑与自然环境和谐共生的追求，复合保温石膏板因其卓越的性能，将在绿色建筑项目中扮演越来越重要的角色。

在实际应用中，建筑师和工程师需要综合考量项目的具体需求，包括建筑的设计标准、能效目标、经济预算以及施工条件等，以选择最适合的复合保温石膏板材料和施工方案。这不仅涉及材料的选取，也包括施工技术的创新和应用，确保建筑物在满足功能需求的同时，也能实现节能减排的目标。

政府和企业在推动复合保温石膏板发展方面也扮演着关键角色。通过增加研发投入，可以不断探索和改进复合保温石膏板的材料配方和生产工艺，从而提升材料的性能，降低生产成本。这不仅能增强其在市场上的竞争力，也有助于推动整个建筑行业的可持续发展。复合保温石膏板作为一种新型建筑材料，集合了保温隔热、轻质高强、施工便捷、防火安全、耐久稳定以及环保节能等多重优势。这些特性使其成为现代建筑理想的墙体材料，尤其适合于对节能和环保要求较高的建筑项目。随着科技进步和公众环保意识的提升，复合保温石膏板的应用将更加广泛。它不仅能够提升建筑物的能源效率，降低运营成本，还能为居住者创造一个更加健康、舒适的室内环境。此外，复合保温石膏板的推广使用也符合当前全球推动绿色建筑和可持续发展的趋势。

综合来看，复合保温石膏板的发展前景十分广阔。它将为建筑行业带来一场绿色革命，推动建筑向更节能、更环保、更舒适的方向发展。随着相关技术的不断成熟和市场认可度的提高，复合保温石膏板有望成为未来建筑领域不可或缺的重要材料之一。

第五节　其他墙体节能材料

（一）硅酸盐砖

硅酸盐砖，作为一种传统的建筑材料，其历史悠久且应用广泛。它由硅酸盐水泥、砂、石头等原料经过压制和高温烧结而成，因其出色的物理和化学性能而在建筑行业中占据重要地位。

硅酸盐砖的特点主要包括以下几个方面。

1. 高强度

硅酸盐砖采用硅酸盐水泥作为主要原料，经过高温烧结，具有较高的抗压强度和抗折强度。这使得硅酸盐砖在建筑结构中能够承担较大的荷载，提高了建筑物的整体稳定性。

2. 耐久性好

硅酸盐砖具有良好的耐水性、耐候性和耐腐蚀性，使用寿命较长。这使得硅酸盐砖能够在各种环境条件下保持稳定性和耐久性，减少了维修和更换的频率。

3. 防火性能好

硅酸盐砖具有一定的防火性能，能有效阻止火势蔓延。这对于保障建筑物和人员安全至关重要，尤其是在防火要求较高的场所。

4. 施工方便

硅酸盐砖尺寸规范，便于运输和安装，可以提高施工效率。这不仅节省了施工时间，也减少了人力成本，为建筑项目的顺利推进提供了保障。

5. 环保节能

硅酸盐砖的生产过程中，可以利用废旧混凝土、砖块等废料作为原料，减少资源浪费。硅酸盐砖广泛应用于住宅、商业建筑、办公楼等建筑物的墙体、地面和路面等。它们特别适合于需要较高强度和耐久性的建筑项目。此外，由于其良好的防火性能和施工方便性，也常用于防火墙、承重墙等。

选择硅酸盐砖作为建筑墙体材料时，必须综合考虑多个关键因素，包括建筑设计的具体要求、材料本身的性能指标、成本效益分析以及施工环境条件。这种全面的考量有助于确保所选用的硅酸盐砖能够精准满足项目需求，并通过合理的设计和应用，最大化其性能，从而提升建筑的整体质量和功能。在建筑技术飞速进步和节能减排标准日益提升的当下，硅酸盐砖这类新型墙体材料的应用前景日益广阔。预计在未来，我们会看到越来越多的建筑项目，特别是那些追求高效率、环保和节能目标的项目，将硅酸盐砖作为首选材料，以此来促进建筑与自然环境的和谐共存。

建筑师和工程师在项目实施过程中，需要根据项目的具体要求，精心挑选合适的硅酸盐砖材料和施工技术。此外，政府和企业也应当加大对硅酸盐砖材料研发的投入，通过不断的技术创新和工艺改进，提高材料的性能和质量，同时降低生产成本，以支持建筑行业的持续健康发展。

硅酸盐砖，作为一种历史悠久的建筑材料，凭借其出色的高强度、耐久性、防火性能、施工便利性和环保节能等优势，在现代建筑行业中仍然具有巨大的应用潜力。随着科技进步和公众对环保节能意识的提高，硅酸盐砖将持续扮演重要角色，为打造更安全、更环保、更舒适的建筑环境提供坚实的物质基础。展望未来，随着对绿色建筑和可持续发展理念的不断深入，硅酸盐砖的创新应用将更加多样化，其在建筑领域的应用范围将进一步扩大。这不仅将推动建筑行业的发展，也将为社会带来环境友好型的建筑解决方案，为实现人与自然和谐共生的目标贡献力量。

（二）GZL 系列节能墙材

GZL 系列节能墙材因其多样的构造和性能，成为建筑领域中越来越受欢迎的选择。这些材料虽然随生产商和地区差异而异，但普遍具备一些共同的优势特点。

首先，GZL 系列墙材的高效保温隔热性能是其显著的标志。它们通常融合了聚苯乙烯泡沫、岩棉、玻璃纤维等高效保温材料，显著降低热量传递，为建筑物带来卓越的保温效果，进而有效降低能耗。

其次，这些墙材的轻质高强特点，不仅减轻了建筑结构的负担，还保持了墙体的稳定性和耐久性，有助于降低建筑成本，同时提升建筑性能。

在施工方面，GZL 系列节能墙材通常设计为预制构件，便于现场切割和安装，极大提升了施工速度，缩短了施工周期，节约了时间和人力成本。

环保节能也是 GZL 系列墙材的一大亮点。它们的生产过程中注重利用可再生资源或循环材料，减少环境影响，降低建筑垃圾，促进资源的高效利用，支持建筑行业的可持续发展。

最后，GZL 系列墙材的耐久性不容小觑。它们具有良好的耐水性、耐候性和耐腐蚀性，能够在各种环境条件下保持稳定性和耐久性，减少了后期的维护和更换成本。在选择 GZL 系列节能墙材时，需要综合考虑建筑的设计要求、材料性能、成本和施工条件，以确保这些材料能够满足项目的具体需求，并适用于新建或改建建筑，提高能源效率，降低运营成本。

随着建筑技术的发展和市场需求的演变，GZL 系列节能墙材在建筑行业中的运用将持续增长。未来，我们将看到更多建筑项目采用这些材料，以实现与自然环境的和谐共生。建筑师和工程师在项目实践中应根据项目需求，选择适宜的 GZL 系列节能墙材和施工技术。政府和企业也应加强研发，不断优化材料和工艺，提升性能和质量，降低成本。

总体来看，GZL 系列节能墙材以其高效保温隔热性能、轻质高强、施工便捷、环保节能和耐久性等优势，在建筑行业中展现出广阔的应用潜力。随着科技进步和环保节能意识的提升，这些材料将为建筑行业带来更加节能、环保、舒适的解决方案，为实现可持续发展目标作出积极贡献。

第六节　建筑节能玻璃概述

（一）定义与分类

节能玻璃作为建筑节能减排的重要材料之一，正逐渐成为建筑行业的主角。它们通过各种技术手段，提高了玻璃的能源效率，减少了能源消耗，为建筑的可持续发展作出了重要贡献。以下是节能玻璃的详细分类和特点。

低辐射（Low-E）玻璃、中空玻璃和真空玻璃是现代建筑中常用的三种高效节能玻璃，它们通过不同的技术手段，提供了优越的隔热和保温效果，有助于提高建筑的能源效率和居住舒适度。

低辐射（Low-E）玻璃，也称为低辐射镀膜玻璃，通过在玻璃表面施加特殊涂层，这层低辐射膜能够反射室内热量，减少热量通过玻璃向外传递，从而降低能量损失。这种玻璃特别适合用于寒冷地区的建筑，它能有效阻挡室内热量流失，保持室内温暖，减少供暖系统的能耗。

中空玻璃由两片或多片玻璃组成，其间形成的空气层或充填的惰性气体层提供了极佳的隔热效果。这种结构有效隔绝了室内外的温度传递，减少了因温差引起的能量损失。中空玻璃适用于各种气候条件，都能提高室内的舒适度。

真空玻璃是近年来发展起来的一种高端节能玻璃产品，它通过将两片玻璃之间的空气完全抽真空，消除了空气对热传导的影响，从而提供了比中空玻璃更卓越的保温隔热性能。真空玻璃尤其适合极端气候条件的地区，它能够显著减少室内外的热量交换，提高建筑的能源效率。

这三种节能玻璃的选用应根据建筑所在地的气候条件、建筑的设计要求以及能源效率目标来确定。建筑师和工程师需要综合考虑这些因素，选择最适合的玻璃类型，以实现最佳的节能效果和室内舒适度。

随着建筑节能标准的提高和技术的进步，低辐射玻璃、中空玻璃和真空玻璃等节能玻璃产品的应用将越来越广泛。它们不仅能够提升建筑的能源效率，降低运营成本，还能为居住者创造一个更加健康、舒适的室内环境。此外，这些节能玻璃的使用也符合当前全球推动绿色建筑和可持续发展的趋势，有助于减少建筑对环境的影响，实现人与自然的和谐共生。

涂层玻璃：涂层玻璃是在玻璃表面涂覆一层特殊涂层，如热反射涂层、隔热涂层等，以提高其隔热性能。涂层玻璃适用于需要特定隔热性能的建筑，可以有效减少能源损失。

热压型玻璃：热压型玻璃是在玻璃表面通过热压技术形成一层隔热膜，这层膜可以反射红外线，减少热量的传递。热压型玻璃适用于需要高隔热性能的建筑，如寒冷地区或高温地区。

光伏玻璃：光伏玻璃是一种特殊的玻璃，它具有透过光线的同时，还能将光能转换为电能的性能。虽然主要应用于光伏发电系统，但也属于节能玻璃的范畴。光伏玻璃适用于希望利用光能发电的建筑，可以实现建筑的自给自足。

各种节能玻璃都有其独特的优点和使用场景。在选择节能玻璃时，应根据建筑的具体需求和地理位置来决定。例如，在寒冷地区，低辐射玻璃和真空玻璃可能是更好的选择，因为它们可以有效阻挡室内热量的流失。而在热带地区，中空玻璃和涂层玻璃可能更为合适，因为它们可以有效减少室内外的热量传递，提高室内舒适度。

（二）应用前景

采用节能玻璃是现代建筑行业的一项重要趋势，它不仅能提高建筑物的能源效率，降低供暖和空调成本，还能提升居住和工作的舒适度，减少对环境的影响。以下是采用节能玻璃的几个理由。

1. 节能减排

节能玻璃能够有效减少建筑物的能耗，尤其是在冬季保暖和夏季制冷方面。这不仅有助于降低能源消耗，还能减少二氧化碳等温室气体的排放，有助于应对气候变化和减少对化石燃料的依赖。

2. 提高能效

节能玻璃的高效隔热性能可以减少室内外温差带来的能量损失，从而提高建筑物的整体能效。这意味着建筑可以更有效地利用能源，减少对暖气和空调的依赖，降低运营成本。

3. 提升舒适度

节能玻璃可以减少室内温度的波动，提供更加稳定和舒适的室内环境。在冬季，它能够阻挡冷风的侵入，保持室内温暖；在夏季，它能够反射太阳辐射，减少室内温度的上升，从而提高居住和工作空间的舒适度。

4. 减少噪声

节能玻璃具有良好的隔声性能，可以有效减少外部噪声的干扰，提供更加宁静的室内环境。这对于位于繁忙城市或交通要道的建筑物尤其重要，可以显著提高室内环境的质量。

5. 增加安全性

一些节能玻璃产品还具备较高的强度和耐冲击性，可以增加建筑物的安全性。例如，夹层玻璃和热压型玻璃在遇到冲击时能够保持完整性，减少人员伤害和财产损失的风险。

6. 提升建筑美学

节能玻璃的设计和颜色多样，可以提升建筑物的外观和美学效果。建筑师可以利用节能玻璃的特性，创造出既节能环保又具有现代感的建筑作品。

7. 政策要求

许多国家和地区的建筑节能标准都在不断提高，采用节能玻璃是满足这些标准和要求的重要手段。政府通过制定法规和标准，鼓励建筑行业采用节能材料和技术，以实现可持续发展的目标。

8. 市场趋势

随着消费者对环保和节能意识的提高，市场对节能玻璃的需求也在不断增长。越来越多的消费者和建筑师倾向于选择节能环保的建筑材料，以减少对环境的影响并降低能源开支。

9. 成本效益

虽然节能玻璃的初始成本可能高于传统玻璃，但长期来看，它们能够通过降低能源消耗和减少维护费用来提供良好的成本效益。随着生产技术的进步和规模经济的实现，节能玻璃的成本有望进一步降低。

10. 技术创新

随着科技的发展，节能玻璃的性能正在不断提高。例如，双层中空玻璃和真空玻璃技术的进步，使得它们在隔热和隔声方面的性能更加出色，同时保持了较低的成本。

采用节能玻璃是建筑行业迈向更可持续未来的关键一步。它不仅能够帮助建筑物减少能源消耗和碳排放，还能够提升室内环境的舒适度和安全性，同时满足消费者和政策对环保和节能的需求。随着技术的不断进步和成本的逐渐降低，节能玻璃的应用将会越来越广泛，成为建筑节能减排的重要材料。

（三）节能玻璃的评价与参数

节能玻璃的评价和参数是衡量其性能和效果的重要指标。

1. 传热系数（U-value）

传热系数是衡量材料保温隔热性能的一个重要指标，它表示单位时间内通过材料单位面积和单位厚度的热量传递量。传热系数越低，材料的保温隔热性能越好。对于节能玻璃来说，低 U 值意味着更好的保温效果。

2. 太阳能总透射比（G-value）

太阳能总透射比是指材料对太阳辐射能量的透射能力。G-value 越高，材料对太阳辐射的利用效率越高。对于节能玻璃来说，高 G 值可以提高建筑物的采光效率，减少对人工照明的需求。

3. 遮阳系数（Shading Coefficient，SC）

遮阳系数是衡量材料对太阳光直射辐射的阻挡能力的参数。SC 值越低，材料对直射太阳辐射的阻挡能力越强。对于节能玻璃来说，低 SC 值可以有效减少室内温度的升高，提高室内舒适度。

4. 可见光透射比（Visible Light Transmittance，VLT）

可见光透射比是指材料对可见光区域的透射能力。VLT 值越高，材料可见光通过的能力越强。对于节能玻璃来说，高 VLT 值可以保证室内有足够的光线，提供良好的照明条件。

5. 发射率（Emissivity，ε）

发射率是指材料表面发射热辐射的能力。对于节能玻璃来说，低发射率意味着更好的保温隔热性能。低 ε 值的玻璃可以减少热量的流失，提高建筑物的能源效率。

6. 耐久性

耐久性包括玻璃的抗冲击性、抗疲劳性、耐腐蚀性等，这些性能直接影响玻璃的使用寿命和维护成本。耐久性好的玻璃可以减少更换和维护的频率，降低长期的运营成本。

7. 加工性能

加工性能包括玻璃的切割、弯曲、热弯等加工工艺，这些工艺影响玻璃的形状和安装方式。良好的加工性能可以确保玻璃能满足各种建筑设计和安装要求。

8. 成本效益

成本效益包括玻璃的采购成本、安装成本、维护成本以及节能带来的长期成本节约。成本效益好的玻璃可以在满足节能要求的同时，提供经济效益。

（四）节能玻璃的选择

选择节能玻璃时，需要考虑以下几个关键因素。

1. 地理位置和气候条件

地理位置和气候条件是选择节能玻璃的重要依据。在寒冷地区，应选择高保温性能的玻璃，如低 U 值的中空玻璃或真空玻璃；在炎热地区，应选择高遮阳性能的玻璃，如低 SC 值的中空玻璃。同时，考虑风力等级和雪载等级，选择符合当地建筑规范的玻璃类型。

2. 建筑用途

不同用途的建筑对节能玻璃的需求不同。例如，住宅建筑更注重保温隔热性能，商业建筑可能更注重采光和视野，而工业建筑可能需要更高的安全性和耐久性。根据建筑用途，选择适合的节能玻璃。

3. 预算和成本效益

考虑项目的预算和长期成本效益。虽然节能玻璃的初始成本可能较高，但它们可以带来长期的能源节约和降低维护成本。进行成本效益分析，比较不同玻璃类型的初始投资和长期收益，选择性价比高的玻璃。

4. 设计和美学要求

建筑的设计和美学对节能玻璃的选择有很大影响。选择符合设计风格的玻璃类型和尺寸，同时考虑玻璃的颜色、图案和纹理，以实现良好的视觉效果。

5. 安全性和耐久性

选择具有良好安全性和耐久性的节能玻璃，确保玻璃在使用过程中的安全性和耐用性。考虑玻璃的抗冲击性、抗疲劳性、耐腐蚀性等性能，选择符合安全标准的玻璃产品。

6. 认证和标准

选择符合国家和国际认证和标准的节能玻璃，确保玻璃的质量和性能。例如，选择获得节能产品认证、ISO 认证或绿色建筑材料认证的玻璃产品。

7. 环境影响

考虑玻璃的生产、使用和回收过程对环境的影响，选择环境友好型的玻璃产品。例如，选择低碳排放的玻璃生产商，或者选择可回收利用的玻璃产品。

8. 安装和维护

考虑玻璃的安装和维护要求，选择易于安装和维护的玻璃产品。例如，选择具有防尘、防水、防污性能的玻璃，以减少清洁和维护的频率。

综合考虑上述因素，可以选择适合特定建筑的节能玻璃。在选择过程中，可以咨询专业的建筑师、工程师或玻璃供应商，以确保选择的玻璃满足建筑的具体需求。此外，还可以参考相关的案例研究和建筑项目经验，以获得更多的灵感和参考。

在实际应用中，可能需要综合使用多种节能玻璃，以达到最佳的节能效果。例如，在寒冷地区，可以结合使用低 U 值的中空玻璃和真空玻璃，以提高保温性能；在炎热地区，可以结合使用低 SC 值的中空玻璃和遮阳玻璃，以减少室内温度升高。通过合理选择和搭配节能玻璃，可以实现建筑的绿色化和可持续发展。

第七节 镀膜建筑节能玻璃

（一）定义与分类

镀膜建筑节能玻璃是通过在玻璃表面涂覆或沉积一层或多层特殊的材料薄膜而得到的玻璃产品。这些薄膜可以提高玻璃的保温隔热性能、降低能耗、提高室内光照质量，并提供额外的功能，如防紫外线、防眩光等。

1. 定义

镀膜节能玻璃是指在玻璃表面涂覆或沉积一层或多层特殊的材料薄膜，以改善玻璃的性能，使其具有更好的保温隔热性能、光学性能和环境适应性。这种玻璃可以通过控制薄膜的成分和厚度，来实现特定的性能要求。

2. 分类

(1) 低辐射（Low-E）镀膜玻璃

根据镀膜层数的不同，可以分为单层低辐射玻璃和多层低辐射玻璃。单层低辐射玻璃通常具有较低的太阳能总透射比（G-value），而多层低辐射玻璃可以通过叠加多层薄膜来提高 G-value，同时保持低 U 值。

(2) 阳光控制镀膜玻璃

阳光控制镀膜玻璃是通过在玻璃表面镀膜来调节玻璃对阳光的透射和反射，以减少室内温度升高和能源消耗。这种玻璃通常具有较高的热反射率和适当的可见光透射比，可以有效控制室内光照和温度。

(3) 热反射镀膜玻璃

热反射镀膜玻璃是通过在玻璃表面镀膜来反射热量，减少热量通过玻璃传递到室内。这种玻璃适用于炎热地区的建筑，可以帮助降低建筑内部的温度，减少空调的使用。

(4) 防眩光镀膜玻璃

防眩光镀膜玻璃是在玻璃表面镀上一层特殊的膜层，可以减少眩光和光污染。这种玻璃适用于高速公路、桥梁等需要减少反射和眩光的场所。

(5) 防紫外线镀膜玻璃

防紫外线镀膜玻璃是在玻璃表面镀上一层能够阻挡紫外线的膜层，保护室内物品和人体免受紫外线伤害。这种玻璃适用于博物馆、实验室、温室等需要阻挡紫外线的地方。

(6) 安全镀膜玻璃

安全镀膜玻璃是在玻璃表面镀上一层特殊的膜层，可以提高玻璃的强度和耐冲击性，增加安全性。这种玻璃适用于高层建筑、儿童游乐场所等需要高安全性的场所。

（二）镀膜节能玻璃的生产方法

镀膜节能玻璃的生产方法主要包括以下几种。

(1) 磁控溅射

磁控溅射是一种常用的镀膜技术，通过磁控溅射在玻璃表面沉积金属或化合物薄膜。这种方法可以精确控制薄膜的成分和厚度，生产性能稳定的低辐射镀膜玻璃。磁控溅射技术具有溅射速率高、沉积温度低、膜层质量好等优点，适用于大规模生产。

(2) 真空镀膜

在真空条件下，利用物理或化学方法在玻璃表面沉积薄膜。这种方法可以生产出多种类型的镀膜玻璃，包括阳光控制镀膜和热反射镀膜。真空镀膜技术具有膜层均匀、附着力强、耐久性好等优点，但设备成本较高。

(3) 化学气相沉积

通过化学反应在玻璃表面沉积薄膜，可以生产出均匀且牢固的膜层。CVD 技术适用于生产某些类型的纳米薄膜，如氧化物薄膜。CVD方法具有反应条件温和、膜层质量好等优点，但可能需要较高的能耗和设备成本。

（4）溶胶-凝胶法

溶胶-凝胶法是一种利用溶胶到凝胶的转变在玻璃表面形成薄膜的方法。这种方法适用于生产氧化物薄膜，如硅酸盐和氧化铝。溶胶-凝胶法具有操作简便、成本较低等优点，但薄膜的均匀性和耐久性较低。

（5）离子束镀膜

通过离子束在玻璃表面沉积薄膜，可以实现对薄膜成分和结构的精准控制。离子束镀膜技术具有溅射速率高、沉积温度低、膜层质量好等优点，但设备成本较高。

（6）电子束蒸发

使用电子束加热蒸发源，使材料蒸发并在玻璃表面形成薄膜。这种方法适用于生产均匀的薄膜，具有溅射速率高、沉积温度低等优点，但设备成本较高。

（7）喷涂技术

通过喷枪将液体或粉末形式的材料喷涂到玻璃表面，形成薄膜。喷涂技术包括溶胶喷涂、热喷涂和等离子体喷涂等。喷涂技术具有操作简便、成本较低等优点，但薄膜的均匀性和耐久性可能较低。

每种生产方法都有其特定的应用场景和优势，选择合适的方法取决于所需的薄膜类型、玻璃的尺寸和形状以及成本效益。在生产过程中，还需要对薄膜的厚度、均匀性、附着力和耐久性进行严格的质量控制。镀膜节能玻璃的生产技术不断进步，新型高效的生产方法正在开发中，以满足不断增长的市场需求。例如，研究人员正在开发更高效的CVD技术和纳米涂层技术，以提高薄膜的性能和降低生产成本。随着技术的不断进步，镀膜节能玻璃的应用将更加广泛，为建筑行业提供更多的节能解决方案。

（三）阳光控制镀膜玻璃

阳光控制镀膜玻璃是一种特殊的建筑用玻璃，它的主要功能是控制和调节进入室内的阳光。这种玻璃通过在表面镀上一层或多层特殊的薄膜材料来实现对阳光的可见光透射比（VLT）和太阳能总透射比（G-value）的控制。

1. 阳光控制镀膜玻璃的类型

（1）高性能太阳能控制玻璃

这种玻璃具有较高的太阳能总透射比，能够允许较多的阳光通过，同时具有较高的热反射率，减少室内温度的升高。高性能太阳能控制玻璃适用于需要大量自然光照的建筑，如办公室、商场和展览馆等。

（2）低光透射比玻璃

这种玻璃的可见光透射比较低，可以减少阳光的直射，适合于需要减少室内光照强度的场合。低光透射比玻璃适用于地下室、仓库和实验室等需要控制光照环境的建筑。

（3）带有遮阳系数

遮阳系数是衡量玻璃阻挡太阳辐射能力的一个参数，SC值越低，玻璃的遮阳性能越好，能够有效减少室内温度升高。

阳光控制镀膜玻璃的生产通常采用磁控溅射、真空镀膜等技术，这些技术可以精确控制薄膜的成分和厚度，以满足不同应用场景的需求。

2. 阳光控制镀膜玻璃在建筑中的应用

（1）节能

通过调节室内光照和温度，减少空调和照明的使用，从而降低能源消耗。高性能太阳能控制玻璃和带有遮阳系数的玻璃可以帮助建筑节能，减少对化石燃料的依赖。

（2）舒适性

提供适宜的光照环境，减少眩光和过度照明的干扰，提高居住和工作的舒适度。阳光控制镀膜玻璃可以帮助调节室内光照，创造舒适的光环境。

（3）隔热

高遮阳系数的玻璃可以有效隔热，减少夏季室内温度的上升。这有助于降低空调的负担，减少能源浪费。

（4）美观

镀膜玻璃的设计和颜色多样，可以增加建筑的美观性。阳光控制镀膜玻璃可以根据建筑的设计风格选择合适的颜色和图案，提升建筑的整体形象。

（5）耐久性

阳光控制镀膜玻璃具有良好的耐久性，能够抵抗紫外线、温差和化学腐蚀等外界因素的影响，保证玻璃的性能和使用寿命。

因此，阳光控制镀膜玻璃是现代建筑中常用的一种节能玻璃材料，对于实现绿色建筑和可持续发展具有重要意义。

（四）贴膜玻璃

贴膜玻璃，也称为玻璃膜或者窗户膜，是一种在玻璃表面贴上一层特殊薄膜的产品，这种薄膜可以起到节能、隔热、降噪、防爆、防紫外线等多种作用。与镀膜玻璃不同，贴膜玻璃是在已经制成的玻璃上贴上薄膜，而不是在制造过程中直接在玻璃表面镀膜。

1. 贴膜玻璃的主要类型

（1）低辐射（Low-E）膜

这种膜具有低辐射特性，能够反射部分红外线，从而减少热量的传递。低辐射膜通常用于提高玻璃的保温隔热性能，适用于寒冷地区的建筑，可以帮助减少室内热量的流失。

（2）阳光控制膜

这种膜能够调节阳光的透射和反射，减少室内温度升高和能源消耗。阳光控制膜适用于阳光直射较强的地区，可以有效控制室内光照和温度，提高居住和工作的舒适度。

（3）安全膜

安全膜具有较高的强度和耐冲击性，可以在玻璃破碎时粘合碎片，防止碎片飞溅伤人。安全膜适用于需要较高安全性的建筑，如高层建筑、学校、医院等。

（4）防爆膜

防爆膜也具有安全膜的特点，但通常更加厚重，能够承受更大的冲击力，用于可能受到爆炸或强烈冲击威胁的建筑物，如化工厂、加油站等。

（5）防紫外线膜

防紫外线膜适用于博物馆、档案馆等需要保护珍贵物品的场所，以及需要阻挡紫外线照射的建筑。

(6) 隐私膜

隐私膜具有透光不透视的特性，可以保护室内隐私，适用于需要遮挡视线的窗户，如住宅的卧室、浴室等。

贴膜玻璃的生产和安装通常需要专业设备和技术，以确保薄膜的附着力、均匀性和耐久性。在选择贴膜玻璃时，需要考虑玻璃的尺寸、形状、薄膜的性能以及成本效益等因素。

2. 贴膜玻璃的优势

(1) 节能

贴膜玻璃可以通过调节阳光的透射和反射，减少能源消耗，降低空调和照明的使用，从而减少能源成本。

(2) 隔热

低辐射膜和安全膜可以有效隔热，减少夏季室内温度的上升，提高室内舒适度。

(3) 降噪

贴膜玻璃可以减少外界噪声的传入，提高室内环境的静谧性。

(4) 安全

安全膜和防爆膜可以在玻璃破碎时防止碎片飞溅，保护人员安全。

(5) 防紫外线

防紫外线膜可以保护室内物品和人体免受紫外线的伤害。

(6) 隐私

隐私膜可以保护室内隐私，避免外界视线进入。

随着人们对建筑节能和环保意识的提高，贴膜玻璃的市场需求逐渐增加。贴膜玻璃不仅可以提高建筑的能源效率和环境适应性，还可以提升建筑的外观和功能性。未来，随着技术的进步和市场的需求变化，贴膜玻璃的种类和性能将不断提升，为建筑行业提供更多的节能解决方案。

第八节　中空建筑节能玻璃

（一）中空玻璃的定义和分类

中空玻璃（Insulated Glass，IG）是由两片或多片玻璃之间留有空气层或惰性气体层，并四周密封，以减少热量传递和提高隔声性能的玻璃产品。中空玻璃的主要目的是提供良好的保温隔热性能，同时也可以提高隔声和安全性。

1. 定义

中空玻璃是由两片或多片玻璃之间留有一定的空气层或惰性气体层，并采用高强度密封材料密封，以降低热量传递和提高隔声性能的玻璃制品。这种玻璃通常用于建筑领域，用于窗户、门和隔断等。

2. 分类

(1) 空气层中空玻璃

这是最常见的中空玻璃，其中两片玻璃之间留有空气层。空气层中空玻璃的保温隔热性能相对较好，但隔声性能略逊于惰性气体层中空玻璃。

（2）惰性气体层中空玻璃

这种中空玻璃在两片玻璃之间填充惰性气体（如氩气、氪气等），可以有效降低热量传递，提高隔声性能。惰性气体层中空玻璃的保温隔热性能和隔声性能都优于空气层中空玻璃。

（3）涂膜中空玻璃

在玻璃表面涂覆一层特殊涂膜，可以提高中空玻璃的保温隔热性能和隔声性能。涂膜中空玻璃通常用于对保温隔热和隔声性能要求较高的场合。

（4）真空层中空玻璃

这种中空玻璃在两片玻璃之间抽取部分空气，形成真空层，可以有效降低热量传递。真空层中空玻璃的保温隔热性能是最好的，但制造成本较高。

中空玻璃是建筑节能的重要材料之一，对于实现绿色建筑和可持续发展具有重要意义。随着人们对能源效率和环境保护意识的提高，中空玻璃的市场需求将持续增长。未来，随着技术的进步和材料的创新，中空玻璃的性能将进一步提升，为建筑行业提供更多的节能解决方案。

（二）中空玻璃的隔热原理

中空玻璃的隔热原理主要基于以下几个方面。

（1）空气层隔热

中空玻璃的基本结构是由两片或多片玻璃之间形成一个空气层。空气本身是一种很好的隔热材料，因为它的导热系数远低于玻璃。空气层可以有效地阻止热量通过空气对流的方式传递，从而减少室内外的热交换。这种结构简单、成本较低，是中空玻璃隔热的基础。

（2）惰性气体填充

在空气层中，填充惰性气体（如氩气、氪气等）来进一步提高隔热效果。惰性气体的导热系数比空气低，因此可以更有效地减少热量传递。此外，惰性气体层还可以减少对流和辐射热传递。这种方法虽然增加了成本，但显著提高了隔热性能。

（3）真空隔热

在某些高端中空玻璃产品中，空气层会被抽成真空。真空层因为没有空气，所以可以极大地减少热量通过对流和传导的传递。真空隔热是中空玻璃中隔热效果最好的方式，但制造成本较高，且需要特殊的密封技术来保持真空状态。

（4）涂膜隔热

在玻璃表面涂覆一层特殊涂膜，可以反射部分红外线和紫外线，减少热量通过辐射的方式传递。这种涂膜可以提高中空玻璃的整体隔热性能，同时还可以增加玻璃的光泽和美观性。涂膜的选择和设计取决于所需的隔热效果和成本预算。

（5）密封隔热

中空玻璃的四周通常会用高强度的密封材料密封，以防止空气或气体泄漏。良好的密封可以保证中空玻璃结构的稳定性和隔热性能的持久性。密封材料的选择对中空玻璃的性能至关重要，它直接影响到中空玻璃的使用寿命和隔热效果。

通过这些隔热原理，中空玻璃能够有效地减少热量的传递，提高建筑的保温隔热性能，从而节约能源消耗，提升室内舒适度。中空玻璃的隔热效果使中空玻璃被广泛应用于建筑领域，尤其是在寒冷地区和需要节能的建筑中。

此外，中空玻璃的颜色和图案也会影响其隔热性能。深色玻璃通常比浅色玻璃更能吸收热量，因此在小范围内可能会提供更好的隔热效果。然而，深色玻璃也会吸收更多的热量，可能导致室内温度升高。因此，在选择中空玻璃时，需要权衡颜色、图案和隔热效果之间的关系。

总之，中空玻璃是一种高效的隔热材料，通过空气层、惰性气体填充、真空隔热、涂膜隔热和密封隔热等原理，能够有效地减少热量传递，提高建筑的保温隔热性能。

（三）中空玻璃在建筑工程中的应用

中空玻璃在建筑工程中的应用非常广泛，主要得益于其优异的隔热、隔声和安全性。

（1）建筑外墙

中空玻璃常用于建筑的外墙，可以有效地隔绝室内外温差，减少空调和暖气的使用，提高能源效率。在寒冷地区，中空玻璃可以减少室内热量的散失；在炎热地区，则可以减少外部热量的传入。此外，中空玻璃还能提供良好的自然采光，增强建筑的整体视觉效果。

（2）门窗

中空玻璃也常用于制作门窗，同样可以提供良好的隔热和隔声效果。这对于提高室内舒适度和减少能源消耗非常重要。中空玻璃门窗还能够增强建筑的安全性，防止意外事故的发生。

（3）屋顶

在屋顶的应用中，中空玻璃可以减少太阳辐射的热量传入，同时提供良好的自然采光。此外，中空玻璃屋顶还能增加建筑的艺术性和观赏性。

（4）温室和幕墙

在温室和幕墙的设计中，中空玻璃可以提供必要的透明度，同时隔绝外部环境的极端温度，创造适宜的室内环境。这使得温室和幕墙能够更好地满足植物生长和人们观赏的需求。

（5）特殊用途建筑

在一些特殊用途的建筑中，如实验室、档案馆、博物馆等，中空玻璃可以提供额外的隔热和隔声保护，有助于保持室内恒温和安静的环境。这对于确保展品安全和科研工作的顺利进行至关重要。

（6）安全玻璃

中空玻璃由于其结构特点，相比单片玻璃具有更好的抗冲击性和安全性。在一些需要安全防护的建筑中，如高层建筑、幼儿园、学校等，中空玻璃是更理想的选择。中空玻璃能够在玻璃破碎时粘合碎片，减少人员伤害。

中空玻璃的应用不仅能够提高建筑的能源效率和环境舒适度，还能够提升建筑的整体美观性和耐久性。随着技术的不断进步，中空玻璃的种类和功能也在不断扩展，为建筑领域提供了更多的选择和可能性。例如，一些中空玻璃产品还可以具备防紫外线、防眩光、自洁等功能。

总之，中空玻璃是一种非常重要的建筑材料，其优异的隔热、隔声和安全性使其在建筑工程中得到了广泛应用。随着人们对于建筑舒适性和节能环保要求的提高，中空玻璃将继续发挥重要作用，为建筑行业的发展贡献力量。

（四）中空玻璃的性能、标准和质量要求

中空玻璃是一种高效节能的建筑材料，其性能、标准和质量要求受到严格的规定和检测。以下是中空玻璃的一些关键性能指标、国家和行业标准以及质量要求。

1. 性能指标

（1）隔热性能

中空玻璃的主要性能之一是隔热性能，这通常通过其 U 值（热传递系数）来衡量。U 值越低，玻璃的隔热性能越好。U 值通常在 $2.0W/(m^2 \cdot K)$ 以下，数值越低表示隔热效果越佳。

（2）隔声性能

中空玻璃的隔声性能通过声级差（ΔL）来评估。声级差越大，玻璃的隔声效果越好。通常，中空玻璃的声级差应达到 30dB 以上，以满足隔声要求。

（3）安全性能

中空玻璃需要具备一定的抗冲击性和碎片控制能力，以确保在破碎时不会造成严重伤害。安全性能通常通过耐冲击测试和碎片控制测试来评估。

（4）耐久性

中空玻璃应能够承受日常使用中的各种应力，包括温度变化、湿度、紫外线照射等。耐久性通常通过长期稳定性测试来评估。

（5）密封性能

中空玻璃的密封性能至关重要，因为它直接影响到玻璃的隔热、隔声和安全性能。密封性能通常通过密封性测试来评估。

2. 相关标准

（1）国家标准

中国有自己的国家标准来规范中空玻璃的生产和应用，如《中空玻璃》GB/T 11944—2012 等。这些标准规定了中空玻璃的质量要求、测试方法和使用范围。

（2）欧洲标准

欧洲也有自己的中空玻璃标准，如《玻璃安全性能的一般要求》EN1279 和《中空玻璃的制备和测试》EN12597。这些标准适用于欧洲地区的中空玻璃生产和应用。

（3）美国标准

美国的中空玻璃标准包括《中空玻璃》ASTME2895 等。这些标准规定了中空玻璃的质量要求、测试方法和使用指南。

3. 质量要求

（1）材料质量

中空玻璃的原材料（如玻璃、密封材料、气体填充等）应符合相应的标准和质量要求。玻璃应具有足够的强度和耐冲击性，密封材料应具有良好的密封性和耐久性，气体填

充应稳定且不泄漏。

（2）生产工艺

中空玻璃的生产应采用先进的工艺，确保产品的稳定性和一致性。生产过程中应严格控制温度、压力和时间等参数，以保证产品质量。

（3）检验和测试

中空玻璃在生产和出厂前应经过严格的检验和测试，包括外观检查、密封性测试、隔热性能测试、安全性能测试等。这些测试有助于确保中空玻璃符合标准和质量要求。

（4）安装质量

中空玻璃的安装应由专业人员按照正确的方法进行，以确保其性能不受影响。安装过程中应确保玻璃与框架的密封性，避免空气和水分渗入。

总之，中空玻璃的性能、标准和质量要求都是为了确保其能够在中空玻璃的应用中提供长期的、稳定的性能，从而满足建筑节能和功能需求。中空玻璃的生产和安装应严格按照相关标准和质量要求进行，以确保其性能和效果。随着技术的不断进步和市场需求的变化，中空玻璃的性能和质量将进一步提升，为建筑行业提供更多的节能解决方案。

第九节 吸热建筑节能玻璃

（一）吸热节能玻璃的定义和分类

吸热节能玻璃是一种特殊的建筑玻璃，它的设计目的是减少室内热量的损失或减少外部热量的传入，从而帮助建筑实现节能效果。这种玻璃通常具有一层或多层特殊涂层，这些涂层可以吸收和反射部分太阳辐射能，减少玻璃表面的温度升高。吸热节能玻璃主要分为以下几类。

1. 吸热涂层玻璃

这种玻璃的表面涂有吸热涂层，如氧化锡（SnO_2）涂层、氧化铁（Fe_2O_3）涂层等，这些涂层可以吸收太阳辐射的热量，减少热量传递到室内。吸热涂层玻璃通常具有较高的热反射率，能够有效地降低玻璃表面的温度。

2. 吸收型中空玻璃

在这种中空玻璃的中间层填充有吸热材料，如石墨、碳粉等，这些材料可以吸收太阳辐射的热量，从而减少热量的传递。吸收型中空玻璃不仅能够隔热，还能够提供良好的隔声效果。

3. 真空复合型玻璃

这种玻璃通常由两片或多片玻璃组成，中间抽成真空并填充有吸热涂层的隔板。这种设计既减少了热量通过对流的方式传递，又通过吸热涂层减少热量通过辐射的方式传递。真空复合型玻璃的隔热性能非常好，但制造成本较高。

4. 微珠涂层玻璃

使用微珠涂层技术，在玻璃表面形成一层含有微小玻璃珠的涂层。这些微珠可以反射和吸收太阳辐射，减少热量的传递。微珠涂层玻璃具有较好的隔热性能，且制造成本相对较低。

（二）吸热节能玻璃的特点和原理

吸热节能玻璃的特点和原理主要基于其独特的设计和材料选择，旨在提高建筑的能源效率和舒适度。

1. 特点

（1）减少热量损失。吸热节能玻璃通过其特殊的涂层或填充材料吸收太阳辐射的热量，从而减少室内热量的损失。这种玻璃能够有效地隔绝冷热空气的交换，保持室内温度的稳定。

（2）提高隔热性能。吸热涂层玻璃的隔热性能通常优于普通玻璃，有助于保持室内温度的稳定。这种玻璃能够减少热量的对流和辐射传递，从而降低空调和暖气的使用。

（3）改善室内舒适度。吸热节能玻璃可以减少夏季室内温度的上升，提供更为舒适的室内环境。这种玻璃能够吸收太阳辐射的热量，减少热浪对室内的影响。

（4）节能效果。通过减少空调和暖气的使用，吸热节能玻璃有助于降低建筑的能源消耗。这种玻璃的节能效果显著，有助于减少能源浪费和减少环境污染。

（5）多样化的选择。吸热节能玻璃有多种类型和设计，可以根据不同的建筑需求和气候条件进行选择。不同的吸热涂层材料和结构设计可以提供不同的隔热性能和美观效果。

2. 原理

（1）吸热涂层。吸热节能玻璃的表面涂层能够吸收太阳辐射的热量，这些涂层通常包含具有高吸热率的材料，如氧化铁、氧化锡等。这些涂层能够将太阳辐射的热量转化为玻璃表面的热能，从而减少热量的传递。

（2）热辐射减少。吸热涂层玻璃表面的涂层能够反射部分热辐射，减少热量通过对流和辐射的方式传递。这种反射作用有助于降低玻璃表面的温度，减少热量的辐射传递到室内。

（3）中空结构。吸热中空玻璃通过在其内部形成空气层或填充吸热材料，减少热量通过对流的方式传递，同时利用空气或吸热材料的保温性能。中空结构能够有效地隔绝热量的对流传递，从而提高隔热性能。

（4）真空隔热。吸热真空玻璃通过在两片玻璃之间形成真空层，消除空气对流，从而极大地减少热量传递。真空层能够有效地阻止热量的对流和辐射传递，提供卓越的隔热性能。

（5）微珠涂层。微珠涂层玻璃通过在玻璃表面形成一层含有微小玻璃珠的涂层，这些微珠可以反射和吸收太阳辐射，减少热量的传递。微珠涂层能够有效地散射和吸收辐射，降低玻璃表面的温度。

吸热节能玻璃的设计和应用是为了提高建筑的能源效率，减少对化石燃料的依赖，降低温室气体排放，从而推动可持续发展。

（三）镀膜吸热节能玻璃的特点

镀膜吸热节能玻璃是一种在玻璃表面涂覆特殊镀膜层的建筑玻璃，这种镀膜层能够吸收太阳辐射的热量，从而减少室内热量的损失或外部热量的传入，达到节能的效果。以下是镀膜吸热节能玻璃的一些特点和应用。

1. 特点

（1）高效的隔热性能

镀膜吸热节能玻璃能够有效减少太阳辐射热量的传递，降低室内温度上升，减少空调开启时间。这种玻璃的隔热性能是通过其特殊的镀膜层实现的，这些镀膜层能够吸收和反射太阳辐射的热量。

（2）良好的可见光透过性

尽管镀膜层可以吸收太阳辐射，但它们通常设计成允许大部分可见光通过，以确保室内有足够的自然光照。这种玻璃能够提供良好的透光性，同时减少热量的传递。

（3）耐久性

镀膜层通常具有很好的耐候性和耐腐蚀性，能够抵御紫外线、风雨等自然因素的侵蚀。这种耐久性确保了镀膜吸热节能玻璃能够长期保持其性能和外观。

（4）美观性

镀膜吸热节能玻璃的外观与普通玻璃无异，能够提升建筑的整体美观度。这种玻璃可以提供透明度高、色泽均匀的外观，符合现代建筑的美学要求。

2. 应用

在建筑外墙领域，这种玻璃的应用尤其重要。它通过减少太阳光中热量的吸收，有效降低室内温度，尤其在炎热地区，可以显著减少空调的使用频率和强度，降低建筑的能耗，提高整体能源效率。

门窗作为建筑的外围结构，也是镀膜吸热节能玻璃发挥作用的重要环节。它不仅提供了良好的隔热效果，还有助于维持室内温度的稳定，减少暖气和空调的依赖，从而减少能源消耗。

在温室和展览馆等特殊建筑中，镀膜吸热节能玻璃的应用同样至关重要。它通过控制室内温度，为植物生长和展品保存提供了理想的环境条件。这种玻璃能够吸收太阳辐射产生的热量，同时允许必要的光线通过，支持植物的光合作用。

太阳能集热器是镀膜吸热节能玻璃的另一应用领域。它能够高效吸收太阳辐射，将其转化为热能，用于建筑的热水供应或其他热能需求，提升太阳能利用的效率。

镀膜吸热节能玻璃是实现绿色建筑和可持续发展的关键材料。它不仅有助于减少建筑能耗，还能保护环境。随着能源效率和环境保护意识的提高，这种玻璃的市场需求将持续增长，推动相关技术和产业的发展。

（四）吸热节能玻璃的应用

吸热节能玻璃在建筑领域的应用非常广泛，主要目的是提高建筑的能源效率、减少空调和暖气的使用，以及提供更为舒适的室内环境。以下是吸热节能玻璃的一些典型应用场景。

吸热节能玻璃因其在调节室内温度和降低能耗方面的显著效果，在当代建筑领域扮演着至关重要的角色。①在建筑外墙的应用上，这种玻璃特别适用于炎热地区的建筑项目。它通过吸收太阳的辐射热能，有效减少热量向室内的传递，减轻空调系统的工作压力，实现能源的有效节约。②对于门窗这一建筑物的重要组成部分，吸热节能玻璃同样发挥着关键作用。它在寒冷地区有助于保持室内温暖，降低热量散失；在炎热地区则能防止外部热量的侵入，减少对空调的依赖，从而在两种极端气候条件下均能实现节能。③在温室和展览馆等特殊环境的应用中，吸热节能玻璃通过控制太阳热能的吸收，帮助维持适宜的室内温度，为植物生长和展品展示创造了理想的环境。它在阻挡过强太阳辐射的同时，允许适量的光照透过，满足植物进行光合作用的需求。④吸热节能玻璃在太阳能集热器中的应用，展现了其在可持续能源利用方面的潜力。它能够高效吸收太阳辐射，并将其有效转化为热能，用于建筑的热水供应或其他热需求，提升太阳能系统的总体效率。

总体而言，吸热节能玻璃的多功能性和高效节能特性使其成为现代建筑中不可或缺的材料之一，对于推动建筑节能和实现可持续发展具有重要的意义。

吸热节能玻璃还可以作为光伏发电系统的一部分，结合太阳能电池板，提供发电和隔热双重效果。这种玻璃能够吸收太阳辐射，同时允许光线通过，转化为电能，为建筑提供可再生能源。

吸热节能玻璃也应用于交通工具如汽车、火车、船舶等，以减少能量消耗和提高乘坐舒适度。在汽车等交通工具中，吸热节能玻璃能够减少车内热量的损失，提高空调系统的效率。

在需要控制室内温度的实验室和数据中心，吸热节能玻璃可以帮助维持恒定的环境条件。吸热节能玻璃能够吸收多余的热量，防止室内温度过高，确保实验室和数据中心的正常运行。

吸热节能玻璃的选择和应用是一个综合考量的过程，它要求建筑师和设计师深入分析并平衡建筑的具体需求、所在地理位置、气候特征以及经济效益等多重因素。鉴于市场上存在多种类型的吸热节能玻璃，每种都具备独特的性能和优势，因此，设计阶段必须审慎选择，以确保选用的玻璃最适宜特定建筑的条件和目标。作为绿色建筑材料的代表，吸热节能玻璃对推动建筑能效提升和促进环境保护具有不可估量的价值。它通过智能调控太阳热能的吸收与透射，帮助建筑实现内部环境的自然调节，显著降低空调和供暖系统所需的能源消耗，进而减少温室气体排放。

综合来看，吸热节能玻璃不仅在当前是实现绿色建筑和可持续发展目标的关键材料，在未来，它也将继续作为建筑行业技术创新和可持续发展战略中不可或缺的一环，为构建更加节能、环保、舒适的建筑环境提供强有力的支持。

（五）吸热玻璃的性能、标准与检测

吸热玻璃，也称为隔热玻璃，是一种专门设计用来减少热量传递的建筑材料。它的性能、标准和检测都非常重要，因为这些因素决定了吸热玻璃在实际应用中的效果和可靠性。

1. 性能指标

（1）隔热性能

吸热玻璃的主要性能指标是其隔热性能，通常用 U 值（热传递系数）来衡量。U 值越低，玻璃的隔热性能越好。这意味着热量通过玻璃传递的速度越慢，从而减少了室内外的热量交换。

(2) 吸收率

吸热玻璃的涂层或材料能够吸收一定比例的太阳辐射能，减少热量的进入。这种吸收能力通常用百分比来表示，吸收率越高，玻璃对太阳辐射的阻挡效果越好。

(3) 透明度

虽然吸热玻璃具有隔热涂层，但其对可见光的高透过性保证了室内有足够的自然光。透明度是指玻璃允许光线通过的能力，通常用百分比来表示。高透明度有助于保持室内的明亮和舒适。

(4) 耐久性

吸热玻璃的涂层应具有耐紫外线、耐湿热和耐化学品侵蚀的特性。耐久性是评估玻璃在长期使用中能够保持其性能的能力，这对于确保玻璃的使用寿命和降低维护成本至关重要。

(5) 安全性

吸热玻璃在破碎时应保证碎片不会对人体造成严重伤害。安全性是建筑材料的一个重要性能指标，尤其是在玻璃材料中，因为玻璃破碎时会产生尖锐的碎片。

2. 相关标准

(1) 国家标准

我国制定相关标准来规范吸热玻璃的生产和应用，如《低辐射镀膜玻璃》GB/T 18915.2—2013 等。这些标准确保了吸热玻璃的生产质量和使用效果，符合国家对节能和环保的要求。

(2) 欧洲标准

欧洲也有自己的标准，如《玻璃安全性能的一般要求》EN1279 和《中空玻璃的制备和测试》EN12597。欧洲标准通常被认为是全球玻璃行业的基准，其要求玻璃的安全性、隔热性和耐久性等性能。

(3) 美国标准

美国的中空玻璃标准包括《中空玻璃》ASTME2895。美国标准侧重于玻璃的隔热性能、密封性能和耐久性，以确保玻璃在建筑中的应用效果。

3. 检测

(1) 隔热性能检测

通过热流量计测试玻璃的 U 值，以评估其隔热性能。这种测试能够模拟玻璃在实际应用中受到的热流，从而确定其隔热效果。

(2) 吸收率检测

使用专门的光谱仪器测量玻璃吸收太阳辐射能的能力。这种检测能够准确地评估玻璃对太阳辐射的吸收效果，从而确定其隔热性能。

(3) 透明度检测

通过分光光度计或其他光学仪器测量玻璃对可见光的透过率。这种检测能够评估玻璃的透光性，确保其在提供隔热效果的同时，还能够允许足够的光线通过。

(4) 耐久性检测

通过模拟气候条件对玻璃进行长时间的老化测试，以评估其耐久性。这种测试能够模拟玻璃在实际应用中受到的温度变化、湿度变化和化学侵蚀等因素，从而确定其长期的性能。

(5) 安全性检测

通过模拟破碎测试,检测玻璃在破碎时的安全性能。这种测试能够评估玻璃在破碎时产生的碎片大小和形状,以确保其不会对人体造成伤害。

在选择和使用吸热玻璃时,应确保其符合当地和国际的相关标准,并通过权威机构的检测认证。这样可以确保吸热玻璃在建筑中能够发挥预期的节能效果和安全性。

第十节 真空建筑节能玻璃

(一) 真空节能玻璃的特点和原理

真空节能玻璃,是一种高级的建筑节能材料,其特点和原理主要基于真空层的绝热性能。以下是真空节能玻璃的一些关键特点和原理。

1. 特点

(1) 卓越的隔热性能

真空层有效地阻断了热量通过对流和传导的传递,因为真空中没有空气分子,热量难以通过对流方式传递,同时真空层的导热系数远低于空气。

(2) 低 U 值

真空玻璃的 U 值(热传递系数)极低,通常在 $0.1\text{W}/(\text{m}^2 \cdot \text{K})$ 以下,这意味着它可以很好地保持室内温度的稳定,极大地降低了空调和供暖的能耗。

(3) 良好的可见光透过性

真空玻璃通常具有高可见光透过率,允许大量自然光进入室内,同时减少紫外线的透入,保证了室内的明亮和舒适。

(4) 耐久性

真空层不易老化,真空玻璃具有良好的耐候性和耐腐蚀性,能够长期保持其隔热性能,减少了维护成本和频率。

(5) 安全性

真空玻璃在意外破碎时,由于真空层的破裂,玻璃碎片会被固定在密封的框架中,减少了对人体的伤害风险,提高了人员安全。

2. 原理

(1) 真空绝热

真空玻璃的两层玻璃之间抽出空气,形成真空层,由于真空中没有空气分子,热量难以通过对流方式传递,从而达到隔热的效果。

(2) 热辐射减少

真空层还减少了热辐射的传递,因为真空中的热辐射能量会很快散失,从而减少了热量的损失。

(3) 密封性能

真空玻璃的密封性能至关重要,它需要确保真空层长期保持真空状态,不被外界空气渗透,否则真空层的绝热效果将大打折扣。

在设计和使用真空玻璃时,需要考虑其安装方式、密封性能以及与建筑其他部分的兼容性。正确安装和维护真空玻璃,可以确保其长期发挥最佳的隔热效果。随着技术的不断进步,真空节能玻璃的性能和成本将进一步优化,为建筑行业提供更多的节能解决方案。

(二)真空节能玻璃的结构

真空节能玻璃的典型结构及其关键组成包括以下几个方面。

1. 玻璃层

真空节能玻璃通常由两片玻璃构成,这两片玻璃可以是相同的也可以是不同的,根据需要可以选择是否具有吸热涂层。外层玻璃通常负责抵抗外界环境的侵害,如风雨、紫外线等,而内层玻璃则专注于保持真空层的完整性。

2. 真空层

两片玻璃之间是一个真空层,这是真空节能玻璃隔热的关键。真空层有效地阻断了热量通过对流和传导的传递,因为真空中没有空气分子,热量难以通过对流方式传递,同时真空层的导热系数远低于空气,因此热量的传递效率极低。

3. 密封剂

为了确保真空层长期保持真空状态,不被外界空气渗透,玻璃片之间以及玻璃片与框架之间会用特殊的密封剂密封,如硅胶、聚氨酯等。这些密封剂必须具有优良的耐热性和耐化学品性能,以承受玻璃面板间的压力和温度变化。

4. 框架

真空玻璃通常安装在金属或塑料框架中,这些框架不仅要保证玻璃的固定,还要确保密封剂的完整性和真空层的稳定性。框架的设计需要考虑到通风、安装和维护的便利性。

5. 防辐射涂层(可选)

为了减少热辐射的损失,一些真空节能玻璃会在一面或两面涂上防辐射涂层,如银层或金层。这些涂层能够反射热辐射,减少热量的损失。

6. 吸热涂层(可选)

在一些特定的应用中,为了进一步减少夏季室内温度的上升,会在玻璃上涂上吸热涂层,如氧化铁、氧化锡等,以吸收太阳辐射的热量。这种涂层能够将太阳辐射的热量转化为热能,从而减少室内温度的上升。

真空节能玻璃的结构设计使其具有卓越的隔热性能,低 U 值,良好的可见光透过性以及耐久性。这些特性使得真空节能玻璃成为建筑节能领域的重要材料。在安装和使用真空节能玻璃时,需要确保其结构完整,密封性能良好,以及与建筑其他部分的兼容性。正确的安装和维护是确保真空节能玻璃长期发挥其隔热效果的关键。

随着技术的不断进步,真空节能玻璃的性能和成本将进一步优化,为建筑行业提供更多的节能解决方案。未来,真空节能玻璃可能会集成更多的功能,如智能玻璃技术,以提供更为高效和舒适的室内环境。

(三)真空节能玻璃的性能

真空节能玻璃的性能是建筑节能技术中的重要组成部分。

1. 低热传导系数（U 值）

真空玻璃的 U 值非常低，通常为 $0.1W/(m^2 \cdot K)$ 或更低，这意味着它可以有效隔绝室内外的热量传递，从而显著降低能源的使用。

2. 高隔热效率

由于真空层的绝热性能，真空节能玻璃可以极大地减少热量的损失或吸收，尤其是在极端天气条件下。

3. 良好的透光性

真空玻璃通常具有较高的可见光透过率，允许自然光进入室内，提供舒适的室内照明环境。

4. 耐久性和稳定性

真空层的设计确保了长期的隔热效果，而且真空玻璃的密封性能也很好，能够抵御风雨等自然因素的侵蚀。

5. 安全性

真空玻璃在意外破碎时，由于真空层的破裂，玻璃碎片会被固定在密封的框架中，减少了对人体的伤害风险。

（四）真空玻璃的质量标准

真空玻璃的质量标准是确保产品性能和可靠性的关键。这些标准涉及多个方面，包括隔热性能、结构完整性、耐久性、光学性能、安全性能、耐化学性及安装和维护等。

（1）隔热性能

真空玻璃的隔热性能是其最重要的特性之一。U 值（热传递系数）是衡量隔热性能的关键指标，它反映了热量通过玻璃传递的速度。不同地区和应用场景对 U 值有不同要求。例如，欧洲标准 EN1279 规定了中空玻璃的 U 值限制，而美国标准 ASTM C1363 规定了真空玻璃的 U 值测试方法。

（2）结构完整性

真空玻璃的结构完整性是指其在长期使用中能够保持真空状态不被外界空气渗透的能力。这涉及密封剂的质量、框架的密封性能以及玻璃片的平面度。任何微小的泄漏都可能导致真空玻璃的隔热性能下降。因此，制造商必须确保产品的密封性能达到最高标准。

（3）耐久性

耐久性是指真空玻璃在恶劣环境条件下保持性能的能力。这包括抵抗紫外线、温差、湿度等环境因素的能力。耐久性通常通过加速老化测试来评估，这些测试模拟了玻璃在实际使用中可能遇到的各种条件。

（4）光学性能

光学性能包括真空玻璃的可见光透过率和表面光学质量。可见光透过率反映了玻璃允许自然光进入室内的能力，而表面光学质量则影响了光线的传播和反射。高质量的真空玻璃应具有高透光性和良好的光学均匀性，以提供舒适的室内环境。

(5) 安全性能

安全性能是指真空玻璃在破碎时对人体的保护能力。安全性能通常通过模拟破碎测试来评估，测试包括检查玻璃碎片的大小和形状，以确保它们不会对人体造成严重伤害。

(6) 耐化学性

耐化学性是指真空玻璃抵抗化学物质侵蚀的能力。由于建筑玻璃可能会接触到各种化学物质，如清洁剂、酸雨等，所以其耐化学性是衡量真空玻璃质量的重要指标。

(7) 安装和维护

安装和维护质量标准确保真空玻璃在建筑中正确安装和使用，从而发挥其最佳性能。这些标准通常包括安装技术规范、维护指南和清洁程序。正确的安装和维护对于保持真空玻璃的隔热性能和结构完整性至关重要。

这些质量标准通常由国际或国家标准化组织制定，如 ISO（国际标准化组织）、EN（欧洲标准）、ASTM（美国材料与试验协会）等。在购买和使用真空玻璃时，应确保产品符合当地的法律法规和行业标准。制造商通常会提供产品的测试报告和认证，以证明其产品的质量符合这些标准。

在实际应用中，真空玻璃的质量和性能对于实现建筑节能和提高室内舒适度至关重要。因此，建筑师、工程师和建筑业主在选择真空玻璃产品时，应仔细考虑产品的质量标准，并确保其符合项目的具体需求和当地的法规要求。

（五）真空节能玻璃的工程应用

真空节能玻璃在工程应用中以其卓越的隔热性能和能效优势而被广泛采用。以下是一些典型的应用场景。

(1) 建筑门窗

真空玻璃常用于高性能的门窗系统中，尤其是在需要隔热保温的建筑物中，真空玻璃可以显著降低能耗，提高居住舒适度。在寒冷地区，真空玻璃有助于保持室内温暖，而在热岛效应明显的地区，它可以帮助减少室内温度的上升。

(2) 幕墙

在大型建筑的幕墙设计中，真空玻璃可以提供优异的隔热性能，减少能源消耗，同时保持良好的可见光透过率和美观的外观。幕墙通常需要大量的玻璃面积，真空玻璃的低 U 值和良好的透光性使其成为理想的选材。

(3) 绿色建筑和被动房

在追求极低能耗的绿色建筑和被动房中，真空节能玻璃是实现能源效率的关键材料。它们帮助建筑实现极高的能效标准，减少能源的使用，从而减少对环境的影响。

(4) 高性能实验室和数据中心

这些场所对室内温度和隔热性能有严格的要求，真空玻璃可以帮助维持恒定的环境条件，确保实验数据和设备的稳定运行。真空玻璃的高稳定性和低热膨胀系数使其成为理想的选择。

(5) 交通工具

虽然不如建筑领域常见，但真空玻璃也被用于某些高端车辆的窗户，以提供更好的隔热效果，提高乘客的舒适度。在车辆中，真空玻璃有助于减少空调的使用。

（6）太阳能集热器

在太阳能集热器中，真空玻璃可以作为顶面，利用其低热辐射率的特点，减少热量的损失。这有助于提高太阳能集热器的效率，从而更有效地利用太阳能。

（7）光学仪器

真空玻璃由于其高透明度和低热膨胀系数，也适用于某些光学仪器中，如望远镜、显微镜等。这些光学仪器需要高精度的成像和稳定的环境条件，真空玻璃能够满足这些要求。

在工程应用中，真空节能玻璃的安装和密封至关重要，因为任何泄漏都可能导致真空层失效，从而影响其隔热性能。因此，安装真空玻璃时需要遵循严格的安装程序和维护指南，以确保长期的隔热效果和玻璃的使用寿命。

随着人们对能源效率和环境保护意识的提高，真空节能玻璃的应用将继续扩大，为建筑和工程领域提供更多的节能解决方案。未来，随着技术的进步，真空节能玻璃的性能和成本将进一步优化，为工程应用带来更多的可能性。

第十一节　新型建筑节能玻璃

（一）夹层节能玻璃

夹层节能玻璃是一种新型的建筑节能材料，它将传统的玻璃与节能涂层或其他材料结合在一起，以提高其能源效率和环境保护性能。

1. 结构特点

夹层节能玻璃通常由两片或多片玻璃中间夹一层透明的节能涂层或薄膜组成。这种涂层或薄膜可以是一种特殊的化学涂层、热反射层、光反射层、吸热层或电气节能层等。这种结构设计使得夹层节能玻璃具有优异的隔热性能和节能效果。

2. 隔热性能

夹层节能玻璃的隔热性能主要依赖于中间的节能涂层或薄膜。这些涂层或薄膜能够有效反射红外线和紫外线，减少热量的传递和对室内环境的晒伤。此外，夹层结构本身也起到了隔热的作用，因为节能涂层或薄膜的存在减少了热量的对流传递。

3. 节能效果

夹层节能玻璃的节能效果显著，能够有效降低建筑能耗，从而降低能源成本和减少环境污染。这种玻璃尤其适用于需要大量玻璃面积的建筑，如幕墙和大型窗户，它们可以帮助建筑实现更高的能效标准。

4. 安全性能

夹层节能玻璃在破碎时，由于中间的涂层或薄膜的粘结作用，玻璃碎片会被固定在原位，大大减少了对人体的伤害风险。这种设计尤其重要在高层建筑中，玻璃碎片可能因为风击或意外事故而飞出。

5. 光学性能

夹层节能玻璃的透明度较高，能够保持良好的自然光照射，同时减少光污染和眩光。这对于需要充足自然光线的室内空间来说尤为重要，如办公室、商场和居住空间。

6. 应用领域

夹层节能玻璃广泛应用于建筑的门窗、幕墙、阳光房等领域。

（二）Low-E 节能玻璃

Low-E 节能玻璃，又称低辐射节能玻璃，是一种具有低辐射涂层的高性能玻璃。这种玻璃能够有效阻挡红外线的透过，同时允许可见光通过，从而实现良好的隔热效果。

1. 结构特点

Low-E 节能玻璃通常由多片玻璃组成，其中至少有一片玻璃的表面涂有低辐射涂层。这种涂层通常是由银、金或其他贵金属组成的，可以在玻璃表面溅射或涂覆形成的。这种结构设计使得 Low-E 节能玻璃具有优异的隔热性能和节能效果。

2. 隔热性能

Low-E 节能玻璃的低辐射涂层能够反射红外线，减少热量的传递，从而提高玻璃的隔热性能。这种玻璃通常具有较低的 U 值（热传递系数），有助于减少建筑内部的能耗。这对于冬季隔热和夏季隔热都是非常重要的。

3. 节能效果

由于 Low-E 节能玻璃的优异隔热性能，它能够显著降低建筑的能耗，尤其是在冬季隔热和夏季隔热方面。这对于追求能源效率和环境保护的建筑项目来说具有重要意义。

4. 光学性能

Low-E 节能玻璃的可见光透过率较高，这意味着室内外有良好的光照交换。同时，涂层的选择可以影响玻璃的光学性能，如减少紫外线透过率，以保护室内家具和装饰品。这对于室内环境的舒适度和家具的耐用性都是有益的。

5. 安全性能

Low-E 节能玻璃在破碎时，由于玻璃片的粘结作用，碎片会被固定在原位，减少了对人体的伤害风险。这种设计尤其重要在高层建筑中，玻璃碎片可能因为风击或意外事故而飞出。

6. 应用领域

Low-E（低辐射）节能玻璃以其卓越的隔热和保温特性，在建筑行业中得到了广泛应用，成为提升建筑能效和居住舒适度的重要材料。

这种玻璃的表面镀有一层特殊的低辐射膜，显著降低了玻璃对热量的传递能力。在寒冷地区，Low-E 玻璃能有效阻挡室内热量的流失，保持室内温暖；而在炎热地区，它则能减少太阳热能的进入，降低室内温度，从而减少对空调的依赖。无论是在寒冷的冬季还是酷热的夏季，Low-E 节能玻璃都能显著提升室内环境的舒适度。除了普通的住宅和商业建筑，Low-E 节能玻璃也非常适用于对能效要求更高的绿色建筑和被动房项目。这些项目追求极低的能耗水平，而 Low-E 节能玻璃的优异隔热性能，能够帮助建筑实现这一目标，同时满足严格的环保标准。Low-E 节能玻璃不仅在隔热性能上表现出色，它还具有良好的安全性能和光学性能。安全性能体现在 Low-E 玻璃的抗冲击能力和破碎后的安全性；光学性能则体现在它对自然光的高透光率，为室内提供充足的自然光照，同时减少眩光和紫外线的透过。随着全球对能源效率和环境保护的重视程度不断提升，Low-E 节能玻璃的市场需求将持续增长。建筑行业越来越倾向于采用这种高性能的节能材料，以满足日益严格的能效标准和绿色建筑规范。

未来，随着技术的不断进步，预计 Low-E 节能玻璃的性能将得到进一步的提升，成本也将得到优化。这将使得 Low-E 节能玻璃在更广泛的场景中得到应用，为建筑行业提供更多的节能解决方案，推动建筑向更节能、更环保、更舒适的方向发展。

此外，随着智能建筑技术的发展，Low-E 节能玻璃的智能化应用也将成为可能。例如，通过集成先进的传感器和控制系统，未来的 Low-E 节能玻璃将能够根据室内外环境的变化自动调节透光率和热能吸收，实现更加智能化和个性化的能源管理。

综上所述，Low-E 节能玻璃以其优良的隔热性能、安全性能和光学性能，已经成为现代建筑领域不可或缺的节能材料。随着技术的不断进步和市场需求的不断扩大，Low-E 节能玻璃的应用前景将更加广阔，为实现绿色建筑和可持续发展目标提供强有力的支持。

（三）变色节能玻璃

变色节能玻璃是一种新型的建筑节能材料，它能够根据外界环境的温度、光照强度或者人为的控制，改变自身的颜色或者透光性能，从而达到节能和改善室内环境的效果。

1. 工作原理

变色节能玻璃通常包含一个可变色的材料层，如电致变色（ECD）层、热致变色层或光致变色层。这些层通过施加电压、加热或光照变化，能够改变其光学性质，从而导致玻璃颜色变化。这种变化是可逆的，可以根据需要调整玻璃的状态。

2. 节能效果

变色节能玻璃能够调节室内的光照和温度。在夏季，深色玻璃可以阻挡强烈的阳光，减少室内温度上升；在冬季，浅色玻璃则允许更多的阳光进入室内，提供热量。这种玻璃有助于实现建筑的被动式冷却和加热，从而降低能源消耗。

3. 光学性能

变色节能玻璃在不同状态下具有不同的透光率和反射率。在变色状态下，玻璃可以阻挡部分可见光和紫外线，减少室内光照强度，提供更舒适的视觉环境。这种玻璃还可以减少眩光，提高室内舒适度。

4. 应用领域

变色节能玻璃广泛应用于建筑的门窗、幕墙、阳光房等领域。它们特别适合于需要调节室内光照和温度的建筑，如办公楼、商场、酒店等。此外，变色节能玻璃也适用于绿色建筑和智能家居项目，为实现可持续发展和智能生活提供支持。

5. 智能控制

一些高级的变色节能玻璃可以实现智能控制，通过传感器、遥控器或者建筑自动化系统来调节玻璃的颜色和透明度，以适应不同的环境和需求。这种智能控制功能使得变色节能玻璃更加灵活和高效。

（四）聪明玻璃

"聪明玻璃"这个术语通常指的是具有智能特性，能够根据外部环境或内部需求自动调整其性能的玻璃。这种玻璃可以通过集成传感器、微型电子电路、电池和控制装置来实现智能功能。"聪明玻璃"具有以下特点和应用场景。

1. 特点

（1）自适应调节

"聪明玻璃"能够自动调节其透明度、隔热性能、隔声性能或者抗紫外线性能。例如，根据室内外温差、光照强度或时间变化，"聪明玻璃"可以改变其颜色或透过率。这种自适应性能使得这种玻璃能够更好地适应不同环境条件，提供最佳的性能。

（2）节能

通过自动调节，"聪明玻璃"有助于建筑节能，减少对空调、暖气等能源的需求。例如，在夏天，该玻璃可以变得更暗，以反射阳光，防止室内过热；在冬天，该玻璃可以变得更透明，以允许更多的阳光进入室内提供热量。这种节能特性对于实现绿色建筑和可持续发展具有重要意义。

（3）舒适性提升

"聪明玻璃"的智能特性有助于提供更加舒适的室内环境，减少眩光，调节室内光照，从而提高居住或工作空间的舒适度。这种玻璃可以根据个人偏好或室内活动自动调整，以创造最佳的视觉环境。

（4）安全性和隐私性

一些"聪明玻璃"还可以提供更高的安全性和隐私性。例如，该玻璃可以自动调节透明度，以允许或阻止外部视线进入室内。这种功能对于需要保护个人隐私或安全性的场所尤为重要。

2. 应用场景

"聪明玻璃"可以应用于建筑的门窗、幕墙、阳光房等部位。它们特别适合于追求高能效、高舒适性和智能化的建筑项目。这种玻璃的智能特性可以与建筑自动化系统集成，实现更加智能化的建筑控制。

"聪明玻璃"的制造和应用通常涉及材料科学、电子工程、软件编程等多个领域的先进技术。这些技术的集成使得"聪明玻璃"能够实现复杂的智能功能，并提供良好的性能和用户体验。

随着技术的不断进步，"聪明玻璃"的成本正在逐渐降低，其应用范围也在不断扩大。在未来，"聪明玻璃"有望成为建筑节能和智能化的重要组成部分。随着人们对可持续发展和智能生活的追求，"聪明玻璃"将在建筑行业中发挥越来越重要的作用。

第十二节　常用建筑保温隔热节能材料

（一）岩棉及其制品

岩棉是一种常用的建筑保温隔热节能材料，它主要由岩石高温熔融后，通过离心甩丝或随机纤维喷吹法制成。岩棉及其制品因其优良的保温隔热性能、较高的耐火性和较好的吸声性能而在建筑行业得到广泛应用。

1. 原料

岩棉的主要原料是玄武岩、辉绿岩等天然岩石。这些岩石在高温下熔化，然后迅速抽离出纤维状的岩棉。这些天然岩石来源广泛，且在高温下能够良好地保持其稳定性，保证了岩棉的质量和性能。

2. 制作工艺

岩棉的制作工艺主要有两种，一种是熔融喷吹法，即将熔融的岩石纤维通过高速气流喷吹成纤维；另一种是离心甩丝法，即通过高速旋转的离心机将熔融岩石纤维甩成纤维。这两种方法都能够有效地将岩石熔融纤维化，制成优质的岩棉材料。

3. 性能特点

岩棉具有较低的导热系数，良好的保温隔热性能。这意味着岩棉能够有效地减少热量的传递，保持室内温度的稳定。此外，岩棉在高温下不易熔化，具有良好的耐火性。这使得岩棉成为防火隔离和高温环境下的理想保温材料。同时，岩棉还具有较好的吸声性能，能够有效降低噪声，提供更加安静的室内环境。

4. 应用领域

岩棉及其制品广泛应用于建筑行业的保温隔热。例如，在屋顶、外墙、地面等部位的保温隔热，以及制造保温棉、保温板、保温管等建筑材料。此外，岩棉还用于制造防火隔离带、吸声板等防火和音频隔离材料。

5. 环保考虑

岩棉是一种环保材料，其生产和使用过程中对环境的影响较小。岩棉的可回收性和可降解性也使得其在建筑行业中成为可持续发展的代表。使用岩棉可以减少建筑废弃物的产生，有利于环境保护和资源循环利用。

虽然岩棉具有许多优点，但在使用过程中也需要注意一些问题。例如，避免雨水的直接浸泡，防止潮湿导致的保温性能下降。此外，还要注意防止重物压迫，以免损坏岩棉材料。正确的安装和使用方法能够最大限度地发挥岩棉的性能，减少不必要的损失。

总之，岩棉及其制品是一种重要的建筑保温隔热节能材料，具有良好的保温隔热性能、耐火性和吸声性能，被广泛应用于建筑行业的各个领域。随着建筑行业对节能和环保的重视，岩棉及其制品将继续发挥其优势，为建筑节能和可持续发展作出贡献。

（二）矿渣棉及其制品

矿渣棉，又称为矿棉，是由炼铁过程中产生的熔融矿渣通过纤维化处理而成的建筑保温隔热材料。矿渣棉及其制品在建筑行业中因其优良的保温隔热性能、较高的耐火性和较经济的成本而得到广泛应用。

1. 原料

矿渣棉的主要原料是炼铁过程中产生的高温矿渣,这些矿渣主要来源于铁矿产区的冶炼工厂。矿渣是铁矿石经高温炼烧后剩余的渣滓,其中含有大量的硅酸盐、铝酸盐和铁氧化物等成分,这些成分在矿渣棉的形成过程中起到关键作用。

2. 制作工艺

矿渣棉的制作工艺通常包括熔融、纤维化、冷却、收集等步骤。熔融的矿渣通过高速气流或旋转离心力纤维化,然后通过冷却获得稳定的纤维结构。这个过程需要精确控制温度和速度,以确保矿渣棉的质量和性能。

3. 性能特点

矿渣棉具有较低的导热系数,良好的保温隔热性能。这使得矿渣棉能够有效地减少热量的传递,保持室内温度的稳定。此外,矿渣棉在高温下具有较高的耐火温度,能够承受高温环境下的热量冲击。矿渣棉还具有良好的吸声性能,能够有效降低噪声。同时,它还具有较高的化学稳定性,能够抵抗酸碱等化学物质的侵蚀。

4. 应用领域

矿渣棉及其制品广泛应用于建筑行业的保温隔热。例如,在屋顶、外墙、地面等部位的保温隔热,以及制造保温棉、保温板、保温管等建筑材料。此外,矿渣棉还用于制造高温绝热材料,如炉膛、烟囱等热工设备的保温隔热。在建筑领域,矿渣棉还用于制造隔热棉、隔热板等,以提高建筑的隔热性能。

5. 环保考虑

矿渣棉是一种环保材料,其生产和使用过程中对环境的影响较小。矿渣棉的可回收性和可降解性也使得其在建筑行业中成为可持续发展的代表。使用矿渣棉可以减少建筑废弃物的产生,有利于环境保护和资源循环利用。

在使用矿渣棉及其制品时,需要避免雨水的直接浸泡,防止潮湿导致的保温性能下降。此外,还要注意防止重物压迫,以免损坏矿渣棉材料。正确的安装和使用方法能够最大限度地发挥矿渣棉的性能。

总之,矿渣棉及其制品是一种重要的建筑保温隔热节能材料,具有良好的保温隔热性能、耐火性和吸声性能。随着建筑行业对节能和环保的重视,矿渣棉及其制品发挥其优势,为建筑节能和可持续发展作出贡献。未来,矿渣棉及其制品的应用将更加广泛,随着技术的进步,其性能和可持续性也将得到进一步的提升。

(三)玻璃棉及其制品

玻璃棉是一种常用的建筑保温隔热节能材料,它由熔融玻璃纤维化而成,具有良好的保温隔热性能、较高的耐火性和较好的吸声性能。

1. 原料

玻璃棉的主要原料是砂、石英砂、石灰石等天然矿物。这些原料在高温下熔化后,通过喷丝或纤维化工艺制成玻璃棉纤维。石英砂和砂等原料的高熔点和良好的化学稳定性为玻璃棉提供了优异的性能。

2. 制作工艺

玻璃棉的制作工艺通常包括熔融、纤维化、冷却、收集等步骤。首先，将石英砂、砂等原料在高温下熔化成玻璃，其次通过高速气流或旋转离心力将熔融的玻璃纤维化，最后通过冷却获得稳定的纤维结构。这个过程需要精确控制温度和速度，以确保玻璃棉的质量和性能。

3. 性能特点

玻璃棉具有较低的导热系数，这意味着它能够有效地减少热量的传递，保持室内温度的稳定。它还具有较高的耐火温度，能够承受高温环境下的热量冲击。此外，玻璃棉具有良好的吸声性能，能够有效降低噪声。它的化学稳定性也较高，能够抵抗酸碱等化学物质的侵蚀。

4. 应用领域

玻璃棉及其制品，以其卓越的保温隔热性能，已在建筑行业中确立了其不可或缺的地位。它们不仅被广泛应用于屋顶、外墙、地面等建筑部位的保温隔热，还被加工成保温棉、保温板、保温管等多样化的建筑材料，以满足不同的建筑需求。玻璃棉的保温隔热应用不仅用于常规建筑结构，还特别适用于高温绝热材料的制造，如炉膛、烟囱等热工设备的保温隔热。这些应用展示了玻璃棉在极端温度条件下的稳定性能，为保障工业安全和提高能效发挥了重要作用。在环保方面，玻璃棉的优势同样显著。作为一种环境友好型材料，玻璃棉在生产和使用过程中对环境的影响较小。它的可回收性和可降解性，使其成为推动建筑行业可持续发展的有力代表。通过使用玻璃棉，可以显著减少建筑废弃物的产生，促进资源的循环利用，实现环境保护的目标。玻璃棉及其制品不仅具备良好的保温隔热性能，还具有耐火性和吸声性能，使其在建筑行业的应用更为广泛。随着建筑行业对节能和环保的日益重视，玻璃棉及其制品的应用前景将更加广阔。

（四）矿物棉装饰吸声板

矿物棉装饰吸声板是一种集保温隔热、吸声降噪和装饰功能于一体的建筑材料。它主要采用矿物棉（如岩棉、玻璃棉等）作为基材，结合其他辅料和添加剂，通过一定的工艺流程制成。

1. 原料

矿物棉装饰吸声板的原料主要是矿物棉纤维，这些纤维来自于天然矿物质，如玄武岩、辉绿岩等，经过高温熔融、纤维化和冷却处理得到。这些矿物棉纤维具有较低的导热系数和高比表面积，为制造吸声板提供了良好的基础。

2. 制作工艺

矿物棉纤维与适量的胶粘剂、填料、助燃剂等混合，经过搅拌、压制、烘干、切割等工序，制成具有一定强度和吸声性能的板材。这个过程需要精确控制混合比例和工艺参数，以确保板材的质量和性能。

3. 性能特点

矿物棉装饰吸声板具有优良的保温隔热性能，能够有效降低热量的传递，提高建筑的能源效率。此外，还具有一定的装饰效果，可以美化建筑环境，提升室内空间的舒适度。

4. 应用领域

矿物棉装饰吸声板广泛应用于建筑物的天花板、墙体、地面等部位。在天花板上使用可以隐藏管线，同时提供隔热和吸声效果；在墙体上使用可以增加建筑的隔声性能，减少噪声干扰；在地面上使用可以降低地面传热，提高舒适度。此外，矿物棉装饰吸声板也适用于音乐厅、会议室、录音室等对声音控制要求较高的场所。

5. 环保考虑

矿物棉装饰吸声板是一种环保材料，其生产和使用过程中对环境的影响较小。矿物棉可以回收利用，减少建筑废弃物的产生。同时，矿物棉装饰吸声板具有良好的耐久性，减少了建筑材料的更换频率，从而减少了环境负担。

在使用矿物棉装饰吸声板时，需要确保安装牢固，避免板材受损，影响其保温隔热和吸声性能。同时，要注意避免重物撞击，以免造成板材破裂。总之，矿物棉装饰吸声板是一种多功能的建筑材料，具有良好的保温隔热、吸声降噪和装饰性能，被广泛应用于建筑行业的各个领域。随着建筑行业对节能、环保和舒适度的要求不断提高，矿物棉装饰吸声板将继续发挥其优势，为建筑设计和施工提供更多的选择和可能性。未来，矿物棉装饰吸声板的发展将更加注重材料性能的优化和施工技术的创新，以满足不断变化的市场需求和建筑行业的挑战。

（五）绝热用硅酸铝棉及其制品

绝热用硅酸铝棉及其制品是一种常用的建筑保温隔热节能材料，它主要由硅酸铝纤维和适当的结合剂、填充物等经过加工制成的。

1. 原料

绝热用硅酸铝棉的主要原料是硅酸铝纤维，这些纤维是由铝硅酸盐矿物经高温熔融、纤维化后得到。铝硅酸盐矿物的化学成分和高温熔融条件决定了硅酸铝纤维的性能。

2. 制作工艺

硅酸铝纤维与适量的胶粘剂、填料等混合，经过搅拌、压制、烘干、切割等工序，制成具有一定强度和绝热性能的制品。这些加工过程旨在提高硅酸铝棉的适用性和耐久性，同时确保其环保性能。

3. 性能特点

绝热用硅酸铝棉及其制品具有较低的导热系数，这使得它们能够有效地隔绝热量传递，减少能量损失。它们还具有较高的耐火温度，能够在高温环境下保持稳定的绝热性能。此外，硅酸铝棉还具有良好的吸声性能，能够降低噪声污染。它们的化学稳定性也较高，能够抵抗酸碱等化学物质的侵蚀。

4. 应用领域

绝热用硅酸铝棉及其制品广泛应用于建筑行业的保温隔热。例如，在屋顶、外墙、地面等部位的保温隔热，以及制造绝热棉、绝热板、绝热管等建筑材料。

绝热用硅酸铝棉及其制品是一种环保材料，其生产和使用过程中对环境的影响较小。硅酸铝棉可以回收利用。此外，它们的生产过程中使用的胶粘剂和填料也是环保的，不会对环境造成污染。

在使用绝热用硅酸铝棉及其制品时,需要避免雨水的直接浸泡,防止潮湿导致的性能下降。同时,也要注意防止重物压迫,以免损坏硅酸铝棉材料。在建筑施工中,正确安装绝热材料至关重要,硅酸铝棉作为一种高效的绝热材料,其安装必须严格遵循设计图纸和制造商提供的安装指南。恰当的安装不仅确保了材料性能的最大化,还能避免未来可能出现的任何问题,如绝热效果降低或结构损坏。

硅酸铝棉及其制品因其出色的绝热性能、耐高温能力和优秀的吸声效果,在建筑保温隔热领域中扮演着重要角色。这些特性使得硅酸铝棉成为从屋顶到地板、从墙体到管道绝热处理的理想选择。它不仅提升了建筑的能源效率,还增强了居住者的舒适度。

随着社会对建筑节能和环境保护意识的提高,硅酸铝棉的应用日益增多。它在新建建筑的节能设计和既有建筑的能效提升改造中都发挥着重要作用。此外,硅酸铝棉在工业应用中也显示出其价值,如在高温炉膛和烟囱的绝热中,它能有效减少热量损失,提高工业过程的能源利用率。

未来,建筑行业对绝热材料的性能和环保属性将有更高的要求。技术的进步将推动硅酸铝棉制品的性能优化,如提高绝热效率、增强机械强度和耐久性,同时降低生产和使用过程中的环境影响。市场对高性能、环境友好型材料的需求增长,将进一步推动硅酸铝棉制品的发展。

此外,随着智能建筑技术的发展,硅酸铝棉及其制品可能会与智能系统结合,实现更加动态和精确的绝热管理。例如,通过集成温度感应器和自动控制系统,建筑的绝热层可以自动调节其性能,以适应室内外温度的变化。

综合来看,硅酸铝棉及其制品不仅在当前是建筑保温隔热的重要材料,在未来也将随着技术进步和市场需求的演变,展现出更广阔的应用前景和更卓越的性能。它们将继续为建筑节能、提升居住舒适度以及推动可持续发展作出积极贡献。

(六)膨胀珍珠岩及其制品

膨胀珍珠岩及其制品是一种常用的建筑保温隔热节能材料,主要由珍珠岩矿砂经高温膨胀处理后得到的一种多孔状材料。

1. 原料

膨胀珍珠岩的主要原料是珍珠岩矿砂,这种矿砂由火山爆发后的玻璃质岩石经过自然冷却形成。珍珠岩矿砂是一种天然形成的矿物质,其主要成分是硅酸盐,含有少量的金属氧化物和其他杂质。

2. 制作工艺

膨胀珍珠岩的制作工艺主要包括珍珠岩矿砂的高温膨胀过程。这个过程通常在珍珠岩熔融炉中进行,炉温通常在1000℃以上。在高温下,珍珠岩矿砂会迅速膨胀,体积可增大数十倍,形成多孔结构的保温材料。膨胀珍珠岩的孔隙率可达80%以上,这使得它具有优良的保温隔热性能。

3. 性能特点

膨胀珍珠岩及其制品具有较低的导热系数,这意味着它们能够有效地阻止热量的传递,具有良好的保温隔热性能。这使得膨胀珍珠岩成为建筑行业中理想的保温材料。此外,膨胀珍珠岩还具有较高的耐火温度,可以在高温环境下保持稳定的性能。同时,珍珠岩的多孔结构使其具有一定的吸声性能，可以应用于需要降低噪声的环境中。

4. 应用领域

膨胀珍珠岩及其制品广泛应用于建筑行业的保温隔热。它们常用于屋顶、外墙、地面等部位的保温隔热，以提高建筑物的能源效率和舒适度。此外，膨胀珍珠岩还用于制造保温棉、保温板、保温管等建筑材料，以满足不同部位的保温需求。在工业领域，膨胀珍珠岩也用于制造高温绝热材料，如炉膛、烟囱等热工设备的保温隔热，以提高热效率和降低能耗。

5. 环保考虑

膨胀珍珠岩及其制品是一种环保材料。其生产和使用过程中对环境的影响较小，主要体现在减少能源消耗和降低建筑废弃物的产生。此外，膨胀珍珠岩可以回收利用，这有助于减少建筑废弃物的数量，减轻对环境的压力。

在使用膨胀珍珠岩及其制品时，需要注意一些事项。首先，应避免雨水的直接浸泡，因为潮湿会导致保温性能下降。其次，需要防止重物的压迫，以免损坏膨胀珍珠岩材料。最后，膨胀珍珠岩的安装位置应避免阳光直射和风雨侵蚀，以保证其长期的保温效果和耐久性。

总之，膨胀珍珠岩及其制品是一种重要的建筑保温隔热节能材料。它们具有良好的保温隔热性能、耐火性和吸声性能，被广泛应用于建筑行业的各个领域。在设计和施工过程中，应充分考虑膨胀珍珠岩的特性和应用要求，以确保其发挥最佳的保温隔热效果。

（七）泡沫塑料材料

泡沫塑料材料，作为一种常用的建筑保温隔热节能材料，其制作过程和应用特性都体现了它在现代建筑行业中的重要性。

1. 原料

泡沫塑料材料的主要原料是各种塑料，其中最常见的是聚苯乙烯（PS）、聚乙烯（PE）和聚丙烯（PP）。这些塑料具有良好的可塑性和较低的导热系数，使得泡沫塑料材料能够有效地用于保温隔热。此外，还可以根据需要添加其他化学物质来改善材料的性能，如增强剂、稳定剂和发泡剂等。

2. 制作工艺

泡沫塑料材料的制作工艺主要包括熔融塑料的注入、模具冷却、固化成型等步骤。其中，注射成型是一种常见的生产泡沫塑料制品的方法。在这个过程中，熔融的塑料被迅速注入模具中，然后在模具中冷却固化，形成具有许多细小气泡的塑料制品。

3. 性能特点

泡沫塑料材料具有较低的导热系数，这使得它能够有效地阻止热量的传递，具有良好的保温隔热性能。其轻质、耐腐蚀、易于成型等优点也使其在建筑行业中得到了广泛的应用。此外，泡沫塑料材料还具有一定的吸声性能，可以应用于需要降低噪声的环境中。

4. 应用领域

泡沫塑料材料在建筑行业的应用非常广泛。它们常用于屋顶、外墙、地面等部位的保温隔热。此外，泡沫塑料材料还用于制造保温棉、保温板、保温管等建筑材料，以及家具制造和包装材料等领域。

5. 环保考虑

虽然泡沫塑料材料在生产和使用过程中对环境的影响较小，但是需要注意的是，某些泡沫塑料材料不易降解，如果处理不当，可能会造成环境污染。因此，回收和再利用泡沫塑料材料对于环境保护至关重要。

在使用泡沫塑料材料时，需要确保安装牢固，避免板材受损，影响其保温隔热性能。同时，要注意避免重物压迫，以免造成板材破裂。此外，泡沫塑料材料的耐热性有限，因此在高温环境下使用时需要特别注意。

总之，泡沫塑料材料是一种重要的建筑保温隔热节能材料。它具有保温隔热性能好、轻质、耐腐蚀、易于成型等优点，被广泛应用于建筑行业的各个领域。然而，也需要注意到其环保问题，通过回收和再利用来减少对环境的影响。在使用过程中，还需要注意安装和使用的正确性，以确保其长期的保温隔热效果。

（八）外墙内保温板

外墙内保温板，作为建筑保温隔热系统中的一种重要材料，其在提高建筑能源效率和舒适度方面发挥着重要作用。

1. 原料

外墙内保温板的原料通常包括轻质多孔材料，如玻璃纤维、矿棉、聚苯乙烯泡沫（EPS）、聚氨酯泡沫等。这些材料不仅具有良好的保温隔热性能，而且质量轻，便于施工安装。

2. 制作工艺

根据不同的原料，外墙内保温板的制作工艺也有所不同。例如，聚苯乙烯泡沫板是通过注入聚苯乙烯颗粒并在高温高压下成型的。而玻璃纤维板则是通过将玻璃纤维与树脂混合，并在固化过程中形成板状结构。

3. 性能特点

外墙内保温板具有较低的导热系数，这使得它们能够有效地隔绝室内外的温差，减少能源的传输。此外，它们还具有较高的抗压强度、良好的耐火性能和一定的吸声性能，这使得它们在建筑行业中得到广泛应用。

外墙内保温板在新建建筑和既有建筑的节能改造中都有广泛的应用。它们可以用于提高建筑的保温隔热性能，减少冷气、暖气的损失，从而降低能源消耗。此外，它们还可以用于减少建筑结构的噪声传递，提高室内环境的舒适度。

在选择外墙内保温板时，环保性是一个重要的考虑因素。应选择可回收利用、对环境影响小的材料。同时，保温板的施工和维护也应该符合环保要求，如使用环保型胶粘剂、锚固件等。

在安装外墙内保温板时，施工质量至关重要。这包括正确的安装方法、固定件的使用以及接缝的处理等。确保保温板的安装牢固，没有空隙，以保证其保温隔热效果。此外，还需要注意保温板的保护，避免在施工过程中或使用过程中受到损坏。

总之，外墙内保温板是一种重要的建筑保温隔热节能材料。它能够有效提高建筑的保温隔热性能，减少能源消耗，被广泛应用于建筑行业。在选择和使用保温板时，应考虑其原料、制作工艺、性能特点、应用领域、环保考虑和注意事项，以确保其长期的保温隔热效果和建筑的能源效率。

（九）胶粉聚苯颗粒保温系统

胶粉聚苯颗粒保温系统，作为一种常用的建筑保温隔热节能材料，其主要由胶粉和聚苯颗粒组成的混合物，具有优良的保温隔热性能和环保特性。

1. 原料

胶粉聚苯颗粒保温系统的原料主要包括胶粉和聚苯颗粒。胶粉通常由聚乙烯、聚丙烯等合成树脂制成，具有良好的粘结性能和耐久性。聚苯颗粒是一种轻质多孔材料，由聚苯乙烯泡沫颗粒经过特殊处理而成，具有较低的导热系数和良好的保温隔热性能。

2. 制作工艺

胶粉聚苯颗粒保温系统的制作工艺相对简单。首先，将胶粉和聚苯颗粒按一定比例混合，形成一种均匀的保温材料。然后，这种保温材料可以直接用于建筑物的外墙、屋顶等部位。

胶粉聚苯颗粒保温系统作为一种高效的建筑保温隔热解决方案，因其出色的绝热性能和多功能性，在建筑行业中备受推崇。这种系统具备较低的导热系数，有效阻隔室内外温差，降低能量传输，从而显著提高建筑的能源效率。胶粉聚苯颗粒保温系统的高抗压强度和耐火性能，使其成为建筑结构中不可或缺的组成部分。它不仅能够承受结构负荷，还能在火灾情况下提供必要的防火保护。此外，该系统还具备一定的吸声性能，有助于降低噪声污染，提升室内声学环境。柔韧性和耐久性是胶粉聚苯颗粒保温系统的另外两个显著特点。它们能够适应建筑物可能发生的轻微变形和震动，延长建筑的使用寿命，减少维护成本。在新建建筑和既有建筑的节能改造中，胶粉聚苯颗粒保温系统发挥着重要作用。它们不仅提升了建筑的保温隔热性能，还通过降低能源消耗，帮助建筑业主和用户节约能源费用。此外，这种材料在减少建筑结构噪声传递方面也表现出色，为居住者创造了更为舒适的室内环境。环保性是选择胶粉聚苯颗粒保温系统时的重要考量。应优先考虑那些可回收、对环境影响小的材料。在施工和维护过程中，应采用环保型胶粘剂、锚固件等，减少施工过程中的噪声和粉尘，降低对环境的负面影响。随着环保意识的提升和绿色建筑理念的普及，胶粉聚苯颗粒保温系统的应用将更加广泛。这种材料不仅满足当前的节能和环保要求，还具备持续改进和适应未来建筑行业发展需求的潜力。

未来，随着技术的进步，胶粉聚苯颗粒保温系统的性能将得到进一步提升，其环保性和可持续性也将得到加强。这将推动胶粉聚苯颗粒保温系统在建筑行业中的更广泛应用，为实现更高标准的建筑节能和环保目标作出更大的贡献。

3. 环保考虑

在选择胶粉聚苯颗粒保温系统时，环保性是一个重要的考虑因素。应选择可回收利用、对环境影响小的材料。

在施工过程中，应确保胶粉聚苯颗粒保温系统的正确安装和固定。这包括施工方法、胶粘剂的使用、锚固件的安装等。确保保温系统的安装牢固，没有空隙，以保证其保温隔热效果。此外，还需要注意保温系统的保护，避免在施工过程中或使用过程中受到损坏。

总之，胶粉聚苯颗粒保温系统是一种重要的建筑保温隔热节能材料。它具有良好的保温隔热性能、环保性能和适应性，被广泛应用于建筑行业。在选择和使用保温系统时，应考虑其原料、制作工艺、性能特点、应用领域、环保考虑和注意事项，以确保其长期的保温隔热效果。

（十）EPS 颗粒保温浆料保温系统

EPS 颗粒保温浆料保温系统，作为一种常用的建筑保温隔热节能材料，是由 EPS 泡沫颗粒与专用胶凝材料和水混合而成的浆料组成，具有优良的保温隔热性能和环保特性。

1. 原料

EPS 颗粒保温浆料保温系统的核心原料是 EPS 泡沫颗粒，这些颗粒是由聚苯乙烯制成的，具有多孔结构和高保温性能。另外，还包括专用胶凝材料（如水泥、石灰等）、水，以及可能的添加剂（如稳泡剂、防冻剂等），以提高保温浆料的性能和施工适用性。

2. 制作工艺

EPS 颗粒保温浆料保温系统的制作工艺相对简单，将 EPS 泡沫颗粒、专用胶凝材料和水按一定比例混合，通过机械搅拌形成均匀的保温浆料。这种浆料可以直接用于建筑物的外墙、屋顶等部位的保温隔热。

3. 性能特点

EPS 颗粒保温浆料保温系统具有较低的导热系数，这使得它能够有效地隔绝室内外的温差，减少能源的传输。

4. 应用领域

EPS 颗粒保温浆料保温系统在新建建筑和既有建筑的节能改造中都有广泛的应用。

在施工过程中，应确保 EPS 颗粒保温浆料保温系统的正确安装和固定。确保保温系统的安装牢固，没有空隙，以保证其保温隔热效果。EPS 颗粒保温浆料保温系统是一种重要的建筑保温隔热节能材料。它具有良好的保温隔热性能、环保性能和适应性，被广泛应用于建筑行业。在选择和使用保温系统时，应考虑其原料、制作工艺、性能特点、应用领域、环保考虑和注意事项，以确保其长期的保温隔热效果。

（十一）膨胀聚苯板薄抹灰外墙外保温系统

膨胀聚苯板薄抹灰外墙外保温系统，作为建筑保温隔热系统中的一种重要材料，以其优良的保温隔热性能和环保特性在建筑行业中得到了广泛应用。

1. 原料

膨胀聚苯板薄抹灰外墙外保温系统的核心原料是膨胀聚苯板（EPS 板），它是由聚苯乙烯泡沫塑料制成的，具有轻质、高效、保温、隔热性能。薄抹灰层通常由水泥、砂、水和可能的添加剂（如抗裂纤维、防水剂等）组成，这些添加剂能够提高抹灰层的性能，增强系统的整体稳定性。

2. 制作工艺

膨胀聚苯板的制作工艺涉及将聚苯乙烯颗粒加热至熔融状态，然后迅速注入模具并进行冷却固化，形成具有闭孔结构的泡沫板。这一过程需要精确控制温度和压力，以确保EPS板的质量。薄抹灰层则是通过将水泥、砂和其他添加剂混合成浆料，然后在EPS板表面均匀涂抹，并经过一定时间的养护固化。

3. 性能特点

膨胀聚苯板薄抹灰外墙外保温系统具有较低的导热系数，能够有效隔绝室内外温差，减少能源的传输。EPS板的闭孔结构提供了良好的抗压强度和耐久性，而薄抹灰层则增加了系统的耐候性和抗风化能力，提高了整个保温系统的稳定性。

4. 应用领域

这种保温系统广泛应用于新建建筑的外墙保温及既有建筑的节能改造。它有助于提高建筑的保温隔热性能，减少冷暖气的损失，从而降低能源消耗，提高室内环境的舒适度。

5. 环保考虑

在选择膨胀聚苯板薄抹灰外墙外保温系统时，环保性是一个重要的考虑因素。同时，保温系统的施工和维护也应该符合环保要求，如使用环保型胶粘剂、锚固件等。此外，施工过程中应尽量减少对环境的影响，如减少噪声、粉尘的产生。

在施工过程中，应确保膨胀聚苯板薄抹灰外墙外保温系统的正确安装和固定。这包括EPS板的平整、锚固件的使用，以及薄抹灰层的均匀涂抹和养护，确保保温系统的安装牢固，没有空隙，以保证其保温隔热效果。此外，还需要注意保温系统的保护，避免在施工或使用过程中受到损坏。

总之，膨胀聚苯板薄抹灰外墙外保温系统是一种重要的建筑保温隔热节能材料。它具有良好的保温隔热性能、耐久性和环保性能，被广泛应用于建筑行业。在选择和使用保温系统时，应考虑其原料、制作工艺、性能特点、应用领域、环保考虑和注意事项。

第十三节 建筑保温隔热节能技术发展

（一）国内外保温隔热材料技术

1. 国外保温隔热材料技术发展

（1）新型绝热材料

国外在新型绝热材料的研究方面领先，如气凝胶、纳米材料和相变材料。这些材料具有优异的保温隔热性能，同时具有较小的环境负荷。例如，气凝胶是一种轻质多孔材料，具有极低的导热系数，广泛应用于航空航天、建筑保温等领域。纳米材料和相变材料也因其独特的性能而在保温隔热领域展现出巨大的潜力。

（2）高性能泡沫塑料

高性能泡沫塑料，如聚氨酯泡沫、聚苯乙烯泡沫（EPS、XPS）等，在国外得到了广泛应用。这些材料轻质、高效，且具有良好的耐久性和抗压强度。聚氨酯泡沫具有较高的抗压强度和耐化学性，而聚苯乙烯泡沫则因其较低的导热系数和良好的抗压性能而受到青睐。

(3) 纤维保温材料

纤维保温材料如玻璃纤维、岩棉、矿棉等，在国外保温隔热材料中占有重要地位。这些材料具有较高的保温隔热性能，同时具有良好的防火性能。岩棉和矿棉因其天然来源和环保性质而受到重视，且其生产过程逐渐向绿色化发展。

(4) 复合保温材料

复合保温材料技术在国外得到了不断创新和应用。通过将不同类型的保温材料进行复合，可以提高保温隔热性能，并适应不同的应用场景。例如，将高性能泡沫塑料与纤维保温材料复合，可以制成具有优异保温隔热性能和良好机械强度的复合材料。

2. 我国保温隔热材料技术进展

(1) 新型绝热材料研发

我国在新型绝热材料研发方面取得了显著进展。气凝胶、纳米材料、相变材料等研究逐渐深入，国产化进程不断加快。这些新型材料在保温隔热性能和环保性方面具有明显优势，有望在建筑行业得到广泛应用。

(2) 高性能泡沫塑料技术

我国在高性能泡沫塑料技术方面也取得了较大突破。聚氨酯泡沫、聚苯乙烯泡沫（EPS、XPS）等材料的生产技术不断提高，质量逐渐接近国际水平。这些材料在国内建筑保温领域得到了广泛应用，并仍有很大的发展潜力。

(3) 绿色环保保温材料

我国对绿色环保保温材料的研究和应用也非常重视。岩棉、矿棉等纤维保温材料的生产过程逐渐绿色化，符合国家环保要求。这些材料在防火、保温隔热方面具有优良性能，是国内建筑保温隔热材料的重要组成部分。

(4) 保温材料复合技术

国内企业在复合保温材料领域进行技术创新，研发出适应不同气候和环境条件的保温材料。这些复合材料结合了多种保温材料的优点，提高了保温隔热性能，拓宽了应用范围。

未来，保温隔热材料技术将更加注重环保、节能和可持续发展，以满足建筑行业的需求。新型绝热材料的研究将不断深入，高性能泡沫塑料和纤维保温材料的应用将更加广泛，复合保温材料技术将继续创新，以适应建筑行业的多样化需求。此外，保温隔热材料的智能化、自动化生产是未来发展的一个重要方向。

（二）新型墙体材料节能技术

1. 轻质高强材料

新型墙体材料常常采用轻质高强的材料，如加气混凝土、空心砖等。这些材料不仅减轻了墙体质量，提高了施工效率，而且具有良好的保温隔热性能。加气混凝土因其轻质、高强和良好的保温性能，已在国内外得到了广泛应用。

2. 复合材料

复合材料技术是将不同性质的材料复合在一起，以获得更好的保温隔热性能和机械强度。例如，将保温材料与混凝土、砂浆等结合，形成复合墙体。这种复合材料既具备了保温隔热的功能，又具有足够的机械强度，适用于各种建筑结构。

3. 相变材料（PCM）

相变材料能够在固态和液态之间转换，吸收或释放大量的热量而温度基本保持不变。将相变材料应用于墙体材料中，可以实现建筑内部温度的调节，从而减少空调和暖气的使用，提高能源利用效率。

4. 纳米材料

纳米技术在建筑材料中的应用，如纳米氧化物、纳米纤维等，可以显著改善材料的保温隔热性能。纳米材料因其独特的尺寸效应和表面效应，能够提高材料的热导率和保温隔热性能。

5. 绿色环保材料

新型墙体材料更加注重环保和可持续发展。例如，利用工业废渣、农业废弃物等资源生产的墙体材料，既减少了环境污染，又提高了资源利用率。这些绿色环保材料符合当代建筑行业的发展趋势。

6. 智能墙体材料

智能墙体材料通过集成物联网技术，可以远程监控和调节建筑内部的温度、湿度和空气质量。这种智能墙体材料实现了与建筑的智能化集成，为用户提供更加舒适的室内环境。

7. 结构一体化

新型墙体材料往往与建筑结构一体化设计。这种一体化设计使墙体不仅承担建筑结构的作用，还具备保温隔热的功能，减少材料的使用量和施工复杂度，提高了建筑的整体性能。

8. 发展趋势

随着科技进步和创新的加速，新型墙体材料节能技术正成为推动建筑行业可持续发展的关键力量。这些材料以其卓越的环保性、节能性和智能化特点，正逐步改变建筑行业的面貌。

新型墙体材料通过采用先进的制造工艺和创新技术，实现了更低的导热系数和更高的绝热效能。这不仅显著降低了建筑的能源消耗，还提升了居住者的舒适度。例如，使用气凝胶、真空绝热板、纳米孔绝热材料等，这些材料在保持轻质、薄型的同时，提供了前所未有的绝热性能。

智能化是新型墙体材料的另一大发展趋势。集成了智能传感器和控制系统的墙体材料能够实时监测室内外环境变化，自动调节室内温度和湿度，甚至能够根据居住者的生活习惯进行个性化设置。这种智能化的墙体系统不仅提高了建筑的能效，还为居住者提供了更加健康、便捷的生活环境。

环保性是新型墙体材料的另一个重要特点。许多新型墙体材料采用了可回收或生物降解的材料，减少了建筑废弃物对环境的影响。同时，这些材料的生产过程中也更加注重节能减排，符合绿色建筑和可持续发展的要求。

新型墙体材料的应用范围也在不断扩大。从传统的住宅建筑到商业建筑、工业建筑，再到绿色建筑和被动式建筑，新型墙体材料都能提供相应的解决方案，帮助建筑业主实现建筑能效的提升。

总之，新型墙体材料节能技术在建筑行业中具有举足轻重的地位。它不仅提高了建筑的能源效率，减少了建筑能耗，还提升了建筑的功能性、舒适性和环保性。随着科技的不断进步和创新，新型墙体材料节能技术将不断发展，为建筑行业带来更多的可能性，推动建筑行业向更高效、更环保、更智能的方向发展。未来，新型墙体材料将与智能建筑、绿色建筑和可持续发展理念深度融合，为创造更加美好的居住环境和推动社会进步发挥更大的作用。

第四章
绿色建筑防水材料

第一节 绿色建筑防水材料概述

（一）绿色防水材料的特点

绿色防水材料是近年来在建筑行业中越来越受到重视的一类材料。它们是指在生产、使用和处置过程中对环境友好、对人体健康无害的防水材料。与传统的防水材料相比，绿色防水材料具有以下几个显著的特点。

1. 环保性

绿色防水材料在生产过程中，尽量使用来源于可再生资源的原料和添加剂，以减少对环境的污染。同时，它们还尽量减少挥发性有机化合物（VOCs）的排放，以降低对大气环境的污染。

2. 可持续性

绿色防水材料的设计和生产过程充分考虑了资源的长期可持续性。它们使用可回收或可降解的材料，以减少对环境的影响。同时，还提高了材料的耐用性，从而减少长期的环境影响。

3. 高效性

绿色防水材料通常具有更好的防水性能，包括较高的抗水渗透能力、良好的粘结性和耐久性。这使得它们在施工中可以减少材料的使用量和施工次数，从而降低成本。

4. 安全性

绿色防水材料在使用过程中对人体健康无害。它们不释放有害物质，如不含有毒溶剂、重金属或其他有害添加剂。这保证了施工人员和使用者的人身安全。

绿色防水材料还具有经济性。虽然它们在初期可能成本较高，但因其良好的性能和长期的耐用性，可以降低长期的维护成本，实现整体经济效益。

绿色防水材料能够适应各种气候条件和环境因素，如耐高温、耐低温、抗紫外线等，保证其在不同地区的适用性。在施工方面，这些材料具有良好的施工性能，包括易于混合、施工方便、干燥快等，以提高施工效率和质量。最后，绿色防水材料还鼓励回收和再利用，以减少建筑废物对环境的影响。总的来说，绿色防水材料在满足传统防水功能的同时，更加注重环境保护和可持续发展。它们是未来建筑行业发展的必然趋势。随着人们环保意识的提高和技术的进步，绿色防水材料将会得到更广泛的应用。在实际应用中，绿色防水材料已经取得了一些显著的成就。例如，有的绿色防水材料已经成功应用于防水涂料、防水卷材、防水混凝土等领域，取得了良好的效果。同时，随着研究的深入和技术的不断创新，绿色防水材料有望在未来取得更大的突破。

需要注意的是，虽然绿色防水材料具有许多优点，但在实际应用中也需要注意一些问题。

（二）绿色防水材料的分类

绿色防水材料是绿色建筑领域的关键组成部分，它们对于推动建筑行业的可持续发展具有重要意义。在绿色防水材料的大家庭中，主要包括以下几类。

1. 绿色防水卷材

这类材料以天然植物纤维和高分子材料为主要原料。植物纤维防水卷材，如稻草纤维、竹纤维等，通过特殊处理和加工，不仅具有良好的环保性，还能够有效防止水分的渗透。高分子防水卷材，如聚乙烯（PE）、聚氯乙烯（PVC）等，具有优异的防水性能和耐久性。

2. 绿色防水涂料

这类材料包括水性防水涂料和乳液型防水涂料。水性防水涂料以水为溶剂，相比传统的有机溶剂型涂料，大幅减少了挥发性有机化合物（VOCs）的排放，对环境和人体健康更加友好。乳液型防水涂料则具有良好的成膜性，能够形成坚韧的防水层，同时具有较好的环保性。

3. 绿色防水剂

这类材料包括聚合物防水剂和硅酸盐防水剂等。聚合物防水剂能够提高材料的防水性能，同时具有良好的环保性。硅酸盐防水剂通过化学反应生成防水膜，且对建筑物原有的结构和性能影响较小。

4. 绿色防水隔离层

这类材料包括聚合物隔离层和膨润土防水隔离层等。聚合物隔离层具有良好的隔离性能和环保性，能够有效防止水分和有害物质的渗透。膨润土防水隔离层则利用膨润土的天然防水性能，形成有效的防水隔离层，同时膨润土是一种可持续资源，对环境影响较小。

绿色防水材料在生产过程中，不仅注重原料的选择，还关注生产过程中的能源利用和废弃物处理。例如，生产绿色防水卷材时，会尽量采用可再生能源，如太阳能、风能等，减少化石能源的使用。在生产结束后，绿色防水材料的废弃物也应易于回收和处理，不会对环境造成长期污染。

在施工应用方面，绿色防水材料通常具有较好的施工性能，如易于混合、施工方便、干燥快等，这不仅提高了施工效率，也减少了施工过程中的能源消耗和废弃物产生。

随着人们环保意识的提高和绿色建筑的推广，绿色防水材料在建筑行业中的应用越来越广泛。它们不仅能够满足建筑物的防水需求，还能够减少对环境的负面影响，促进建筑行业的可持续发展。

第二节　常用绿色建筑防水卷材

（一）SBS 改性沥青防水卷材

SBS 改性沥青防水卷材是一种将传统的沥青防水材料与合成橡胶（如苯乙烯-丁二烯-苯乙烯，SBS）相结合的新型绿色建筑防水材料。这种材料不仅继承了沥青防水材料的防水性能，还通过引入合成橡胶，提高了材料的弹性和耐久性，同时也增强了其对温差变化的适应性。以下是 SBS 改性沥青防水卷材的一些特点和应用。

1. 特点

（1）良好的弹性

SBS 改性沥青防水卷材能够在温度变化时保持良好的弹性，适应建筑结构的微小变形。这使得它在面对温度波动和建筑结构变化时，仍能保持良好的防水效果。

（2）耐候性

SBS 改性沥青防水卷材能够抵抗紫外线和臭氧的侵蚀，适用于各种气候条件，无论是烈日炎炎还是寒风刺骨，SBS 改性沥青防水卷材都能保持其防水功能。

（3）耐低温性

在低温环境下，SBS 改性沥青防水卷材仍能保持良好的施工性能和防水效果。这使得它能够在寒冷地区的建筑中发挥良好的防水作用。

（4）耐高温性

在高温环境下，卷材不会软化，能够保持其防水功能。这使得它适用于高温地区的建筑防水。

（5）耐化学性

SBS 改性沥青防水卷材对油脂、酸碱等化学物质具有一定的抵抗能力，能够在化学腐蚀较为严重的环境中保持其防水性能。

（6）环保性

相比传统的石油沥青防水卷材，SBS 改性沥青防水卷材在生产过程中减少了有害物质的排放，更加环保。这使得它在绿色建筑中得到了广泛的应用。

2. 应用

（1）屋顶防水

SBS 改性沥青防水卷材适用于各种建筑屋顶的防水处理，包括平面屋顶和斜屋顶。无论是新建建筑还是旧建筑的翻新，SBS 改性沥青防水卷材都能提供良好的防水效果。

（2）地下工程

SBS 改性沥青防水卷材适用于地下室、隧道、地铁等地下建筑的防水层。在这些环境中，SBS 改性沥青防水卷材能够抵抗地下水压力和各种化学物质的侵蚀，保证建筑的防水性能。

（3）道路和桥梁

SBS 改性沥青防水卷材适用于道路、桥梁的基础和侧面防水。在道路和桥梁的建设中，SBS 改性沥青防水卷材能够承受车辆和行人的重量，同时防止水的渗透。

(4) 工业建筑

SBS 改性沥青防水卷材适用于各种工业建筑的防水需求，如车间、仓库等。在工业建筑中，SBS 改性沥青防水卷材能够应对各种复杂的工业环境，保证建筑的防水性能。

(5) 防水涂料

SBS 改性沥青防水卷材还可以用于生产防水涂料，用于建筑物的内外墙、地面等部位的防水处理。

(二) APP 改性沥青防水卷材

APP 改性沥青防水卷材是一种以聚酯毡等增强材料为基材，表面涂覆 APP 改性沥青的防水材料。这种卷材结合了传统沥青防水材料的耐久性和 APP 改性剂的高温稳定性，使其在绿色建筑中成为一种常用的防水材料。

1. 特点

(1) 高温稳定性

APP 改性剂使得卷材在高温环境下具有更好的稳定性和耐久性，能够抵抗热老化。这使得 APP 改性沥青防水卷材适用于高温地区的建筑防水。

(2) 耐紫外线

APP 改性沥青防水卷材具有良好的耐紫外线性能，适合户外使用，特别是在阳光强烈的地区。这使得 APP 改性沥青防水卷材能够抵抗紫外线的侵蚀，保持其防水性能。

(3) 粘结强度高

APP 改性沥青防水卷材与基层材料有较好的粘结性能，能够形成稳定的防水层。这使得 APP 改性沥青防水卷材能够在不同的基层上施工，并保持良好的防水效果。

(4) 耐化学性

APP 改性沥青防水卷材对多种化学物质具有一定的抵抗能力，适用于化学环境较为复杂的地方。这使得 APP 改性沥青防水卷材能够在化学腐蚀较为严重的环境中保持其防水性能。

(5) 施工方便

APP 改性沥青防水卷材具有良好的施工性能，可以通过热熔、冷粘等多种方式进行施工。这使得 APP 改性沥青防水卷材的施工过程更加简便，提高了施工效率。

2. 应用

(1) 屋顶防水

APP 改性沥青防水卷材适用于各种建筑屋顶的防水处理。无论是新建建筑还是旧建筑的翻新，APP 改性沥青防水卷材都能提供良好的防水效果。

(2) 地下工程

APP 改性沥青防水卷材用于地下室、隧道、地铁等地下建筑的防水层。在这些环境中，APP 改性沥青防水卷材能够抵抗地下水压力和各种化学物质的侵蚀，保证建筑的防水性能。

(3) 道路和桥梁

APP 改性沥青防水卷材适用于道路、桥梁的基础和侧面防水。在道路和桥梁的建设中，APP 改性沥青防水卷材能够承受车辆和行人的重量，同时防止水的渗透。

（4）工业建筑

APP 改性沥青防水卷材适用于各种工业建筑的防水处理。在工业建筑中，APP 改性沥青防水卷材能够应对各种复杂的工业环境，保证建筑的防水性能。

（5）游泳池和水利工程

APP 改性沥青防水卷材适用于游泳池、水池、水库等水利工程的防水。APP 改性沥青防水卷材能够抵抗水的侵蚀，保证水利工程的安全性和耐久性。

随着科技的不断进步，APP 改性沥青防水卷材的性能和应用范围还在进一步拓展。例如，通过引入纳米材料、生物基材料等新型原料，可以进一步改善 APP 改性沥青防水卷材的性能，使其在更广泛的领域发挥作用。此外，APP 改性沥青防水卷材的生产工艺也在不断优化，以提高其环保性和经济效益。

总之，APP 改性沥青防水卷材以其出色的耐高温性能和良好的环保特性，在绿色建筑中得到了广泛的应用。随着绿色建筑的推广和环保意识的增强，APP 改性沥青防水卷材在未来的市场需求中将继续保持重要地位。随着科技的不断进步和市场需求的变化，相信 APP 改性沥青防水卷材的应用将更加广泛，为绿色建筑的发展作出更大的贡献。

（三）聚氯乙烯（PVC）防水卷材

聚氯乙烯（PVC）防水卷材是一种以聚氯乙烯树脂为基料，加入适量的改性剂、填料和助剂经混炼、压延或挤出工艺制成的防水材料。这种卷材因其良好的防水性能、耐化学性和耐候性，在绿色建筑中得到了广泛的应用。以下是 PVC 防水卷材的一些特点和应用。

1. 特点

（1）防水性能

PVC 防水卷材具有优异的防水性能，能够有效防止水分渗透。其独特的化学结构和物理性质使其成为防水材料的首选。

（2）耐化学性

PVC 防水卷材对酸碱、盐类、油脂等化学物质具有一定的抵抗能力，适用于化学环境较为复杂的地方。这保证了其在不同环境下的稳定性。

（3）耐候性

PVC 防水卷材能够抵抗紫外线和臭氧的侵蚀，适用于各种气候条件。无论是烈日炎炎还是寒风刺骨，它都能保持其防水效果。

（4）耐温性

PVC 防水卷材在一定温度范围内具有良好的稳定性，不会因温差变化而影响防水效果。这使得它能够适应不同地区的气候条件。

（5）施工方便

PVC 防水卷材具有良好的施工性能，可以通过热熔、冷粘等多种方式进行施工。这使得它在实际应用中更加便捷。

（6）环保性

随着环保意识的增强，PVC 防水卷材的生产过程越来越注重环保型原材料的使用，减少了对环境的污染。这使得它在绿色建筑中更具吸引力。

2. 应用

（1）屋顶防水

PVC 防水卷材广泛应用于各种建筑屋顶的防水处理，包括平面和斜屋顶。它能够有效防止屋顶漏水，延长建筑的使用寿命。

（2）地下工程

PVC 防水卷材用于地下室、隧道、地铁等地下建筑的防水层。在这些环境中，它能够抵抗地下水压力和各种化学物质的侵蚀。

（3）道路和桥梁

PVC 防水卷材用于道路、桥梁的基础和侧面防水。它能够承受车辆和行人的重量，同时防止水的渗透。

（4）工业建筑

PVC 防水卷材适用于各种工业建筑的防水需求，如车间、仓库等。在工业建筑中，它能够应对各种复杂的工业环境，保证建筑的防水性能。

（5）游泳池和水利工程

PVC 防水卷材适用于游泳池、水池、水库等水利工程的防水。它能够抵抗水的侵蚀，保证水利工程的安全性和耐久性。

然而，需要注意的是，PVC 材料在生产过程中可能会释放出有害物质，如塑化剂等。这些物质对人体健康和环境可能造成负面影响。因此，在选择和使用 PVC 防水卷材时，应尽量选择符合环保标准的产品，以确保建筑环境的绿色和安全。

（四）三元乙丙橡胶防水卷材

三元乙丙橡胶（EPDM）防水卷材是一种高性能的绿色建筑防水材料，由三元乙丙橡胶（EPDM）颗粒制成，通常加入适量的炭黑、抗臭氧剂、抗老化剂等助剂以提高其物理和化学性能。这种卷材因其独特的化学结构和优异的性能，在绿色建筑中得到了广泛的应用。

1. 特点

（1）优异的防水性能

EPDM 防水卷材具有极高的不透水性，能够有效防止水分渗透。这使得 EPDM 防水卷材成为建筑防水的重要选择。

（2）耐候性

EPDM 防水卷材能够抵抗紫外线和臭氧的侵蚀，适用于各种气候条件，特别是在阳光强烈的地区。这使得它在户外建筑中具有很强的适用性。

（3）耐化学性

EPDM 防水卷材对酸碱、盐类、油脂等化学物质具有很好的抵抗能力，适用于化学环境较为复杂的地方。这保证了它在不同环境下的稳定性。

（4）耐温性

EPDM 防水卷材在宽温度范围内保持良好的稳定性，不会因温差变化而影响防水效果。这使得它能够适应不同地区的气候条件。

（5）耐久性

EPDM防水卷材具有极长的使用寿命，能够承受长期的阳光照射和气候变化。这使得它在建筑防水中具有较高的经济性和可持续性。

（6）施工方便

EPDM防水卷材具有良好的施工性能，可以通过热粘、冷粘等多种方式进行施工。这使得它在实际应用中更加便捷。

2. 应用

（1）屋顶防水

EPDM防水卷材广泛应用于各种建筑屋顶的防水处理，包括平面和斜屋顶。它能够有效防止屋顶漏水，延长建筑的使用寿命。

（2）地下工程

EPDM防水卷材用于地下室、隧道、地铁等地下建筑的防水层。在这些环境中，它能够抵抗地下水压力和各种化学物质的侵蚀。

（3）道路和桥梁

EPDM防水卷材用于道路、桥梁的基础和侧面防水。它能够承受车辆和行人的重量，同时防止水的渗透。

（4）工业建筑

EPDM防水卷材适用于各种工业建筑的防水需求，如车间、仓库等。在工业建筑中，它能够应对各种复杂的工业环境，保证建筑的防水性能。

（5）游泳池和水利工程

EPDM防水卷材适用于游泳池、水池、水库等水利工程的防水。它能够抵抗水的侵蚀，保证水利工程的安全性和耐久性。

随着绿色建筑的推广和环保意识的增强，EPDM防水卷材在未来的市场需求中将继续保持重要地位。随着科技的不断进步和市场需求的变化，相信EPDM防水卷材的应用将更加广泛，为绿色建筑的发展作出更大的贡献。

（五）自粘聚合物改性沥青防水卷材

自粘聚合物改性沥青防水卷材是一种新型的绿色建筑防水材料，它将改性沥青与自粘性聚合物相结合，形成了一种既有沥青的耐久性、又有聚合物自粘性的防水卷材。这种卷材通过特殊的生产工艺，使聚合物颗粒均匀分散在沥青中，从而赋予了材料独特的性能。

1. 特点

（1）自粘性

自粘聚合物改性沥青防水卷材的两侧表面涂有自粘性聚合物，可以直接粘贴在基层上，无须额外的热熔或机械固定。这大大简化了施工流程，提高了施工效率。

（2）良好的防水性能

自粘聚合物改性沥青防水卷材提供了优异的防水效果，能够有效阻止水分的渗透。这使得自粘聚合物改性沥青防水卷材成为建筑防水的重要选择。

（3）耐候性

自粘聚合物改性沥青防水卷材能够抵抗紫外线和臭氧的侵蚀，适用于各种气候条件。无论是烈日炎炎还是寒风刺骨，它都能保持其防水效果。

（4）耐化学性

自粘聚合物改性沥青防水卷材对酸碱、盐类、油脂等化学物质具有一定的抵抗能力。这保证了它在不同环境下的稳定性。

（5）施工方便

由于自粘聚合物改性沥青防水卷材具有自粘性，施工速度快，减少了施工过程中的劳动强度和时间成本。这使得它在实际应用中更加便捷。

（6）环保性

在生产过程中，注重环保型原材料的使用，减少了对环境的污染。这使得它在绿色建筑中更具吸引力。

2. 应用

（1）屋顶防水

自粘聚合物改性沥青防水卷材广泛应用于各种建筑屋顶的防水处理，包括平面和斜屋顶。它能够有效防止屋顶漏水，延长建筑的使用寿命。

（2）地下工程

自粘聚合物改性沥青防水卷材用于地下室、隧道、地铁等地下建筑的防水层。在这些环境中，它能够抵抗地下水压力和各种化学物质的侵蚀。

（3）道路和桥梁

自粘聚合物改性沥青防水卷材用于道路、桥梁的基础和侧面防水。它能够承受车辆和行人的重量，同时防止水的渗透。

（4）工业建筑

自粘聚合物改性沥青防水卷材适用于各种工业建筑的防水需求，如车间、仓库等。在工业建筑中，它能够应对各种复杂的工业环境，保证建筑的防水性能。

（5）游泳池和水利工程

自粘聚合物改性沥青防水卷材适用于游泳池、水池、水库等水利工程的防水。它能够抵抗水的侵蚀，保证水利工程的安全性和耐久性。

（六）铝箔面石油沥青防水卷材

铝箔面石油沥青防水卷材是一种将铝箔与石油沥青防水卷材相结合的复合防水材料，这种卷材通常由石油沥青基材和铝箔层双面涂覆而成，具有良好的防水、隔热和抗紫外线性能，适用于绿色建筑中的多种防水需求。

1. 特点

（1）优异的防水性能

由于铝箔层能够有效阻止水分渗透，而石油沥青基材则提供了持久的粘结性和防水效果，这种双重保护使得铝箔面石油沥青防水卷材在防水领域具有较高的可靠性。

（2）良好的隔热性能

铝箔具有反射热量的特性，可以降低建筑物的能耗，提高隔热效果，这对于节能减排的绿色建筑来说具有重要意义。

（3）抗紫外线性能

铝箔层能够抵抗紫外线的侵蚀，延长卷材的使用寿命，这使得铝箔面石油沥青防水卷材在户外建筑中具有更好的耐久性。

（4）耐温性

适应较大的温度变化，不会因温差大而影响防水效果，这使得铝箔面石油沥青防水卷材能够适应不同地区的气候条件。

（5）施工方便

铝箔面石油沥青防水卷材可以采用热粘、冷粘等多种施工方式，灵活性较高。这使得施工过程更加简便，提高了施工效率。

2. 应用

（1）屋顶防水

铝箔面石油沥青防水卷材适用于各种建筑屋顶的防水处理，尤其是需要隔热的屋顶。铝箔面石油沥青防水卷材既能提供长期的防水保护，又能有效降低屋顶的能耗。

（2）地下工程

铝箔面石油沥青防水卷材适用于地下室、隧道、地铁等地下建筑的防水层，同时具有隔潮功能。这有助于提高地下工程的耐久性和舒适性。

（3）工业建筑

铝箔面石油沥青防水卷材适用于各种工业建筑的防水处理，如车间、仓库等，特别是在高温或强烈日晒的环境中。铝箔面石油沥青防水卷材能够有效抵抗恶劣环境对建筑的侵蚀。

（4）墙体防水

铝箔面石油沥青防水卷材可用于墙体的防水和隔热层，提高建筑物的整体性能。这有助于实现建筑物的节能减排目标。

随着绿色建筑的推广和环保意识的增强，铝箔面石油沥青防水卷材在未来的市场需求中将继续保持重要地位。随着科技的不断进步和市场需求的变化，相信铝箔面石油沥青防水卷材的应用将更加广泛，为绿色建筑的发展作出更大的贡献。

（七）热塑性聚烯烃防水卷材

热塑性聚烯烃（TPO）防水卷材是一种高性能的绿色建筑防水材料，由热塑性聚烯烃树脂制成，通常包括聚乙烯（PE）或聚丙烯（PP）等材料。这种卷材具有热塑性，意味着它们可以在加热的情况下重新塑化，这为施工和修复提供了便利。

1. 特点

（1）优异的防水性能

TPO防水卷材具有极高的不透水性，能够有效防止水分渗透。这使得TPO防水卷材成为建筑防水的重要选择。

（2）耐候性

TPO防水卷材能够抵抗紫外线和臭氧的侵蚀，适用于各种气候条件，特别是在阳光强烈的地区，这使得TPO防水卷材在户外建筑中具有更好的耐久性。

（3）耐化学性

TPO防水卷材对酸碱、盐类、油脂等化学物质具有一定的抵抗能力。这保证了TPO防水卷材在不同环境下的稳定性。

(4) 耐温性

TPO 防水卷材在宽温度范围内保持良好的稳定性，不会因温差变化而影响防水效果。这使得 TPO 防水卷材能够适应不同地区的气候条件。

(5) 施工方便

TPO 防水卷材具有良好的施工性能，可以通过热粘、冷粘等多种方式进行施工。这使得 TPO 防水卷材的施工过程更加简便，提高了施工效率。

(6) 环保性

TPO 防水卷材可以回收利用，对环境影响较小。这使得 TPO 防水卷材在绿色建筑中更具吸引力。

2. 应用

(1) 屋顶防水

TPO 防水卷材适用于各种建筑屋顶的防水处理，包括平屋顶和斜屋顶。TPO 防水卷材既能提供长期的防水保护，又能有效降低屋顶的能耗。

(2) 地下工程

TPO 防水卷材适用于地下室、隧道、地铁等地下建筑的防水层。TPO 防水卷材能够有效抵抗地下水压力和各种化学物质的侵蚀。

(3) 道路和桥梁

TPO 防水卷材适用于道路、桥梁的基础和侧面防水。TPO 防水卷材能够承受车辆和行人的重量，同时防止水的渗透。

(4) 工业建筑

TPO 防水卷材适用于各种工业建筑的防水处理，如车间、仓库等。在工业建筑中，TPO 防水卷材能够应对各种复杂的工业环境，保证建筑的防水性能。

(5) 游泳池和水利工程

TPO 防水卷材可用于游泳池、水池、水库等水利工程的防水。TPO 防水卷材能够抵抗水的侵蚀，保证水利工程的安全性和耐久性。

随着绿色建筑的推广和环保意识的增强，TPO 防水卷材在未来的市场需求中将继续保持重要地位。随着科技的不断进步和市场需求的变化，相信 TPO 防水卷材的应用将更加广泛，为绿色建筑的发展作出更大的贡献。

（八）承载防水卷材

承载防水卷材是一种特殊类型的防水材料，它不仅具有防水功能，还能承受一定的结构负荷。这种卷材通常用于那些需要同时进行防水和结构承载的场景，如地下室、屋顶花园、车间等。

1. 特点

(1) 结构承载能力

承载防水卷材与传统防水材料相比，能够承受一定的结构负荷，如人行交通或轻型建筑组件。这使得它在需要同时进行防水和结构承载的场合中成为理想的选择。

(2) 防水性能

除了防水功能外，承载防水卷材还具有较好的耐水压性能，确保长期防水效果。这保证了它在承受负荷的同时,能够有效防止水分的渗透。

(3) 机械强度

承载防水卷材具有较高的抗拉强度和抗剪强度,能够适应结构的变形而不易破裂。这使得承载防水卷材能够承受各种外界压力和振动,保持结构的稳定性。

(4) 耐久性

承载防水卷材能够在恶劣的环境中保持稳定的性能,具有较长的使用寿命。这保证了承载防水卷材能够长期承受负荷和防水,减少了对频繁维修和更换的需求。

(5) 施工方便

承载防水卷材通常具有良好的施工性能,可以快速铺贴在结构上,并与之形成稳定的结合。这使得施工过程更加简便和高效,节省了时间和成本。

2. 应用

(1) 地下工程

承载防水卷材可用于地下室顶板、侧墙等部位,既能防水又能承受一定负荷。这有助于提高地下空间的利用效率和安全性。

(2) 屋顶花园

在屋顶上建造花园时,需要材料既能防水又能承受植物和人的质量。承载防水卷材能够满足这些要求,同时提供良好的景观效果。

(3) 工业建筑

在车间等工业建筑中,承载防水卷材用于防水和承受设备、货架等重量。这有助于提高工业建筑的耐用性和功能性。

(4) 改造工程

在旧建筑的翻新或改造中,承载防水卷材用于提升结构的承载能力和防水性能。这有助于延长建筑的使用寿命,并提高其整体性能。

承载防水卷材因其独特的结构和防水性能,在绿色建筑中得到了广泛的应用。

(九)改性沥青聚乙烯胎防水卷材

改性沥青聚乙烯胎防水卷材是一种结合了改性沥青和聚乙烯胎基的复合防水材料,这种卷材通常将改性沥青涂覆在聚乙烯胎基上,形成了既有沥青的耐久性和防水性能,又有聚乙烯的良好机械强度和耐化学性的特点。

1. 特点

(1) 优异的防水性能

改性沥青提供了良好的防水效果,能够有效阻止水分的渗透。这使得改性沥青聚乙烯胎防水卷材成为建筑防水的重要选择。

(2) 耐候性和耐化学性

聚乙烯胎基具有良好的耐候性和耐化学性,能够抵抗紫外线和多种化学物质的侵蚀。这保证了改性沥青聚乙烯胎防水卷材在不同环境下的稳定性。

(3) 机械强度

聚乙烯胎基提供了良好的机械强度,使卷材能够承受一定的结构负荷。这使得改性沥青聚乙烯胎防水卷材在需要一定承重能力的场合中成为理想的选择。

(4) 施工方便

改性沥青聚乙烯胎防水卷材通常具有良好的施工性能，可以采用热粘、冷粘等多种施工方式。这使得施工过程更加简便和高效，节省了时间和成本。

(5) 环保性

改性沥青聚乙烯胎防水卷材在生产过程中，注重环保型原材料的使用，减少了对环境的污染。这使得它在绿色建筑中更具吸引力。

2. 应用

(1) 屋顶防水

改性沥青聚乙烯胎防水卷材适用于各种建筑屋顶的防水处理，包括平屋顶和斜屋顶，尤其适合需要一定承重能力的屋顶。改性沥青聚乙烯胎防水卷材能提供长期的防水保护。

(2) 地下工程

改性沥青聚乙烯胎防水卷材适用于地下室、隧道、地铁等地下建筑的防水层，同时可以承受一定的地下水压力和土体压力。这有助于提高地下工程的耐久性和安全性。

(3) 工业建筑

改性沥青聚乙烯胎防水卷材适用于各种工业建筑的防水处理，如车间、仓库等，特别是在需要承受一定负荷的有防水要求的工业地面。改性沥青聚乙烯胎防水卷材能够满足工业环境中对防水材料的高要求。

(4) 改造工程

在旧建筑的翻新或改造中，改性沥青聚乙烯胎防水卷材用于提升结构的承载能力和防水性能。这有助于延长建筑的使用寿命，并提高其整体性能。

改性沥青聚乙烯胎防水卷材因其独特地结合了改性沥青和聚乙烯胎基的优点，在绿色建筑中得到了广泛的应用。

（十）带自粘层的防水卷材

带自粘层的防水卷材是一种具有自粘性的防水材料，它通过特殊的生产工艺，使一层自粘性聚合物均匀分布在卷材的表面或内部，用户在施工时无须额外的胶粘剂，只需按照施工规范将卷材粘贴在干净、坚固的基层上即可。

1. 特点

(1) 自粘性

带自粘层的防水卷材的两侧或单侧涂有自粘性聚合物，可以直接粘贴在基层上，无须额外的热熔或机械固定。这大大简化了施工流程，减少了施工时间和劳动强度。

(2) 施工方便

自粘层大大简化了施工流程，减少了施工时间和劳动强度。这使得带自粘层的防水卷材成为施工现场的受欢迎选择。

(3) 良好的防水性能

自粘层提供了良好的防水效果，能够有效阻止水分的渗透。这使得带自粘层的防水卷材在建筑防水领域具有较高的可靠性。

(4) 适应性

自粘层能够适应基层的微小变形，提高了防水层的整体稳定性。这使得带自粘层的防水卷材能够应对不同建筑结构的变形需求。

(5) 环保性

自粘层通常由环保材料制成,对环境的影响较小。这使得带自粘层的防水卷材在绿色建筑中更具吸引力。

2. 应用

(1) 屋顶防水

带自粘层的防水卷材适用于各种建筑屋顶的防水处理,包括平屋顶和斜屋顶。带自粘层的防水卷材能提供长期的防水保护。

(2) 地下工程

带自粘层的防水卷材适用于地下室、隧道、地铁等地下建筑的防水层。带自粘层的防水卷材能够有效抵抗地下水压力和各种化学物质的侵蚀。

(3) 工业建筑

带自粘层的防水卷材适用于各种工业建筑的防水处理,如车间、仓库等。在工业建筑中,带自粘层的防水卷材能够应对各种复杂的工业环境,保证建筑的防水性能。

(4) 民用建筑

带自粘层的防水卷材可用于卫生间、厨房等民用空间的防水处理。带自粘层的防水卷材能够提供便捷的施工体验,同时确保民用空间的防水效果。

带自粘层的防水卷材因其施工便捷性和良好的防水性能,在绿色建筑中得到了广泛的应用。

第三节 常用绿色建筑防水涂料

(一) 水乳型沥青防水涂料

水乳型沥青防水涂料是一种以水为分散剂,将沥青乳化而成的防水涂料。这种涂料具有良好的防水性能,同时具有环保、安全、施工方便等优点,因此在绿色建筑中得到了广泛的应用。

1. 特点

(1) 环保性

水乳型沥青防水涂料以水为分散剂,减少了挥发性有机化合物(VOCs)的排放,对环境友好。这使得水乳型沥青防水涂料成为绿色建筑中优先考虑的选择。

(2) 安全性

水乳型沥青防水涂料不含易燃物质,降低了火灾风险,保障了施工现场和建筑物的安全,减少了事故发生的风险。

(3) 施工方便

水乳型沥青防水涂料具有良好的施工性能,可以通过刷涂、喷涂等多种方式进行施工。这使得施工过程更加简便和高效,节省了时间和成本。

(4) 良好的防水性能

水乳型沥青防水涂料能够有效阻止水分的渗透,具有良好的耐水性和耐候性。这保证了建筑防水层的长期有效性，减少了维护和修复的需求。

（5）适应性

水乳型沥青防水涂料能够适应基层的微小变形，提高了防水层的整体稳定性。这使得水乳型沥青防水涂料能够应对不同建筑结构的变形需求。

2. 应用

（1）屋顶防水

水乳型沥青防水涂料适用于各种建筑屋顶的防水处理，包括平屋顶和斜屋顶。水乳型沥青防水涂料能提供长期的防水保护。

（2）地下工程

水乳型沥青防水涂料可用于地下室、隧道、地铁等地下建筑的防水层。水乳型沥青防水涂料能够有效抵抗地下水压力和各种化学物质的侵蚀。

（3）工业建筑

水乳型沥青防水涂料适用于各种工业建筑的防水处理，如车间、仓库等。在工业建筑中，水乳型沥青防水涂料能够应对各种复杂的工业环境的防水需求，保证建筑的防水性能。

（4）民用建筑

水乳型沥青防水涂料可用于卫生间、厨房等民用空间的防水层。水乳型沥青防水涂料能够提供便捷的施工体验，同时确保民用空间的防水效果。

水乳型沥青防水涂料因其环保、安全、施工方便等特点，在绿色建筑中得到了广泛的应用。

（二）聚合物水泥防水涂料

聚合物水泥防水涂料，又称JS防水涂料，是一种以水泥为基料，掺入多种聚合物改性剂和助剂制成的防水涂料。这种涂料结合了水泥的坚固耐用和聚合物的柔韧防水特性，具有优异的防水、抗渗性能，同时具有良好的机械性能和耐久性。

1. 特点

（1）环保性

聚合物水泥防水涂料通常不含挥发性有机化合物（VOCs），对环境友好，施工过程中安全性高。这使得聚合物水泥防水涂料成为绿色建筑中优先考虑的选择。

（2）机械性能

聚合物水泥防水涂料具有较高的抗压强度和抗拉强度，能够适应基层的微小变形。这保证了防水层的稳定性和耐久性，减少了维护和修复的需求。

（3）耐候性

聚合物水泥防水涂料能够抵抗紫外线和气候变化的影响，耐老化性能好。这使得聚合物水泥防水涂料能够在各种气候条件下保持长期的防水效果。

（4）施工性

聚合物水泥防水涂料施工简便，可以通过刷涂、辊涂、喷涂等多种方式进行施工。这使得施工过程更加简便和高效，节省了时间和成本。

（5）成本效益

相对于其他进口防水涂料,聚合物水泥防水涂料具有更好的成本效益,这使得它在市场上具有较强的竞争力。

2. 应用

(1) 屋面防水

聚合物水泥防水涂料可用于各类建筑屋面的防水处理,包括坡屋顶和平屋顶。聚合物水泥防水涂料能提供长期的防水保护。

(2) 地下工程

聚合物水泥防水涂料适用于地下室、隧道、地铁等地下建筑的防水层。聚合物水泥防水涂料能够有效抵抗地下水压力和各种化学物质的侵蚀。

(3) 卫生间和厨房

聚合物水泥防水涂料可用于卫生间、厨房等民用空间的防水处理。聚合物水泥防水涂料能够提供便捷的施工体验,同时确保民用空间的防水效果。

(4) 内外墙面

聚合物水泥防水涂料可用于室内外墙面的防水和防潮处理。聚合物水泥防水涂料能够提高墙面的耐久性和美观性。

(5) 游泳池和水利工程

聚合物水泥防水涂料可用于游泳池、水库、渠道等水利工程的防水处理。聚合物水泥防水涂料能够确保水利工程的安全性和耐久性。

(三) 聚氨酯防水涂料

聚氨酯防水涂料是一种以聚氨酯为主要原料制成的防水涂料,具有高弹性、高耐候性、高耐化学性和良好的粘结性能。这种涂料在绿色建筑中应用广泛,因其出色的防水效果和环保特性而受到青睐。

1. 特点

(1) 优异的防水性能

聚氨酯防水涂料能够有效防止水分渗透,即使在极端温度和湿度条件下也能保持良好的防水效果。这保证了建筑防水层的长期有效性。

(2) 高弹性

聚氨酯防水涂料具有很高的弹性,能够适应基层的微小变形,不会因为结构的膨胀收缩而产生裂缝。这提高了防水层的整体稳定性。

(3) 耐候性

聚氨酯防水涂料能够抵抗紫外线和气候变化的影响,耐老化性能好,使用寿命长。这使得聚氨酯防水涂料能够在各种气候条件下保持长期的防水效果。

(4) 耐化学性

聚氨酯防水涂料对多种化学物质具有良好的抵抗能力,适用于酸碱环境。这使聚氨酯防水涂料能够在各种化学环境下保持稳定的防水效果。

(5) 环保性

现代聚氨酯防水涂料通常采用水性配方,减少了对环境的污染。同时,聚氨酯涂料的可回收性很低,VOCs排放也符合绿色建筑的要求。

(6) 施工性

聚氨酯防水涂料施工方便，可以通过刷涂、辊涂、喷涂等多种方式进行施工。这使得施工过程更加简便和高效，节省了时间和成本。

2. 应用

(1) 屋面防水

聚氨酯防水涂料用于各类建筑屋面的防水处理，包括坡屋顶和平屋顶。聚氨酯防水涂料能提供长期的防水保护。

(2) 地下工程

聚氨酯防水涂料适用于地下室、隧道、地铁等地下建筑的防水层。聚氨酯防水涂料能够有效抵抗地下水压力和各种化学物质的侵蚀。

(3) 游泳池和水利工程

聚氨酯防水涂料可用于游泳池、水库、渠道等水利工程的防水处理。聚氨酯防水涂料能够确保水利工程的安全性和耐久性。

(4) 卫生间和厨房

聚氨酯防水涂料可用于卫生间、厨房等民用空间的防水处理。聚氨酯防水涂料能够提供便捷的施工体验，同时确保民用空间的防水效果。

(5) 工业设施

聚氨酯防水涂料适用于工厂、仓库等工业建筑的防水处理。聚氨酯防水涂料能够应对各种复杂的工业环境防水需求，保证建筑的防水性能。

（四）天然树脂木器涂料

天然树脂木器涂料是一种以天然树脂为主要成分的环保型木器涂料，它通常由植物树脂（如松香、琥珀等）经过化学反应改性而成，具有良好的附着力、耐磨性和耐化学性。

1. 特点

(1) 环保性

天然树脂木器涂料通常不含挥发性有机化合物（VOCs），对环境友好，施工过程中安全性高。这使得天然树脂木器涂料成为绿色建筑中的理想选择。

(2) 安全性

由于其天然成分，这种涂料对人体健康影响较小，减少了对施工人员的危害。这保障了室内装饰装修的安全性和健康性。

(3) 耐久性

天然树脂木器涂料能够长时间保持装饰效果，不易脱落。这提高了该涂料的使用寿命，减少了维护和更换的频率。

(4) 耐磨性和耐化学性

天然树脂木器涂料具有一定的耐磨性和耐化学性，能够抵抗日常使用的磨损和部分化学腐蚀。这使得该涂料能够承受各种日常生活环境的考验。

(5) 自然光泽

天然树脂木器涂料采用天然树脂成分，具有良好的自然光泽，能展现木材本身的美感。这增加了木器家具的自然美观性，提升了室内装饰的整体效果。

2. 应用

（1）室内家具

天然树脂木器涂料可用于各种室内家具的装饰和保护，如木制橱柜、餐桌、椅子等。天然树脂木器涂料能够提升家具的外观和耐用性。

（2）木质装饰

天然树脂木器涂料可用于室内墙面、门框等木质装饰材料的涂装。天然树脂木器涂料能够为木质装饰材料增添自然美观的外观。

（3）木制工艺品

天然树脂木器涂料适用于各种木制工艺品的表面装饰和保护。天然树脂木器涂料能够提升木制工艺品的美观性和耐用性。

（4）绿色建筑

在绿色建筑中，天然树脂木器涂料用于室内装饰和家具涂装，能够减少对环境的影响，促进可持续发展。

室内装饰装修用天然树脂木器涂料因其环保、健康、耐用等特点，在绿色建筑和室内装饰装修中得到了广泛的应用。这种材料不仅提供了美观的装饰效果，还能够减少对环境的影响，符合绿色建筑的发展趋势。随着绿色建筑的推广和环保意识的增强，室内装饰装修用天然树脂木器涂料在未来的市场需求中将继续保持重要地位。随着科技的不断进步和市场需求的变化，它为绿色建筑的发展作出更大的贡献。

（五）RG 系列防水涂料

RG 系列防水涂料是一种以橡胶沥青为主要原料，添加多种助剂和填料经过特殊工艺加工而成的防水涂料。这种涂料具有良好的弹性、耐候性、耐化学性和粘结性能，广泛应用于绿色建筑的防水工程中。以下是 RG 系列防水涂料的一些特点和应用。

1. 特点

（1）优异的防水性能

RG 系列防水涂料能够有效防止水分渗透，具有良好的抗渗性。这保证了建筑防水层的长期有效性。

（2）高弹性

RG 系列防水涂料具有很高的弹性，能够适应基层的微小变形，不会因为结构的膨胀收缩而产生裂缝。这提高了防水层的整体稳定性。

（3）耐候性

RG 系列防水涂料能够抵抗紫外线和气候变化的影响，耐老化性能好，使用寿命长。这使得该涂料能够在各种气候条件下保持长期的防水效果。

（4）耐化学性

RG 系列防水涂料对多种化学物质具有良好的抵抗能力，适用于酸碱环境。这使得该涂料能够应对不同建筑结构的变形需求。

（5）施工性

RG 系列防水涂料施工方便，可以通过刷涂、辊涂、喷涂等多种方式进行施工。这使得施工过程更加简便和高效，节省了时间和成本。

(6) 环保性

现代 RG 系列防水涂料通常采用水性或低 VOCs 配方，减少了对环境的污染。同时，该涂料的可回收性和低 VOCs 排放也符合绿色建筑的要求。

2. 应用

(1) 屋面防水

RG 系列防水涂料可用于各类建筑屋面的防水处理，包括坡屋顶和平屋顶。RG 系列防水涂料能提供长期的防水保护。

(2) 地下工程

RG 系列防水涂料适用于地下室、隧道、地铁等地下建筑的防水层。RG 系列防水涂料能够有效抵抗地下水压力和各种化学物质的侵蚀。

(3) 游泳池和水利工程

RG 系列防水涂料可用于游泳池、水库、渠道等水利工程的防水处理。RG 系列防水涂料能够确保水利工程的安全性和耐久性。

(4) 卫生间和厨房

RG 系列防水涂料可用于卫生间、厨房等民用空间的防水处理。RG 系列防水涂料能够提供便捷的施工体验，同时确保民用空间的防水效果。

(5) 工业设施

RG 系列防水涂料适用于工厂、仓库等工业建筑的防水处理。RG 系列防水涂料能够应对各种复杂的工业环境防水需求，保证建筑的防水性能。

RG 系列防水涂料因其出色的性能和环保特点，在绿色建筑中得到了广泛的应用。这种材料不仅提供了长期的防水保护，还能够减少对环境的影响，符合绿色建筑的发展趋势。随着绿色建筑的推广和环保意识的增强，RG 系列防水涂料在未来的市场需求中将继续保持重要地位。随着科技的不断进步和市场需求的变化，为绿色建筑的发展作出更大的贡献。

（六）聚合物乳液建筑防水涂料

聚合物乳液建筑防水涂料是一种以合成聚合物乳液为主要成分的防水涂料，通常采用丙烯酸、硅烷、聚氨酯等合成聚合物乳液，并配以适量的填料、助剂等制成。这种涂料具有良好的防水性能、耐候性、耐化学性和施工性，适用于绿色建筑的防水处理。

1. 特点

(1) 优异的防水性能

聚合物乳液建筑防水涂料能够有效防止水分渗透，具有良好的抗渗性。这保证了建筑防水层的长期有效性。

(2) 良好的附着力

聚合物乳液建筑防水涂料能够与多种建筑材料表面牢固粘结，提高防水层的整体性能。这确保了防水层能够紧密贴合建筑物表面，防止水分渗透。

(3) 耐候性

聚合物乳液建筑防水涂料能够抵抗紫外线和气候变化的影响，耐老化性能好，使用寿命长。这使得该涂料能够在各种气候条件下保持长期的防水效果。

(4) 耐化学性

聚合物乳液建筑防水涂料对多种化学物质具有良好的抵抗能力，适用于酸碱环境。这使得该涂料能够应对不同建筑结构的变形需求。

(5) 施工性

聚合物乳液建筑防水涂料施工方便，可以通过刷涂、辊涂、喷涂等多种方式进行施工。这使得施工过程更加简便和高效，节省了时间和成本。

(6) 环保性

现代聚合物乳液建筑防水涂料通常采用低 VOCs 或水性配方，减少了对环境的污染。同时，聚合物乳液建筑防水涂料的可回收性和低 VOCs 排放也符合绿色建筑的要求。

2. 应用

(1) 屋面防水

聚合物乳液建筑防水涂料用于各类建筑屋面的防水处理，包括坡屋顶和平屋顶。聚合物乳液建筑防水涂料能提供长期的防水保护。

(2) 地下工程

聚合物乳液建筑防水涂料适用于地下室、隧道、地铁等地下建筑的防水层。聚合物乳液建筑防水涂料能够有效抵抗地下水压力和各种化学物质的侵蚀。

(3) 游泳池和水利工程

聚合物乳液建筑防水涂料可用于游泳池、水库、渠道等水利工程的防水处理。聚合物乳液建筑防水涂料能够确保水利工程的安全性和耐久性。

(4) 卫生间和厨房

聚合物乳液建筑防水涂料可用于卫生间、厨房等民用空间的防水处理。聚合物乳液建筑防水涂料能够提供便捷的施工体验，同时确保民用空间的防水效果。

(5) 内外墙面

聚合物乳液建筑防水涂料可用于室内外墙面的防水和防潮处理，能够提高墙面的耐久性和美观性。

(6) 绿色建筑

在绿色建筑中，聚合物乳液建筑防水涂料用于室内外墙面的防水和防潮处理，能够减少对环境的影响，促进可持续发展。

聚合物乳液建筑防水涂料因其出色的性能和环保特点，在绿色建筑中得到了广泛的应用。随着绿色建筑的推广和环保意识的增强，聚合物乳液建筑防水涂料在未来的市场需求中将继续保持重要地位。

（七）水乳型氯丁橡胶沥青防水涂料

水乳型氯丁橡胶沥青防水涂料是一种以氯丁橡胶和水乳化剂为主要成分的防水涂料，它将氯丁橡胶的优异弹性、耐候性和耐化学性特点与沥青的粘结性和耐久性相结合，形成一种环保、高效、具有一定弹性的防水涂层。以下是水乳型氯丁橡胶沥青防水涂料的一些特点和应用。

1. 特点

（1）环保性

水乳型氯丁橡胶沥青防水涂料采用水性配方，低 VOCs，对环境友好，减少施工过程中的空气污染。这使得涂料符合绿色建筑对环保材料的要求。

（2）弹性和耐候性

氯丁橡胶的添加赋予了水乳型氯丁橡胶沥青防水涂料良好的弹性，能够适应基层的微小变形，同时耐候性好，能够抵御紫外线和气候变化的影响。这保证了该涂料在各种气候条件下都能保持稳定的防水效果。

（3）粘结力

沥青成分提供了良好的粘结性能，确保水乳型氯丁橡胶沥青防水涂料能够牢固地附着在各种建筑材料表面，如混凝土、砖石、金属等。

（4）耐化学性

氯丁橡胶和沥青均具有较好的耐化学性，能够抵抗一定程度的化学腐蚀，因此水乳型氯丁橡胶沥青防水涂料适用于工业设施等化学环境较为苛刻的地方。

（5）施工性

水乳型氯丁橡胶沥青防水涂料以水为分散介质，施工方便，可以通过刷涂、辊涂、喷涂等多种方式进行施工。这使得施工过程更加简便和高效，节省了时间和成本。

2. 应用

（1）屋面防水

水乳型氯丁橡胶沥青防水涂料适用于各种建筑屋面的防水处理，尤其是需要较大弹性以适应屋面变形的情况。水乳型氯丁橡胶沥青防水涂料能够提供长期的防水保护，同时减少了对屋面的重量负担。

（2）地下工程

水乳型氯丁橡胶沥青防水涂料可用于地下室、隧道、地铁等地下建筑的防水层，抵抗地下水压力和化学腐蚀。该涂料的弹性和粘结力能够适应地下结构的变形，确保防水层的稳定性。

（3）游泳池和水利工程

水乳型氯丁橡胶沥青防水涂料可用于游泳池、水库、渠道等水利工程的防水处理，耐水性好。它能够在水下环境中保持长期的防水效果，确保水利工程的安全性。

（4）卫生间和厨房

水乳型氯丁橡胶沥青防水涂料可用于这些室内空间的防水处理，能够抵御水的渗透和日常使用的磨损。该涂料的环保性和耐用性使得它成为这些空间理想的选择。

（5）工业设施

水乳型氯丁橡胶沥青防水涂料适用于工厂、仓库等工业建筑的防水处理，尤其是那些需要抵抗化学腐蚀的环境，它能够提供有效的防水保护，同时减少了对环境的影响。

水乳型氯丁橡胶沥青防水涂料因其环保、弹性和粘结性等特点，在绿色建筑中得到了广泛的应用。这种涂料不仅提供了长期的防水保护，还能够减少对环境的影响，符合绿色建筑的发展趋势。随着绿色建筑的推广和环保意识的增强，水乳型氯丁橡胶沥青防水涂料在未来的市场需求中将继续保持重要地位。

（八）溶剂型丙烯酸树脂涂料

溶剂型丙烯酸树脂涂料是一种以丙烯酸树脂为主要成分，加入适量的溶剂、助剂和填料制成的防水涂料。这种涂料具有良好的附着力、耐候性、耐化学性和美观性，广泛应用于绿色建筑的防水、装饰和保护。以下是溶剂型丙烯酸树脂涂料的一些特点和应用。

1. 特点

（1）优异的防水性能

溶剂型丙烯酸树脂涂料能够有效防止水分渗透，具有良好的抗渗性。这使得该涂料能够成为建筑防水层的理想选择。

（2）良好的附着力

溶剂型丙烯酸树脂涂料能够与多种建筑材料表面牢固粘结，提高防水层的整体性能。这确保了防水层能够紧密贴合在建筑物表面，防止水分渗透。

（3）耐候性

溶剂型丙烯酸树脂涂料能够抵抗紫外线和气候变化的影响，耐老化性能好，使用寿命长。这使得该涂料能够在各种气候条件下保持长期的防水效果。

（4）耐化学性

溶剂型丙烯酸树脂涂料对多种化学物质具有良好的抵抗能力，适用于酸碱环境。这使得该涂料能够应对不同建筑结构的变形需求。

（5）美观性

溶剂型丙烯酸树脂涂料涂层光滑细腻，色彩丰富，可以根据需求选择不同的颜色和光泽度。这使得该涂料能够提供美观的视觉效果，提升建筑的整体美感。

（6）施工性

溶剂型丙烯酸树脂涂料施工方便，可以通过刷涂、辊涂、喷涂等多种方式进行施工。这使得施工过程更加简便和高效，节省了时间和成本。

2. 应用

（1）屋面防水

溶剂型丙烯酸树脂涂料可用于各类建筑屋面的防水处理，包括坡屋顶和平屋顶。溶剂型丙烯酸树脂涂料能够提供长期的防水保护，同时减少了对屋面的重量负担。

（2）外墙装饰

溶剂型丙烯酸树脂涂料可用于建筑外墙的装饰和保护，提供美观的视觉效果。该涂料的耐候性和美观性使得它成为外墙装饰的理想选择。

（3）游泳池和水利工程

溶剂型丙烯酸树脂涂料可用于游泳池、水库、渠道等水利工程的防水处理。该涂料的耐水性和耐化学性能够确保水利工程的安全性和耐久性。

（4）卫生间和厨房

溶剂型丙烯酸树脂涂料可用于卫生间、厨房等民用空间的防水处理。该涂料的环保性和耐用性使得它成为这些空间理想的选择。

（5）工业设施

溶剂型丙烯酸树脂涂料适用于工厂、仓库等工业建筑的防水处理。涂料的耐化学性和耐磨性能够应对工业环境的挑战。

溶剂型丙烯酸树脂涂料因其出色的性能和美观性，在绿色建筑中得到了广泛的应用。这种涂料不仅提供了长期的防水保护，还能够提升建筑的美观度，符合绿色建筑的发展趋势。随着绿色建筑的推广和环保意识的增强，溶剂型丙烯酸树脂涂料在未来的市场需求中将继续保持重要地位。

需要注意的是，由于溶剂型涂料中可能含有挥发性有机化合物（VOCs），因此在环保方面存在一定的挑战。随着技术的进步，环保型溶剂和无溶剂配方的发展将进一步提升这类涂料的环保性能。此外，施工现场的安全防护和涂料废弃物的合理处理也是推动溶剂型丙烯酸树脂涂料可持续发展的关键因素。

（九）建筑表面用有机硅防水剂

建筑表面用有机硅防水剂是一种以有机硅化合物为主要活性成分的防水材料，它通过物理或化学作用与建筑材料表面发生反应，形成一种具有防水功能的涂层，能够有效阻止水分渗透，提高建筑表面的防水性能。

1. 特点

（1）优异的防水性能

有机硅防水剂能够有效提高建筑材料的防水性能，减少水的渗透。这使得该涂料能够成为建筑防水层的理想选择。

（2）良好的透气性

有机硅防水剂在形成防水层的同时，还能保持材料的良好透气性，避免内部湿气积聚。这确保了建筑材料的健康和延长了其使用寿命。

（3）耐候性

有机硅防水剂具有良好的耐候性，能够抵抗紫外线和气候变化的影响，长期保持防水效果。这使得该涂料能够在各种气候条件下保持长期的防水效果。

（4）耐化学性

有机硅防水剂对多种化学物质具有良好的抵抗能力，适用于酸碱环境。这使得该涂料能够应对不同建筑结构的变形需求。

（5）施工性

有机硅防水剂施工简便，可喷涂、刷涂或辊涂等方式施工。这使得施工过程更加简便和高效，节省了时间和成本。

（6）环保性

现代有机硅防水剂通常采用环保型配方，减少对环境的影响。这使得该涂料符合绿色建筑对环保材料的要求。

2. 应用

（1）屋面防水

有机硅防水剂可用于各类建筑屋面的防水处理，包括坡屋顶和平屋顶。有机硅防水剂能够提供长期的防水保护，同时减少了对屋面的重量负担。

（2）外墙装饰

有机硅防水剂可用于建筑外墙的装饰和保护，提供美观的视觉效果。该涂料的耐候性和美观性使得它成为外墙装饰的理想选择。

（3）游泳池和水利工程

有机硅防水剂可用于游泳池、水库、渠道等水利工程的防水处理。该涂料的耐水性和耐化学性能够确保水利工程的安全性和耐久性。

（4）卫生间和厨房

有机硅防水剂可用于卫生间、厨房等民用空间的防水处理。该涂料的环保性和耐用性使得它成为这些空间理想的选择。

（5）工业设施

有机硅防水剂适用于工厂、仓库等工业建筑的防水处理。该涂料的耐化学性和耐磨性能够应对工业环境的挑战。

建筑表面用有机硅防水剂因其出色的性能和环保特点，在绿色建筑中得到了广泛的应用。需要注意的是，有机硅防水剂的选择和应用应遵循相关标准和规范，以确保其效果和安全性。此外，施工现场的安全防护和涂料废弃物的合理处理也是推动有机硅防水剂可持续发展的关键因素。

第四节 其他常用绿色防水材料

（一）遇水膨胀止水胶

遇水膨胀止水胶是一种新型绿色防水材料，具有独特的遇水膨胀特性，能够在水分的作用下体积膨胀，从而在接缝处形成紧密的防水密封层。它通常由橡胶颗粒和防水膨胀剂组成，不仅具有良好的防水效果，还能够适应结构的伸缩变形。以下是遇水膨胀止水胶的一些特点和应用。

1. 特点

（1）遇水膨胀

遇水膨胀止水胶在接触水分后能够迅速膨胀，填充缝隙，形成有效的防水层。这种特性使得它在防水工程中具有很高的实用价值。

（2）良好的粘结性

遇水膨胀止水胶能够与多种建筑材料牢固粘结，确保密封效果。这使得遇水膨胀止水胶能够适应各种复杂的施工环境。

（3）耐候性

遇水膨胀止水胶能够抵抗紫外线和气候变化的影响，长期保持防水效果。这保证了遇水膨胀止水胶在各种气候条件下都能发挥良好的防水作用。

（4）耐化学性

对多种化学物质具有良好的抵抗能力，适用于酸碱环境。这使得遇水膨胀止水胶能够应对不同建筑结构的变形需求。

（5）施工方便

遇水膨胀止水胶可直接涂抹或填充在缝隙中，无需复杂施工工艺。这使得遇水膨胀止水胶在施工过程中具有很高的效率。

(6) 环保性

遇水膨胀止水胶通常采用环保材料制成，减少对环境的影响。这使得遇水膨胀止水胶符合绿色建筑对环保材料的要求。

2. 应用

（1）混凝土结构

遇水膨胀止水胶可用于混凝土结构的接缝处，如施工缝、伸缩缝等，防止水分渗透。遇水膨胀止水胶能够适应混凝土结构的伸缩变形，提供有效的防水保护。

（2）屋面防水

遇水膨胀止水胶可用于屋面的阴阳角、天沟、落水管等部位的防水处理。遇水膨胀止水胶能够在这些关键部位形成紧密的防水层，防止水分渗透。

（3）地下工程

遇水膨胀止水胶可用于地下建筑的防水接缝，如地下室、隧道等。遇水膨胀止水胶能够适应地下结构的复杂性，提供长期的防水保护。

（4）游泳池和水利工程

遇水膨胀止水胶可用于游泳池、水库、渠道等水利工程中的防水接缝。遇水膨胀止水胶能够抵抗水体的侵蚀，确保水利工程的安全性。

（5）建筑修缮

遇水膨胀止水胶可用于旧建筑的防水修缮，特别是在不破坏原有结构的情况下。遇水膨胀止水胶能够填补旧建筑的防水缺陷，提供长期的防水保护。

遇水膨胀止水胶因其独特的性能和环保特点，在绿色建筑和防水工程中得到了广泛的应用。这种材料不仅提供了长期的防水保护，还能够减少对环境的影响，符合绿色建筑的发展趋势。随着绿色建筑的推广和环保意识的增强，遇水膨胀止水胶在未来的市场需求中将继续保持重要地位。

需要注意的是，遇水膨胀止水胶的选择和应用应遵循相关标准和规范，以确保其效果和安全性。此外，施工现场的安全防护和材料废弃物的合理处理也是推动遇水膨胀止水胶可持续发展的关键因素。

（二）硅酮结构密封胶

硅酮结构密封胶是一种重要的建筑材料，其在现代建筑行业中的应用日益广泛。这种材料以其出色的性能和环保特点，赢得了广大用户的认可。

1. 特点

（1）优异的防水性能

硅酮结构密封胶具有良好的防水性能，能够有效地阻止水分渗透。这使得它适用于各种接缝和缝隙的防水密封，如幕墙接缝、屋顶接缝、地下室接缝等。

（2）耐候性

硅酮结构密封胶具有良好的耐候性，能够抵抗紫外线和气候变化的影响。这使得它能够在各种气候条件下长期保持防水效果。

（3）耐化学性

硅酮结构密封胶对多种化学物质具有良好的抵抗能力，如酸、碱、盐等。这使得它适用于酸碱环境,以及与其他建筑材料的相容性好。

(4)粘结性

硅酮结构密封胶能够与多种建筑材料牢固粘结,如混凝土、金属、玻璃、木材等。这使得它在建筑结构中具有广泛的应用。

(5)结构稳定性

硅酮结构密封胶具有较高的剪切强度和撕裂强度,能够承受结构荷载和动态荷载。这使得它在建筑结构中具有较高的安全性。

(6)施工性

硅酮结构密封胶通常施工方便,可以通过注射、刷涂或灌注等方式进行施工。这使得它在实际应用中具有较高的效率。

(7)环保性

硅酮结构密封胶通常采用环保型配方,减少对环境的影响。这使得它符合绿色建筑的发展趋势。

2. 应用

(1)幕墙工程

硅酮结构密封胶可用于玻璃幕墙的结构性密封,确保幕墙系统的安全性和防水性。

(2)建筑结构

硅酮结构密封胶可用于建筑结构的接缝密封,如梁柱接缝、钢筋混凝土接缝等。

(3)屋顶工程

硅酮结构密封胶可用于屋顶的接缝密封,提供长期的防水保护。

(4)地下工程

硅酮结构密封胶可用于地下室、隧道等地下建筑的防水密封。

(5)游泳池和水利工程

硅酮结构密封胶可用于游泳池、水库、渠道等水利工程中的防水密封。

(6)抗震设防工程

硅酮结构密封胶可用于抗震设防结构的接缝密封,提高建筑的抗震性能。

(7)绿色建筑

硅酮结构密封胶因其环保特点,广泛应用于绿色建筑中,如被动房、装配式建筑等。

随着绿色建筑的推广和环保意识的增强,硅酮结构密封胶在未来的市场需求中将继续保持重要地位。同时,随着科技的发展,硅酮密封胶的性能将进一步提高,施工方法将更加便捷,从而满足更多场景的需求。

(三)聚氨酯建筑密封胶

聚氨酯建筑密封胶是一种常用于建筑行业的密封材料,它具有优异的物理和化学性能,如高强度、高弹性、耐水、耐油、耐老化等。这种密封胶可以在固化后形成一种永久性的弹性物质,因此广泛应用于建筑材料的粘结和密封。

1. 特点

(1)优异的粘结性

聚氨酯建筑密封胶能够与多种建筑材料牢固粘结,包括混凝土、金属、玻璃、木材等。这使得它在建筑结构中具有广泛的应用。

(2) 高弹性

聚氨酯建筑密封胶具有高弹性，能够适应结构的伸缩变形，抵抗振动和冲击。这对于建筑物的长期稳定性和耐久性至关重要。

(3) 耐久性

聚氨酯建筑密封胶具有长期的耐水性、耐紫外线和耐气候变化的能力，能够保持防水效果不受外界环境的影响。

(4) 耐化学性

聚氨酯建筑密封胶对多种化学物质具有良好的抵抗能力，适用于酸碱环境。这使得它在各种建筑环境中都能保持良好的密封效果。

(5) 施工性

聚氨酯建筑密封胶通常施工方便，可以通过刷涂、辊涂或注射等方式进行施工。这使得它在实际应用中具有较高的效率。

(6) 环保性

现代聚氨酯建筑密封胶通常采用环保型配方，减少对环境的影响。这使得它符合绿色建筑的发展趋势。

2. 应用

(1) 屋面防水

聚氨酯建筑密封胶用于屋面的阴阳角、天沟、落水管等部位的防水处理，以及屋面系统的密封。

(2) 外墙装饰

聚氨酯建筑密封胶用于建筑外墙的接缝密封，提供美观的视觉效果和防水保护。

(3) 游泳池和水利工程

聚氨酯建筑密封胶用于游泳池、水库、渠道等水利工程中的防水密封。

(4) 地下工程

聚氨酯建筑密封胶用于地下室、隧道等地下建筑的防水密封。

(5) 建筑修缮

聚氨酯建筑密封胶用于旧建筑的防水修缮，特别是在需要高弹性密封的情况下。

(6) 抗震设防工程

聚氨酯建筑密封胶用于抗震设防结构的接缝密封，提高建筑的抗震性能。

(7) 绿色建筑

聚氨酯建筑密封胶因其出色的性能和环保特点，在绿色建筑和防水工程中得到了广泛的应用。

总之，聚氨酯建筑密封胶因其出色的性能和环保特点，在绿色建筑和防水工程中得到了广泛的应用。这种材料不仅提供了长期的防水保护，还能够减少对环境的影响，符合绿色建筑的发展趋势。随着绿色建筑的推广和环保意识的增强，聚氨酯建筑密封胶在未来的市场需求中将继续保持重要地位。

(四)石材密封胶

石材密封胶是一种重要的建筑材料,其用途广泛,性能卓越,符合我国绿色建筑和可持续发展的要求。在现代建筑中,无论是室内装饰还是户外工程,石材密封胶都扮演着不可或缺的角色。

(1)在室内装饰中,石材密封胶广泛应用于石材墙面、地面以及台面的缝隙密封。这些接缝往往因为温度变化、湿度波动等原因产生伸缩,传统的填缝材料可能因为弹性不足而产生裂缝,导致不美观和防水效果下降。石材密封胶因其优异的弹性,可以很好地解决这一问题。

(2)在户外工程中,石材密封胶更是发挥着重要作用。例如,在石材幕墙的施工中,由于建筑的震动、温差变化以及风力作用,石材与石材之间的缝隙可能会发生变化,这就需要石材密封胶能够适应这些变化,保持长期的密封效果。同时,石材幕墙经常暴露在阳光下,需要密封胶具有很好的耐紫外线性能,以防止密封胶老化,影响使用寿命。

(3)在水利工程中,石材密封胶也发挥着重要作用。由于水工建筑的特殊性,如游泳池、水库、渠道等工程,对防水密封材料的要求更为严格。石材密封胶不仅要具有良好的防水效果,还要能够抵抗水中的化学物质腐蚀,确保工程的耐久性和安全性。

(4)石材用建筑密封胶在满足功能需求的同时,还注重环保。现代的石材密封胶生产商在生产过程中,严格控制原料的选择和生产过程,尽量减少对环境的影响。同时,石材密封胶在使用后,不会对环境造成污染,符合我国绿色建筑和环保的要求。

随着我国绿色建筑和可持续发展的推进,石材用建筑密封胶的市场需求将会持续增长,其在建筑材料领域的重要地位也将得以巩固。在未来,石材用建筑密封胶将继续以其独特的优势,为我国的建筑事业贡献力量。

(五)建筑窗用弹性密封胶

建筑窗用弹性密封胶是一种专门为窗户接缝和缝隙设计的绿色防水材料。它在窗户安装、维修和节能升级中起着关键作用,确保长期的防水效果和密封性。

1. 特点

(1)优异的弹性和粘结性

建筑窗用弹性密封胶能够与窗户框和玻璃表面牢固粘结,并具有足够的弹性,以适应窗户的伸缩和移动。这使得密封胶能够在窗户开合和温度变化的过程中保持良好的密封效果。

(2)施工方便

建筑窗用弹性密封胶可以在宽泛的温度范围内施工,适应不同的气候条件。这为施工人员提供了灵活的选择,使得施工更加便捷。

2. 应用

(1)窗户安装

建筑窗用弹性密封胶可用于新窗户的安装,填充窗户框和玻璃之间的接缝,提供防水密封。在窗户安装过程中,其能够填补微小的缝隙,确保窗户的整体密封性能。

(2)窗户维修

建筑窗用弹性密封胶可用于修复旧窗户的破损密封胶，恢复窗户的防水性能。在窗户使用过程中，密封胶可能会因为老化、损坏等失效，使用弹性密封胶进行维修，能够有效地解决问题。

在寒冷或炎热的地区，窗户的隔热性能对建筑的能耗有着重要影响，使用弹性密封胶可以有效地提高窗户的隔热性能。

（3）防风雨

建筑窗用弹性密封胶可用于窗户的防风雨密封，防止雨水侵入室内。在风雨较大的地区，窗户的防水性能至关重要。

建筑窗用弹性密封胶，以其卓越的性能和环境友好性，已成为绿色建筑和防水工程中不可或缺的材料。这种密封胶不仅能够为建筑提供持续的防水效果，而且其生产和使用过程中对环境的影响较小，完全符合绿色建筑的环保要求。

建筑窗用弹性密封胶使其成为窗户安装和维护的理想选择。它能有效防止空气和水分的渗透，提高建筑的气密性和水密性，从而降低能耗，提升建筑的能源效率。此外，这种密封胶的柔韧性和粘合力也有助于增强建筑结构的整体稳定性和安全性。

随着全球对绿色建筑和可持续发展的重视程度不断提升，建筑窗用弹性密封胶的市场需求将持续增长。建筑业对于环保型材料的需求不断上升，弹性密封胶凭借其环保和高性能特点，预计将在未来市场中占据更重要的地位。

为了确保建筑窗用弹性密封胶的性能和安全性达到最佳，选择和应用时必须遵循严格的行业标准和规范。这包括对材料的质量进行严格把控，以及在施工过程中遵循正确的操作流程。施工现场的安全防护同样重要。使用弹性密封胶时，应采取适当的安全措施，如佩戴防护眼镜和手套，确保施工人员的健康和安全。此外，施工结束后，对材料废弃物的合理处理也非常关键，这不仅有助于减少环境污染，也是实现可持续发展的重要一环。未来，随着技术的进步和创新，建筑窗用弹性密封胶的性能有望得到进一步提升，同时成本也可能会降低。这将使得更多的建筑项目能够采用这种环保高效的密封材料，进一步推动绿色建筑和可持续发展的实践。

此外，建筑窗用弹性密封胶可能会与智能系统集成，实现更加动态和精确的建筑维护和管理。例如，通过集成传感器和自动控制系统，密封胶的应用可以自动调节，以适应建筑的使用需求和外部环境变化。

综上所述，建筑窗用弹性密封胶作为一种高性能环保材料，在绿色建筑和防水工程中的应用前景广阔。随着市场需求的增长和技术的不断进步，弹性密封胶将继续为建筑行业提供可靠的密封解决方案，同时为保护环境和实现可持续发展作出贡献。我们期待这种材料在未来的建筑行业中发挥更大的作用，为我国的建筑事业作出更大的贡献。

（六）丙烯酸酯建筑密封胶

丙烯酸酯建筑密封胶是一种高性能的建筑材料，主要由丙烯酸酯类聚合物组成。它具有优异的粘结性、弹性和耐久性，广泛应用于建筑行业的各种密封和粘结任务。

1. 特点

（1）优异的粘结性

丙烯酸酯建筑密封胶能够与多种建筑材料牢固粘结，包括混凝土、砖石、玻璃、金属等。这使得它能够适应不同的施工需求，提供持久的粘结效果。

（2）弹性

丙烯酸酯建筑密封胶具有较高的弹性，能够适应建筑结构的伸缩和移动。这使得该密封胶能够在温度变化、湿度波动等环境因素的影响下保持良好的密封效果。

（3）耐久性

丙烯酸酯建筑密封胶具有长期的耐水性、耐紫外线和耐气候变化的能力。

（4）耐化学性

丙烯酸酯建筑密封胶对多种化学物质具有良好的抵抗能力，适用于酸碱环境。这使得该密封胶能够在不同化学环境下保持良好的密封效果。

（5）施工性

丙烯酸酯建筑密封胶通常施工方便，可以通过刷涂、辊涂、喷涂或注射等方式进行施工。这为施工人员提供了灵活的选择，使得施工更加便捷。

（6）环保性

现代丙烯酸酯建筑密封胶通常采用环保型配方，减少对环境的影响。这使得该密封胶成为绿色建筑的理想选择，符合可持续发展的要求。

2. 应用

（1）建筑接缝

丙烯酸酯建筑密封胶可用于建筑结构的接缝密封，包括混凝土墙体、地面、天花板的接缝防水，防止水分渗透。

（2）预制混凝土

丙烯酸酯建筑密封胶可用于预制混凝土构件的接缝密封，确保预制结构的防水性能和结构安全。

（3）桥梁和道路

丙烯酸酯建筑密封胶可用于桥梁和道路的混凝土接缝防水，提高结构的耐久性和安全性。

（4）地下工程

丙烯酸酯建筑密封胶可用于地下室、隧道等地下建筑的混凝土接缝防水，防止地下水侵入。

（5）建筑修缮

丙烯酸酯建筑密封胶可用于旧建筑的混凝土接缝防水修缮，提高建筑的防水性能和使用寿命。

第五节　绿色建筑防水材料发展

（一）绿色防水材料的设计与选材

1. 设计与选材的原则

（1）资源节约与循环利用

在设计绿色防水材料时，应注重材料的可持续性，优先选择可再生资源或循环利用的材料，减少对自然资源的依赖和消耗。例如，使用废弃物作为原料生产防水卷材，提高资源利用效率。

（2）环保无害

绿色防水材料应尽可能减少有害物质的使用，避免材料中含有对人体健康或环境造成长期影响的成分。例如，在生产过程中减少挥发性有机化合物的排放，使用环境友好型化学物质。

（3）持久耐用

选材时要考虑材料的耐久性，以减少更换频率，从而减少整个生命周期的环境影响。例如，选择耐候性强、抗老化能力出众的材料，以适应各种极端气候条件。

（4）性能优化

绿色防水材料不仅要满足基本的防水要求，还应具有如耐低温、耐疲劳等特种功能，以确保工程质量和安全性。例如，研发出的耐低温和耐疲劳的铁路桥涵专用高聚物改性沥青防水卷材。

（5）施工友好

绿色防水材料在选材时还需考虑施工的便捷性以及对施工人员健康的影响。例如，选择易于施工操作、减少施工过程中有害物质释放的材料。

2. 具体材料与应用

（1）高分子防水材料

这类材料通常具有良好的防水性能、稳定的化学性质和较长的使用寿命。例如，高性能多材多层高分子卷材，它能够在地下空间提供出色的防水防护。

（2）改性沥青防水卷材

通过改性处理的沥青，可以提高材料的耐候性、耐热性和耐寒性，使其更适合不同的气候条件。例如，为适应铁路桥涵的特殊需求，研发出耐低温和耐疲劳的专用卷材。

（3）防水涂料

这类材料通过涂膜形式提供防水层，具有良好的施工性、弹性和耐久性。例如，使用全预制、大构件的预制混凝土剪力墙结构体系，结合云端建造工厂等科技成果，提升建筑的防水性能。

（4）绿色建材

绿色建材包括使用废弃物生产的建筑材料，例如工程渣土再生填料，这些材料不仅具有防水功能，还实现了废物的资源化利用。

随着技术的不断进步和绿色建筑标准的提高，绿色防水材料正朝着更高性能、更环保、更智能化的方向发展。例如，智能建造技术的应用，可以通过传感器监测和数据分析来实时监控防水层的性能状态，及时发现问题并采取措施。

在政策推动下，绿色建筑防水材料的市场需求将持续增长，促进相关产业的创新与发展。未来，绿色防水材料将更广泛地应用于基础设施建设、建筑修复以及住宅建筑中，为提升建筑质量、实现节能减排、保护生态环境作出重要贡献。

（二）绿色防水材料的发展趋势

绿色防水材料的发展趋势体现在以下几个方面。

1. 环保和可持续性

绿色防水材料的发展将更加注重环保和可持续性。这意味着材料的生产、使用和处置过程都应该对环境的影响降到最低。例如，使用可再生资源（如回收材料）和生物基材料来减少对化石燃料的依赖。此外，材料的生产过程应尽量减少能耗和排放，确保整个生命周期的环保性能。

2. 提高性能

随着科技的不断进步，绿色防水材料不仅在环保方面表现出色，其性能也将不断提高。这包括更好的防水效果、更高的耐久性、更好的柔性性和更好的温度适应性。通过引入纳米技术、聚合物改性等先进技术，绿色防水材料能够更好地适应不同的施工环境和气候变化。

3. 智能化

智能化将是绿色防水材料的一个重要趋势。例如，使用传感器和物联网技术来监测和评估防水层的状况，以及智能材料的自修复能力，可以在问题发生时自动修复。这种智能化的防水材料能够提高建筑的智能化水平，提升维护效率和安全性。

4. 施工便捷性

绿色防水材料将更加注重施工的便捷和效率。这包括易于操作的应用方法、减少施工过程中的有害物质释放以及提高施工效率。通过改进材料的特性和施工工艺，可以降低施工成本，提高施工速度。

5. 政策支持和规范

随着绿色建筑的推广，政府将会提供更多的政策支持和规范，包括税收优惠、补贴、环保法规和标准制定，以确保绿色防水材料的质量和发展方向。这些政策和规范将鼓励企业开发和应用绿色防水材料，推动整个行业的可持续发展。

6. 国际合作

国际合作将在绿色防水材料的发展中扮演越来越重要的角色。通过分享最佳实践、技术交流和共同研发，各国可以共同推动绿色防水材料的发展。国际合作有助于促进创新，加快绿色防水材料的推广应用。

7. 循环经济

绿色防水材料将更加注重循环经济的原则，即设计产品时考虑到其在使用后的回收和再利用，减少浪费。通过采用可回收材料和设计易于拆卸的产品，可以提高材料的循环利用率，降低对环境的影响。

综上所述，绿色防水材料的发展将是一个综合性的过程，涉及技术创新、政策支持、市场驱动和文化变革等多个方面。随着全球对环境保护和可持续发展的重视，绿色防水材料有望在未来得到更广泛的应用和发展。

随着人们对物质文化和精神文化要求的提高，现代建筑对设计者和建造者提出了更高的要求，要求他们要遵循建筑装饰美学的原则，创造出具有提高生命意义的优良空间环境，使人的身心得到有益的平衡，情绪得到良好的调节，智慧得到充分的发挥。建筑装饰材料为实现以上目的起着极其重要的作用。建筑装饰材料对建筑物的美观效果和功能发挥起着很大作用。建筑装饰材料的装饰效果，一般是通过建筑装饰材料的色调、质感和线条3个方面具体体现的。因此，建筑装饰材料对于装饰建筑物、美化室内外环境，这是其最重要的作用。由于建筑装饰材料大多作为建筑的饰面材料使用的，因此，建筑装饰材料还具有保护建筑物，延长建筑物使用寿命和兼有其他功能的作用。室内环境是人们生活和工作中最重要的环境，随着我国人民生活水平的提高，人们对于住房的要求不再只是满足居住要求，而是要求一个舒适、优美、典雅的居住环境。随着材料科学和材料工业的不断发展，各种类型的建筑装饰装修材料不断涌现，建筑装饰装修材料在工程建设中占有极其重要的地位。

第五章
绿色装饰装修材料

第一节 绿色装饰装修材料概述

各国经济发展的历程表明,绿色建筑是21世纪建筑事业发展必然趋势,是绿色经济的重要组成部分,绿色建筑离不开绿色装饰,发展绿色装饰事业,主要是倡导绿色理念,坚持绿色设计,推进绿色施工,使用绿色装饰装修材料。这是时代发展的必然趋势,反映了人们对科技和文化进步对环境和生态破坏的反思,也体现了企业社会道德和责任的回归。值得欣喜的是,不少装饰企业已经在绿色装饰的路上稳步前进,并取得了一定的成效。在党的十八大上首次提出了"推进绿色发展、循环发展、低碳发展"的执政理念。党的十八届五中全会将"绿色发展"作为五大发展理念之一,并提出了实现绿色发展的一系列新措施。这是我们党根据国情条件、顺应发展规律作出的正确决策,是国家治理理念的一个新高度、新飞跃,也是对中国特色社会主义理论乃至人类文明发展理论的丰富和完善。我们必须根据党的十八届五中全会的要求,把推进绿色发展纳入国民经济和社会发展"十三五"总体规划,落实到各地各部门的经济社会发展规划、城乡建设规划、土地利用规划、生态环境保护规划以及各专项规划中,科学布局绿色发展的生产空间、生活空间和生态空间。根据国家"生态环境质量总体改善,生产方式和生活方式绿色、低碳水平上升"的发展规划,我国将加大在绿色环保方面的投资,建筑装饰行业将迎来又一个"春天",发展节约、低碳、环保的绿色建筑装饰装修材料,是行业的发展趋势和方向。

(一)建筑装饰材料的分类与选材

绿色装饰装修材料是指在对建筑室内进行装修时,应采用绿色环保型的装饰装修材料,使用有助于环境保护和人身健康的材料,把对环境对人造成的危害降低到最小。新型绿色装饰装修材料种类繁多,想要全面了解和掌握各种建筑装饰材料的性能、特点和用途,首先应对其有一个全面的了解,并学会正确选择建筑装饰材料。建筑装饰装修工程中,对建筑装饰材料通常采用按装饰部位不同分类、按化学成分不同分类、按材料主要作用不同分类、按燃烧性能不同分类和建筑装饰材料的综合分类。

1. 按装饰部位不同分类

根据装饰部位的不同,建筑装饰材料可以分为外墙装饰材料、内墙装饰材料、地面装饰材料和顶棚装饰材料 4 大类。

(1) 外墙装饰材料。外墙装饰材料种类较多，如外墙涂料、釉面砖、陶瓷锦砖、天然石材、装饰抹灰、装饰混凝土、金属装饰材料、玻璃幕墙等。

(2) 内墙装饰材料。内墙装饰材料发展较快，如墙纸、内墙涂料、釉面砖、陶瓷锦砖、天然石材、饰面板、木材装饰板、织物制品、塑料制品等。

(3) 地面装饰材料。地面装饰材料如木地板、复合木地板、地毯、地砖、天然石材、塑料地板、水磨石等。

(4) 顶棚装饰材料。如轻钢龙骨、铝合金吊顶、纸面石膏板、矿棉吸声板、超细玻璃棉板、顶棚涂料等。

根据装饰部位不同，装饰材料分类的详细情况如表 5-1 所示。

建筑装饰材料按装饰部位不同分类 表 5-1

装饰材料分类	装饰部位	材料举例
外墙装饰材料	包括外墙、阳台、台阶、雨篷等建筑物全部外露部位装饰所用的装饰材料	天然花岗石、陶瓷装饰制品、玻璃装饰制品、涂料、金属制品、装饰混凝土、装饰砂浆、合成装饰材料等
内墙装饰材料	包括内墙面、墙裙、踢脚线、隔断、花架等内部构造所用的装饰材料	壁纸、墙布、内墙涂料、织物制品、塑料饰面板、大理石、人造石材、内墙面砖、人造板材、玻璃制品、隔热吸声装饰板、木装饰材料等
地面装饰材料	指地面、楼面、楼梯等结构的装饰材料	地毯、地面涂料、天然石材、人造石材、陶瓷地砖、木地板、塑料地板、复合地板等
顶棚装饰材料	指室内顶棚用的装饰材料	石膏板、矿棉装饰吸声板、珍珠岩装饰吸声板、玻璃棉装饰吸声板、钙塑泡沫装饰吸声板、聚苯乙烯泡沫塑料装饰吸声板、纤维板、涂料、金属材料

2. 按化学成分不同分类

根据材料的化学成分不同，建筑装饰材料可以分为有机高分子装饰材料、无机非金属装饰材料、金属装饰材料和复合装饰材料 4 大类。这是一种科学的分类方法，除半导体和有机硅（硅胶）这两种材料外，世界上所有的装饰材料均可按如下 4 大类归类。

(1) 有机高分子装饰材料很多，如以树脂为基料的涂料、木材、竹材、塑料墙纸、塑料地板革、化纤地毯、各种胶粘剂、塑料管材及塑料装饰配件等。

(2) 无机非金属装饰材料是建筑装饰工程中最常用的材料，如各种玻璃、天然饰面石材、石膏装饰制品、陶瓷制品、彩色水泥、装饰混凝土、矿棉及珍珠岩装饰制品等。

(3) 金属装饰材料又分为黑色金属装饰材料和有色金属装饰材料。黑色金属装饰材料主要有不锈钢、彩色不锈钢等，有色金属装饰材料主要有铝、铝合金、铜、铜合金、金、银、彩色镀锌钢板制品等。

(4) 复合装饰材料可以是有机材料与无机材料的复合，也可以是金属材料与非金属材料的复合，还可以是同类材料中不同材料的复合。如人造大理石，是树脂（有机高分子材料）与石屑（无机非金属材料）的复合；搪瓷是铸铁或钢板（金属材料）与瓷釉（无机非金属材料）的复合；复合木地板是树脂（人造有机高分子材料）与木屑（天然有机高分子材料）的复合。

3. 按燃烧性能不同分类

按装饰材料的燃烧性能不同，可以分为 A 级、B_1 级、B_2 级和 B_3 级 4 种。A 级装饰材料具有不燃性，如嵌装式石膏板、花岗岩等；B_1 级装饰材料具有难燃性，如装饰防火板、阻燃墙纸等；B_2级装饰材料具有可燃性，如胶合板、墙布等；B_3级装饰材料具有易燃性，如木材、涂料、酒精等。

4. 建筑装饰材料的综合分类

对建筑装饰材料，按化学成分不同分类，是一种比较科学的方法，反映了各类建筑装饰材料本质的不同；按装饰部位不同分类，是一种比较实用的方法，在工程实践中使用起来较为方便。但是，它们共同存在着概念上和分类上模糊的缺陷，如磨光的花岗石板材，既可以做内墙装饰材料，也可以做外墙装饰材料，还可以做室内外地面装饰材料，究竟属于哪一种装饰材料，很难准确地进行分类。

对建筑装饰材料采用综合分类法，则可解决以上这一矛盾。综合分类法的原则是：多用途装饰材料，按化学成分不同进行分类；单用途装饰材料，按装饰部位不同进行分类。如磨光花岗岩板材，是一种多用途的装饰材料，其属于无机非金属材料中的天然石材；覆塑超细玻璃棉板，是一种单用途装饰材料，其可直接归入顶棚类装饰材料。在对建筑物进行内外装饰时，不要盲目地选择高档、价贵或价低的材料，而应根据工程的实际情况，从多方面综合考虑，选择适宜的装饰装修材料。一般情况下应从以下方面进行选择。

（1）要考虑所装饰的建筑物的类型和档次。所装饰装修的建筑物类型不同，选择的建筑装饰装修材料也应当不相同；所装饰装修的建筑物档次不同，选择的建筑装饰装修材料更应当有区别。

（2）要考虑建筑装饰材料对装饰效果的影响。建筑装饰装修材料的种类、质量、尺寸、线型、纹理、色彩等，都会对装饰效果产生一定的影响。

（3）要考虑建筑装饰材料的耐久性。根据装饰装修工程的实践经验，对建筑装饰装修材料的耐久性要求主要包括3个方面，即力学性能、物理性能和化学性能。

（4）要考虑建筑装饰材料的经济性。从经济角度考虑建筑装饰装修材料的选择，应当有一个总体的观念，既要考虑到装饰装修工程的一次性投资大小，也要考虑到日后的维修费用，还要考虑到建筑装饰装修材料的发展趋势。

（5）要考虑建筑装饰装修材料的环保性。选择的建筑装饰装修材料应符合现行环保标准的要求，即不会散发有害气体，不会产生有害辐射，不会发生霉变锈蚀，对人体具有较好的保健作用。

（二）室内装饰对材料的环保要求

建筑装饰装修材料是应用最广泛的建筑功能性材料，深受广大消费者的关注和喜爱。随着人们生活水平的提高和环保意识的增强，建筑装饰装修工程中不仅要求材料的美观、耐用，更关注的是有无毒害，对人体的健康影响及环境的影响。因此，了解室内装饰对所用材的环保要求，如何科学地选择室内装饰装修材料是一个非常重要的问题。

科学选材、注重环保要做到室内环保装修，最关键的是要杜绝有害装饰材料。在进行装饰装修时，消费者应当特别重视对材料的选择，严格把好材料装饰装修的质量关。由于消费者用肉眼无法识别产品是否合格，因此在选购装饰装修材料时应向经营者索要产品质量检验报告。例如，在购买大理石和花岗岩板材时，经营者应提供产品的放射性指标；在购买各类地板时，要查看产品的甲醛释放量指标，有机挥发物指标和尺寸稳定性；在购买家具时，经营者应提供《家具使用说明》，看是否标明甲醛的含量。另外，要注意产品检验报告的真实性，当消费者怀疑检验报告的真实性时，应该到国家权威部门进行咨询和验证。

要实现装饰装修环保需要在经济上付出一定的代价,从目前的实际情况来看,环保装饰装修产品的价格比同类非环保产品偏高。因此,消费者要达到装饰装修环保,就必须要付出较高的经济代价。特别应当注意的是,室内装饰装修不但要求所用的主要装饰材料环保,所用的胶粘剂和腻子等也要环保。

科学设计、精心施工在确定建筑装饰装修工程设计方案时,要注意各种建筑装饰装修材料的合理搭配、房屋空间承载量的计算和室内通风量的计算等。在进行施工时,要选择符合室内环境且不会造成室内环境污染的施工工艺。例如,在实木地板和复合地板的下面铺装人造板材,或者在墙面处理时采取了不合理的工艺等,这些都会导致室内环境的污染。要做到科学设计,首先要提高设计队伍的整体素质,这是提高装饰工程设计质量的根本,因为设计者是形成装饰装修工程质量优劣和是否环保的主体,他们设计水平的高低会直接影响室内装饰装修的整体布局和风格,也会影响整体的装饰装修费用和室内的环境质量。另外,建立一支高素质的施工队伍,也是装饰装修行业需要迫切解决的问题,他们是在整个装饰装修过程中的第一现场,他们施工质量的好坏会反映出设计师的设计水平,能否最大限度地反映出设计师的设计。

(三)装饰材料有害物质限量标准

人造板及其制品中甲醛释放限量。甲醛是具有强烈刺激性的气体,是一种挥发性有机化合物,对人体健康影响严重。1955年,甲醛被国际癌症研究机构(IARC)确定为可疑致癌物。根据我国现行国家标准《室内装饰装修材料 人造板及其制品中甲醛释放限量》GB 18580—2017中的要求,室内装饰装修用人造板及其制品,其甲醛释放量试验方法及限量值应符合表5-2中的规定。

人造板及其制品甲醛释放量试验方法及限量值 表5-2

产品名称	试验方法	限量值	使用范围	限量标志[①]
中密度纤维板、高密度纤维板、刨花板、定向刨花板等	穿孔萃取法	≤9mg/100g	可直接用于室内	E_1
		≤30mg/100g	必须饰面处理后才允许用于室内	E_2
胶合板、装饰单面贴面胶合板、细木工板等	干燥器法	≤1.5mg/L	可直接用于室内	E_1
		≤5.0mg/L	必须饰面处理后才允许用于室内	E_2
饰面人造板(包括浸渍纸层压木质地板、实木复合地板、竹地板、浸渍胶膜纸饰面人造板等)	气候箱法[②]	≤0.12mg/L	可直接用于室内	E_1
	干燥器法	≤1.5mg/L		

①E_1为可直接用于室内的人造板材,E_2为必须饰面处理后可允许用于室内的人造板材。
②仲裁时采用气候箱法。室内溶剂型涂料有害物质限量根据《溶剂型木器涂料中有害物质限量》GB 18581—2020中的规定,溶剂型木器涂料中有害物质限量值应符合表5-3中的要求。

溶剂型木器涂料中有害物质限量值 表5-3

项目	限量值				
	聚氨酯类涂料		硝基类涂料	醇酸类涂料	腻子
	面漆	底漆			
挥发性有机化合物含量[①](VOCs)/(g/L)≤	[光泽(60°)≥80 单位值]:550 [光泽(60°)<80 单位值]:650	600	700	450	≤550

续表

项目	限量值				
	聚氨酯类涂料		硝基类涂料	醇酸类涂料	腻子
	面漆	底漆			
苯含量[①]/%	≤0.30				
甲苯、二甲苯、乙苯含量[①]总和/%	20	20	20	5	30
游离二异氰酸酯(TDI、HDI)含量总和[②]/%	0.40	—	—	0.40[④]	
甲醇含量[①]/%	—		0.30	—	0.30[⑤]
卤代烃含量[①,③]/%	0.10				
可溶性重金属含量(限色漆、腻子和醇酸清漆)/(mg/kg)	铅 Pb	90			
	镉 Cd	75			
	铬 Cr	60			
	汞 Hg	60			

① 按产品明示的施工配比混合后测定，如稀释剂的使用量为某一范围时，应按照产品施工配比规定的最大稀释比例混合后进行测定。

② 如果聚氨酯类涂料和腻子规定了稀释比例或由双组分或多组分组成时，应先测定固化剂（含游离二异氰酸酯预聚物）中的含量，再按产品明示的施工配比计算混合后涂料中的含量，如稀释剂的使用量为某一范围时应按照产品施工配比规定的最小稀释比例进行计算。

③ 包括二氯甲烷、1,1-二氯乙烷、1,2-二氯乙烷、三氯甲烷、1,1,2-三氯乙烷、四氯化碳。

④ 限聚氨酯类腻子。

⑤ 限硝基类腻子。

（四）内墙涂料中有害物质限量

根据《建筑用墙面涂料中有害物质限量》GB 18582—2020 中的规定，内墙涂料中有害物质限量值应符合表 5-4 中的要求。

内墙涂料中有害物质限量值　　　　表 5-4

项目	限量值	
	水性墙面涂料[①]	水性墙面腻子[②]
挥发性有机化合物含量(VOCs)	80g/L	10g/kg
苯、甲苯、乙苯、二甲苯总和/(mg/kg)	100	
游离甲醛/(mg/kg)	50	
可溶性重金属/(mg/kg)	铅 Pb	90
	镉 Cd	75
	铬 Cr	60
	汞 Hg	60

① 涂料产品所有项目均不考虑稀释配比。

② 膏状腻子所有项目均不考虑稀释配比，粉状的腻子除了可溶性重金属项目直接测试粉体外，其余 3 项按产品规定的配比将粉体与水或胶粘剂等其他液体混合后测试。如配比为某一范围时，应按照水用量最小、胶粘剂等其他液体用量最大的配比混合后测试。

（五）木家具中有害物质国家控制标准

根据《室内装饰装修材料 木家具中有害物质限量》GB 18584—2001 中的规定，木家具产品中的甲醛释放量和重金属含量应符合表 5-5 中的要求。

木家具产品中的甲醛释放量和重金属含量　　　　　表 5-5

项目		限量值
甲醛释放量/(mg/L)		1.5
重金属含量(限色漆)/(mg/kg)	可溶性铅	90
	可溶性镉	75
	可溶性铬	60
	可溶性汞	60

（六）室内装修用胶粘剂有害物质限量

按现行国家标准《室内装饰装修材料 胶粘剂中有害物质限量》GB 18583—2008 中的规定，室内装饰装修用的胶粘剂可分为溶剂型、水基型和本体型 3 类，对它们各自有害物质的限量并有明确规定。溶剂型胶粘剂中的有害物质的限量如表 5-6 所示，水基型胶粘剂中的有害物质的限量如表 5-7 所示。

溶剂型胶粘剂中的有害物质的限量　　　　　表 5-6

项目	指标			
	氯丁橡胶胶黏剂	SBS 胶黏剂	聚氨酯类胶黏剂	其他胶黏剂
游离甲醛/(g/kg)	0.50		—	—
苯/(g/kg)	5.0			
甲苯＋二甲苯/(g/kg)	200	150	150	150
甲苯二乙氰酸酯/(g/kg)	—	—	10	—
二氯甲烷/(g/kg)		50		
1,2-二氯甲烷/(g/kg)	总量 5.0	总量 5.0	—	50
1,2,2-三氯甲烷/(g/kg)				
三氯乙烯/(g/kg)				
总挥发性有机物/(g/L)	700	650	700	700

注：若产品规定了稀释比例或产品由双组分或多组分组成时，应分别测定稀释剂和各组分中的含量，再按产品规定的配比计算混合后的总量。如稀释剂的使用量为某一范围时，应按推荐的最大稀释量进行计算。

水基型胶粘剂中的有害物质的限量　　　　　表 5-7

项目	指标				
	缩甲醛类胶黏剂	聚乙酸乙烯酯胶黏剂	橡胶类胶黏剂	聚氨酯类胶黏剂	其他胶黏剂
游离甲醛/(g/kg)	1.0	1.0	1.0	—	1.0
苯/(g/kg)	0.20				

续表

项目	指标					
	缩甲醛类胶黏剂	聚乙酸乙烯酯胶黏剂	橡胶类胶黏剂	聚氨酯类胶黏剂	其他胶黏剂
甲苯＋二甲苯/(g/kg)	10				
总挥发性有机物/(g/L)	350	110	250	100	350

（七）绿色装饰装修材料发展趋势

随着国民经济的快速发展，房地产市场日益火爆，装饰材料市场普遍多元化，从而推动了建筑装饰业的全面发展。随着我国房地产业和装饰行业的快速发展，市场对建筑装饰材料的需求持续增长，建筑装饰装修材料业处在黄金发展时期，然而建筑能耗问题也随之呈现，导致我国建筑装修材料业呈现部品化、绿色化、多功能和智能化四大发展方向。建设部《关于推进住宅产业现代化提高住宅质量的若干意见》文件中，明确了建立住宅部品体系是推进住宅产业化的重要保证的指导思想，同时也提出了建立住宅部品体系的具体工作目标"到2010年初步形成系列的住宅建筑体系，基本实现住宅部品通用化和生产、供应的社会化"。

住宅建筑部品化的基本要素和理念通俗地讲，住宅是由住宅部品组合构建而成，而住宅建筑部品是由建筑装饰材料、制品、产品、零配件等原材料组合而成；部品是在工厂内生产的产品，是系统和技术配套整体的部件，通过现场组装，做到工期短、质量好。住宅作为一个商品，它的生产制造不同于一般的商品。它不是在工厂里直接生产加工制作而成，而是在施工现场搭建而成，因此住宅建筑部品化的水平高低，直接影响到住宅建造的效率和质量。住宅部品化，促进了产品的系统配套与组合技术的系统集成。建筑制品的工业化生产，使现场安装简单易行。住宅建筑部品化，推动了产业化和工业化水平的提高，不仅提高了住宅建造效率，也大幅度提高了住宅的品质。

建筑制品化发展趋势已取得一定成绩，如家庭用楼梯，浴室中的淋浴房、整体厨房等，都是制品化发展的具体体现。以整体淋浴房为例，顾名思义是指将玻璃隔断、底盘、浴霸、浴缸、淋浴器及各式挂件等淋浴房用具进行系统搭配而成的一种新型淋浴房形式。整体淋浴房按使用要求合理布局，巧妙搭配，实现浴房用具一体化，以及布局、功能一体化。在这个水、电、电气扎堆的"弹丸之地"，全面发挥其功能，并解决好建筑业与制造业脱节的问题，有关方面已经制订和正在制订一系列技术标准，这将有力地加快建筑部品化发展进度。

绿色化发展方向绿色建筑装饰材料是指那些能够满足绿色建筑需要，且自身在制造、使用过程以及废弃物处理等环节中对地球环境负荷最小和有利于人类健康的材料。同时符合或具备下列要求和特征的建筑装饰材料产品称为绿色建筑装饰材料：①质量符合或优于相应产品的国家标准；②采用符合国家规定允许使用的原料、材料、燃料或再生资源；③在生产过程中排出废气、废液、废渣、尘埃的数量和成分达到或少于国家规定允许的排放标准；④在使用时达到国家规定的无毒、无害标准并在组合成建筑部品时，不会引发污染和安全隐患；⑤在失效或废弃时，对人体、大气、水质和土壤的影响符合或低于国家环保标准允许的指标规定。建筑装饰材料生产是资源消耗性很高的行业，大量使用木材、石材,以及其他矿藏资源等天然材料,化工材料、金属材料。消耗这些原材料对生态环境和地球资源都会有重要的影响。节约原材料已成为国家重要的技术经济政策。

环保型产品是对绿色建筑装饰材料的基本要求,健康性能是建筑物使用价值的一个重要因素,含有放射性物质的产品,含有甲醛、芳香烃等有机挥发性物质的产品是构成对环境污染和危害人体健康的主要产品,已经引起各方面高度关注,国家对此也制定了严格的标准,许多产品都纳入"3C"认证。抗菌材料、空气净化材料是室内环境健康所必需的材料。以纳米技术为代表的光催化技术是解决室内空气污染的关键技术。目前具有空气净化作用的涂料、地板、壁纸等开始在市场上出现。它们代表了建筑装饰材料的发展方向,不仅解决甲醛、VOCs等空气污染,而且还解决人体自身的排泄和分泌物带来的室内环境问题。

多功能、复合型发展方向当前,对建筑装饰材料的功能要求越来越高,不仅要求具有精美的装饰性,良好的使用性,而且要求具有环保、安全、施工方便、易维护等功能。市场上许多产品功能单一,远不能满足消费者的综合要求。因此,采用复合技术发展多功能复合建筑装饰材料已成定势。

复合建筑装饰材料通过结合两种或以上的不同物理和化学性质材料,创造出具有多项特点的新型建筑装饰材料。这种材料能够融合各组分的优势,实现多功能性,代表着建筑装饰材料行业的发展方向。许多专家预测,在21世纪,复合材料将在建筑领域扮演越来越重要的角色。以"大理石陶瓷复合板"为例,这是一种创新的复合建筑装饰材料。它由3～5mm厚的天然大理石薄片与5～8mm厚的高强度陶瓷基板,通过特殊的高强抗渗粘合剂复合而成。与传统的大理石相比,大理石陶瓷复合板的抗折强度显著提高,同时具备了轻质、易于安装等优点。这种复合材料不仅继承了天然大理石的优雅和高贵,提供了卓越的装饰效果,而且通过减少对天然石材的依赖,有助于提高资源的利用效率,减少石材的开采量。此外,大理石陶瓷复合板还有助于保护自然资源和环境,符合可持续发展的理念。随着科技的进步和市场对环保、高效材料的需求增加,复合建筑装饰材料的应用前景十分广阔。未来,我们可以预见,复合材料将在建筑装饰、结构增强、节能环保等多个领域得到更广泛的应用,为建筑行业带来革命性的变革,同时也为实现绿色建筑和可持续发展目标作出重要贡献。

第二节 绿色建筑装饰陶瓷

中国以其深厚的陶瓷文化和精湛的制陶技艺闻名于世,陶瓷不仅是中国实用性和艺术性的代表,更是中华文明的重要组成部分。中国陶瓷的发展见证了人类社会的进步,对世界文明作出了不可磨灭的贡献。

建筑陶瓷以其丰富的图案、光滑的釉面和明快的色泽,为室内外环境增添了无限魅力。瓷砖制品以其坚固耐用、美观大方和良好的耐久性,提高了人们的生活空间,提升了生活质量,为创造舒适、美观的居住环境提供了重要材料。然而,随着陶瓷制品大规模工业化生产的发展,也带来了能源和资源消耗、矿产资源枯竭、水资源浪费和环境污染等问题。这些问题的出现,对环境和可持续发展构成了挑战。在中国城镇化进程不断加快和建筑陶瓷需求量急剧增加的背景下,研发绿色环保的建筑陶瓷制品显得尤为重要。这不仅能够满足人们对美观、实用建筑陶瓷的需求，还能有效节约自然资源，保护生态环境，促进人类社会的长远发展。未来，建筑陶瓷行业需要进一步推动技术创新，发展循环经济，提高资源利用效率，减少能源消耗和废弃物排放。同时，还需要加强环保意识，推广绿色生产和消费模式，实现建筑陶瓷行业的可持续发展。

建筑陶瓷是一种广泛应用于建筑装饰和装修的材料，它具有耐磨性、耐火性、耐化学腐蚀性、良好的导热性能等特点。根据不同的材质和用途，建筑陶瓷可以分为以下几类。

1. 地砖

地砖是建筑陶瓷中最常见的一种，适用于地面的装饰。地砖通常采用陶瓷釉面工艺制作，表面平整光滑，颜色多样。地砖具有耐磨、易清洁、防滑等特点，常用于居住区、商业区等场所的地面装修。

2. 墙砖

墙砖也是一种常见的建筑陶瓷材料，用于墙面装饰。墙砖通常采用釉面砖工艺制作，不同于地砖的平整光滑，墙砖表面常常设计有纹理、花色等装饰性图案。墙砖的特点是易清洁、防污、防潮等，常用于公共建筑、住宅等场所的墙面装修。

3. 陶瓷锦砖

陶瓷锦砖是一种小块的建筑陶瓷，可以是方形、长方形、圆形等形状。陶瓷锦砖多用于装饰墙面、地面、顶面等，也可以用于装饰家具、艺术品等。陶瓷锦砖的特点是颜色多样、质感丰富、图案可变性强。陶瓷锦砖常用于室内装修，能够营造出独特的装饰效果。

4. 屋面瓦

屋面瓦是用于建筑屋顶的一种陶瓷材料，具有隔热、隔声、抗风、防水等特点。屋面瓦可以分为平瓦、弧形瓦、波浪瓦等不同形状。屋面瓦在建筑装饰中起到保护建筑物的作用，同时也能够增加建筑的美观性。

建筑装饰陶瓷相对于其他装饰材料来说，有着其自身的独特性，它生产所利用的材料为不可再生资源，是黏土和釉料充分结合在窑炉高温作用下的产物。由于建筑装饰陶瓷原材料具有不可再生性，在其烧制的过程中也越来越多地考虑环保因素。绿色陶瓷是指在陶瓷的生产、使用、废弃和再生循环过程中与生态环境相协调，满足最少资源和能源消耗、最小或无环境污染、最佳使用性能、最高循环再利用率，并且对人类的生活无毒害而设计生产的陶瓷。下面以绿色瓷砖为例，介绍绿色建筑装饰陶瓷的主要特点。

1. 使用寿命长

瓷砖是建筑装饰墙体和地面工程最常用的耐用消费品，它的质量好坏直接关系到使用寿命的长短。质量符合现行标准的瓷砖能够延长使用寿命，可以降低装饰工程的综合成本。反之，如果瓷砖的质量差，使用周期会必然会大大缩短，在短时期内需要进行维修或重新铺装，这样就会加大市场的瓷砖流通量，无形中会造成资源和能源的浪费。在室内装饰装修中，如果因墙地面的瓷砖损坏，需要重新贴装的话，会带来很多的生活麻烦，人力和物力都是一笔不小的浪费。所以，在开发绿色环保瓷砖时，要把使用寿命这一因素考虑进去。工程实践和材料试验证明，瓷砖的使用寿命主要取决于瓷砖的硬度，当然硬度也不是越高越好，只要能够达到一定的标准，硬度适中即可，就会有很长的使用寿命。

2. 节约资源

目前，瓷砖生产的主要原料是高岭土等不可再生资源，这种资源更新的速度非常慢，如果我们在生活生产中不节约利用，总有用完的一天。我们的当务之急就是要降低瓷砖生产过程中资源的消耗，促进生产企业的节能减排，为资源节约型和环境友好型社会的建设贡献一分力量。从长远来看，瓷砖生产企业要加大科技投入力度，培养高素质的科技人才，要利用高新技术研制可再生资源来代替传统原材料生产。在节能降耗及科研投入的基础上，瓷砖生产企业同样要转变思想，更新观念，以科学发展、可持续发展理念来指导企业的生产。要改变落后的观念，重要的一个误区就是瓷砖的厚度，人们一直认为瓷砖越厚，质量越好，其实不然，只要其承载能力达到一定的标准，就可以发挥它应有的作用。厚度高的瓷砖消耗的资源也越多，而且瓷砖越厚，其烧结难度就越大；如果达不到合格的烧结度，那么很多瓷砖会被烧裂烧坏，不得已丢弃重新烧制，这就浪费了大量的原材料以及人力和物力，这不但不符合节约环保的理念，还浪费了大量资源。要实现可持续发展、低碳发展，政府和媒体就要引导消费者转变原有观念，大力推广薄瓷砖。由于瓷砖生产技术水平的不断提高，我国已经成功研制生产出优质瓷质薄板砖，这种砖不仅能节约资源，降低能源消耗，节约人力资源成本，而且包装容易，减轻运输重量，易于打孔、切割和铺装，更重要的是还能减少室内空间的占用，增加了可利用的室内空间。现阶段，在政府和企业的共同努力下，这种新型瓷砖产量和销量也在大幅度提高，市场前景非常广阔，是瓷砖产业发展的一种必然趋势。

3. 具有抗菌自洁的功能

绿色瓷砖除了具有以上特性，还应该能够有利于人体与其接触使用过程的侵蚀。市场上有一种具有抗菌自洁功能的瓷砖，也称为二氧化钛膜面陶瓷或者叫光催化陶瓷，是在陶瓷釉中加入氧化银、二氧化钛等材料，经过高温烧制而成，在瓷砖的表面形成二氧化钛套膜。这层保护膜在光线的作用下，能够发生催化氧化作用，从而分解空气中的有害物质，达到净化空气的作用，为人类健康的居室空间保驾护航。目前市场上还有一种负离子釉面砖，也能达到很好的抗菌效果。这种负离子釉面砖能够持续向空气中释放有益健康的负离子，这些负离子会和空气中的细菌、粉尘、污染物等接触，发生化学反应，从而能够杀灭细菌，还能够消除甲醛等有害气体。不仅如此，釉面砖中的负离子还可以把空气中的这些有害物质转化为水和二氧化碳，进而起到净化居室环境的功效。

4. 安全性较高

健康是们一直非常关注的课题。随着生活水平的不断提高，人们对室内装修健康的要求也与日俱增，已不再仅仅是美观、实用，人们需要在装饰功能的基础上更加注重健康、绿色环保。室内装修中地面铺设要使用绿色瓷砖，因为绿色瓷砖节约能源和资源，生产过程中环保卫生，废弃物无毒、无污染、无放射性，对于环境保护和人体健康都有利。和传统瓷砖比起来，绿色瓷砖应该具有"节约能源、无污染和可再生"的特性。瓷砖所使用原材料为高岭土、砂石和石英等，这些原材料多是金属氧化物，或多或少都存在一定的放射性，会对人类健康造成威胁。但是，烧制瓷砖所使用原料不同，瓷砖的放射性多少也会不同，这就要求瓷砖生产企业积极探索研制新型的瓷砖原料配方，并严格控制瓷砖原料配方的放射性元素含量，把瓷砖的放射性控制在最小的范围之内，以达到绿色环保、保护人类、保护地球生态环境的目标。

5. 装饰性较强

建筑装饰陶瓷材料绝大部分贴铺于建筑物的表面，对建筑物起着美化的作用。因此，绿色环保型瓷砖的生产不仅要求科技含量高，采用新型的陶瓷配方，对废料进行再利用，而且要求瓷砖具有良好的装饰性能。在绿色瓷砖的设计生产中，要充分考虑到瓷砖的颜色和造型适合大众消费者，使瓷砖在装修过程中易于施工，容易搭配家具的陈设，节约人力物力，降低工程造价。绿色瓷砖的造型应以方形为主，特殊部位（如卫生间、阳台等）可设计一些实用美观的墙面砖或立体瓷砖。

常见的建筑装饰陶瓷主要有以下几种。

（一）泡沫陶瓷

泡沫陶瓷是一种造型上像泡沫状的多孔陶瓷，它是继普通多孔陶瓷、蜂窝多孔陶瓷之后，最新发展起来的第三代多孔陶瓷产品。这种高技术陶瓷具有三维连通孔道，同时对其形状、孔尺寸、渗透性、表面积及化学性能均可进行适度调整变化，制品就像是"被钢化了的泡沫塑料"或"被瓷化了的海绵体"。

作为一种新型的无机非金属过滤材料，泡沫陶瓷具有气孔率高、比表面积大、抗震性好、质量轻、强度高、耐高温、耐腐蚀、再生简单、使用寿命长及良好的过滤吸附性等优点，与传统的过滤器如陶瓷颗粒烧结体、玻璃纤维布相比，不仅操作简单、节约能源、成本低，而且过滤效果好。泡沫陶瓷可以广泛地应用于冶金、化工、轻工、食品、环保、节能等领域。我国开展泡沫陶瓷的研究工作较晚，但进展速度快并取得了较大进展，部分产品已经形成标准化、系列化。但是我国的泡沫陶瓷从整体技术水平上与国外相比还有一定的差距。泡沫陶瓷导热系数较低，这种材料具有很好的隔热保温效果。利用这种优点可以将其用于各种防止热辐射的场合，以及用于建筑工程的保温节能方面。因此，从环保和节能两个方面都是非常有利的。例如，当冬天或夏天在室内打开空调的时候，就需要房屋具有良好的隔热能力，否则室内温度的调节就很难实现。这种材料在我国部分新建的住宅小区和办公楼中已经开始得到应用，并取得了一定的经验。

由于泡沫陶瓷具有大量的由表及里的三维互相贯通的网状小孔结构，当声波传播到泡沫陶瓷上时，会引起孔隙中的空气振动，由于孔隙中空气和孔壁的黏滞作用，声波转换为热能而消耗，从而达到吸收噪声的效果。国内外一些新型建筑广泛采用泡沫陶瓷作为墙体材料，均能达到非常好的隔声和吸声效果。目前，有些专家正在研究把泡沫陶瓷作为一种降声、隔声的屏障，用于地铁、隧道、影剧院等有较高噪声的地方，试验取得良好效果。

（二）陶瓷透水砖

目前，许多城市街道路面铺设了大理石、釉面砖、水泥砖、混凝土等材料。这些路面材料透水性和透气性很差，自然降水不能很快渗入地下，通过多次反复试验，应用生态陶瓷透水砖是城市中留住自然降水的有效方法。陶瓷透水砖是指利用陶瓷原料经筛分选料，组织合理颗粒级配，添加结合剂后，经成型、烘干、高温烧结而形成的优质透水建筑装饰材料。陶瓷透水砖的生产工艺是将煤矸石、废陶瓷、废玻璃用颚式破碎机进行破碎，再用球磨机将颗粒形状磨均匀。将颗粒筛分为粗、细固体颗粒，把水、胶粘剂和粗细固体颗粒分别混合均匀，然后压制成型，最后放入隧道窑中，经过干燥后，在1160℃高温下煅烧，即可制成微孔蜂窝状陶瓷透水砖。制造时可根据需求，在原料中加入适量的颜料，配制成不同颜色的陶瓷透水砖。

根据我国各地应用陶瓷透水砖的经验来看，生态环保的陶瓷透水砖具有以下优点。

1. 具有较高的强度

产品是经过1200～1300℃高温烧成，产品结合是由颗粒间物理成分熔融后冷却形成的结合，强度非常高。其抗压强度通常大于50MPa，抗折强度大于7MPa，表面莫氏硬度可达到8级以上。

2. 防滑和耐磨性能好

陶瓷透水砖表面颗粒较粗，具有良好的防滑性和耐磨性，雨水渗透快，雨后和雪后不积水、不形成冰层，防滑效果最佳。

3. 良好的生态环保性能

这种透水砖可采用陶瓷废料、下水道污泥颗粒、废玻璃、煤矸石等工业固体废料生产，不仅减少了工业废渣对环境的污染，而且可重复利用，节约矿产资源和能源。

4. 抗冻融性能好

由于颗粒间孔隙大，颗粒之间的结合是烧结形式，对于北方的冻融有良好的抗性，很好地解决了水泥透水砖的透水好而抗冻融不过关，抗冻融好则不透水的技术难题。

5. 经济性良好

陶瓷透水砖铺设方法简便，虽然材料价格高于同类型的混凝土砌块砖，但其综合成本较低，使用年限远远超过其他路面装饰材料，具有良好的经济实用性。

6. 可改善城市微气候、阻滞城市洪水的形成

陶瓷透水砖的孔隙率在20%～30%，本身有良好的蓄水能力，在夏天，雨后水吸满渗透入地下，滋养地气、涵养水源、给树木和花草提供水分；在阳光强烈时，水分蒸发可降低地表温度，改善微气候。如果形成大面积铺装，可有效阻滞雨水的流失，减少城市洪水形成的概率。

（三）自洁陶瓷

传统陶瓷生产工艺所致，建筑卫生陶瓷釉面尽管基本光洁，但仍存在微小凹凸不平的缺陷，如在显微镜下，可见大量微小针孔。正是这些微小针孔，使产品在使用过程中会挂脏，需经常清洗。另外，这些挂脏会给老霉菌繁殖提供营养，使产品表面黑斑点点，甚至传染病菌，自洁陶瓷就是为了克服上述缺陷而开发的一种新型高档制品，可大大减少清洗次数，可节约水资源。自洁陶瓷又称智洁陶瓷，它是利用纳米材料，将陶瓷釉面制成无针孔缺陷的超平滑表面，使釉面不易挂脏，即使有污垢，也能被轻松冲洗掉的一种新型陶瓷制品，可用作卫生陶瓷和室内釉面砖。材料试验证明，TiO_2在紫外线照射激发具有光催化作用，在瓷砖表面负载一层纳米级的TiO_2颗粒，使得瓷砖具有自清洁、抗菌和除臭的功能。这种薄膜透明无色，不影响釉面的装饰效果。此外，TiO_2薄膜属于无机材料，具有不易燃和耐腐蚀的特征。经紫外线激发后，TiO_2涂层的瓷砖的光催化作用会持续很长时间，能破坏有机物结构，提高瓷砖表面的润湿性。

归纳起来，自洁陶瓷具有以下功能。

1. 具有灭菌功能

TiO_2被激发后产生的电子-空穴对，其具有强氧化性，当有机物、微生物、细菌等与TiO_2薄膜接触时，就会被氧化成二氧化碳和水，从而起到灭菌的作用。

2. 具有自清洁或易清洁性能

由于TiO_2薄膜涂层润湿性高，水可轻易在瓷砖的表面铺展开来。因此，自来水、雨水在这种瓷砖表面就相当于清洁剂。这样油脂、灰尘就不易黏附在光催化涂层上，而很容易脱离瓷砖面。这种陶瓷综合表现为自清洁或易清洁性，可降低清洁剂的用量。

3. 具有防雾功能

水滴是瓷砖表面产生雾化的直接原因，凝结水在润湿性高的TiO_2薄膜上很快铺展开来，很难在瓷砖表面形成水滴，因此可以起到防雾作用。这种陶瓷在干燥状态下也能去除污迹，使得瓷砖表面保持干净。这种性能在浴室尤其重要，使瓷砖具有优良的冲洗效果。

4. 能够清新空气

在循环流动的空气中，自洁陶瓷的光催化涂层将与其表面接触的微生物杀灭，从而具有去除臭味、清新空气的作用，可用于卫生陶瓷、外墙釉面砖、医院病房、盥洗间、浴室等方面。

（四）抗菌陶瓷

抗菌陶瓷是指在卫生陶瓷的釉中或釉面上加入或在其表面上浸渍、喷涂或滚印上无机抗菌剂，从而使陶瓷制品表面上的致病细菌控制在必要的水平之下的抗菌环保自洁陶瓷。早在20世纪80年代末，工业发达国家就在医院、餐厅、高级住宅首先开始使用抗菌建筑卫生陶瓷制品。近年来，普通家庭逐步开始使用抗菌陶瓷。抗菌陶瓷在保证陶瓷装饰效果的前提下，具有抗菌、除臭的功能。总结国内外抗菌剂的发展及应用，基本上可以把抗菌保健陶瓷分为4种。

1. 银系抗菌陶瓷

将含有金属离子的无机物加入到釉料中通过适当的烧成制度制备抗菌釉，从而制成抗菌陶瓷制品。其抗菌机理是因为微量的银离子进入菌体内部，破坏了微生物细胞（细菌、病毒等）的呼吸系统及电子传输系统，引起了活性酶的破坏或氨基酸的坏死。另外，细菌和病毒接触到银离子、铜离子时，这些离子会进入微生物体内，引起它们的蛋白质的沉淀及破坏其内部结构，从而杀死细菌和病毒等。与此同时，银离子的催化作用，可将氧气或水中的溶解氧变成了活性氧，这种活性氧具有抗菌作用。研究表明，银系陶瓷制品的抗菌效果达到90%以上，而且化学稳定性良好，具有长期的抗菌功能。

2. 光触媒钛系抗菌保健陶瓷

光触媒钛系抗菌保健陶瓷也称为光催化性抗菌陶瓷。指的是在基础釉中加入二氧化钛，或通过在普通卫生陶瓷表面采用高温溶胶—凝胶法被覆TiO_2膜制备而成。这种陶瓷具有净化、白洁、杀菌功能。其作用机理是TiO_2等光触媒剂是一种半导体，在大于其带隙能含有紫外线的光照射条件下，TiO_2等光触媒剂不仅能完全降解。环境中的有害有机物生成CO_2和H_2O，而且可除去大气中低浓度的NO_x和含硫化合物H_2S、SO_2等有毒气体。另外，光照下生成的过氧化氢和氢氧团具有杀菌作用。同时，还可以在 TiO_2 中掺杂银系离子以提高其功效。银系离子加入后，一方面可为钛系半导体提供中间能量，使光的量子效率大大提高；另一方面可克服钛系触媒剂需要光照才能发挥的局限性，使该类制品在无光的情况下也能发挥良好的抗菌效果。实际应用结果表明，钛系抗菌陶瓷不仅能杀菌，而且可以分解油污、除去异味、净化环境。

3. 稀土激活银系、光触媒系复合抗菌素陶瓷

指的是在银系、光触媒抗菌剂中加入稀土元素原料而制成的抗菌保健瓷。其激活抗菌机理是当含有紫外线的光照射到光触媒抗菌剂时，由于其外层价电子带的存在，即产生电子和空穴，产生电子的同时，便伴随产生空穴，稀土元素价电子带会俘获光催化电子，故加入稀土的抗菌剂所产生的电子-空穴浓度远远高于未加入稀土的抗菌剂；与此同时，跳跃到稀土元素价电子带的部分电子也极易被银原子所夺而形成负银离子。由于稀土元素的激活，使抗菌剂的表面活性增大，提高了抗菌、杀菌效果，产生保健、抗菌、净化空气的综合功效。该类产品对各类细菌杀灭率高达95%以上。

4. 将远红外材料及其氧化物加入光触媒抗菌剂中而制成的抗菌陶瓷

该种产品在常温下能发射出8～18nm波长的远红外线，在医疗保健中能促进人体微循环，有利于人体健康。因此，这种材料在原有功能的基础上又增加了新的保健功能，更加受到人们的喜爱。但加入远红外材料后也有不利的一面。如二氧化锆的引入会降低杀菌效率，另外，过渡金属离子还会引起釉面不同的着色，故对日用陶瓷不宜引入。但对建筑卫生陶瓷，如内、外墙砖、地面砖可选择适量引入远红外材料。研究表明，含远红外原料的抗菌陶瓷较适用在白色荧光照明下使用。抗菌陶瓷产品的独特之处在于它们在传统陶瓷的制造过程中加入了特殊的抗菌剂，这些抗菌剂能够有效地抑制细菌、病毒和其他微生物的生长，从而提高产品的卫生性能。这种材料的研发和应用，不仅提高了建筑材料的功能性，也增强了人们的居住和办公环境的舒适度，对于提升公共卫生水平具有重要意义。

在医院等公共卫生场所，银系、光触媒、稀土激活类抗菌陶瓷产品因其强大的抗菌性能而得到广泛应用。银系抗菌剂具有良好的广谱抗菌性和持久效果，能够有效避免细菌交叉感染，保障患者和医务人员的健康。光触媒和稀土激活类抗菌陶瓷则可以通过光催化作用或稀土元素的激活作用，产生氧化还原反应，杀死各类细菌和病毒，同时还能分解有机污染物，净化空气。在理疗保健室，使用含有远红外材料的抗菌陶瓷可以促进人体血液循环，缓解疲劳，增强身体健康。远红外材料能够发射远红外线，这些光线被人体吸收后，可以加速血液循环，促进新陈代谢，对于消除身体疲劳和改善睡眠质量都有积极作用。家庭居室中的厨房和卫生间等场所，由于容易滋生细菌和产生异味，因此使用光触媒钛系或稀土激活钛系的抗菌净化陶瓷是非常合适的。这些抗菌陶瓷不仅能够杀死室内的各类细菌，防止各种微生物生长，还能消除污垢、除去异味，净化室内空气。这不仅有利于家人的身体健康，也能提高居住环境的整体质量。随着科技的进步和人们对健康生活环境的追求，抗菌陶瓷产品的种类和功能将会更加多样化。未来，抗菌陶瓷可能会被应用到更多的领域和场合，成为构建健康、安全、舒适环境的重要材料。

（五）太阳能瓷砖

日本是开发太阳能建筑材料较早的国家，曾采用在釉表面形成由氧化锡或氧化钴组成的电极层,再复合硅层和透明保护膜的工艺开发出太阳能瓷砖。但这种功能性瓷砖基体与电极层之间隔有釉层,发电率不高。近年来,日本一公司在坯体表面预先涂以磷硅酸盐玻璃或硼酸盐玻璃为基材的涂剂,烧成后再在其上面复合多层有机硅层、氧化锡或氧化钴质透明导电膜和防止反射保护膜,并设置与导电膜连接的供电设施如导电性导线或接缝,研制出新一代太阳能瓷砖。由于这种太阳能瓷砖不带釉层,用于建筑物墙面或屋面,能更有效地利用太阳能发电,显著降低建筑物的电耗;且在生产工艺上有了新的发展,不仅保持了太阳能发电的功能,而且其发电力更强。

(六)金属釉面砖

金属釉面砖作为一种高端的建筑装饰材料,其独特的制造工艺和优异的性能使其在市场上备受青睐。这种砖的制作过程涉及特殊的金属釉料,这些釉料经过高温烧制,能够赋予砖体金属般的光泽和质感。金属釉面砖不仅具有传统陶瓷砖的坚固和耐用,还增添了金属材料特有的美观和现代感。金属釉面砖的光泽耐久性是它的一个显著特点,这种光泽不是简单的金属反射,而是通过特殊的真空离子溅射工艺,将金属钛的化合物均匀地沉积在砖面,形成一层致密的金属光泽层。这层金属光泽层不仅使砖体颜色更加丰富,金色、银白、蓝色、黑色等光彩夺目,而且增加了砖体的装饰效果,使其在视觉上更加坚固、豪华和亮丽。除了美观,金属釉面砖的实用性也不容忽视。它具有良好的热稳定性,即使在温差较大的环境中也不会出现开裂或褪色。耐酸碱性和耐腐蚀性使其能够在恶劣的环境中保持稳定,不易被化学物质侵蚀。此外,金属釉面砖表面光滑,不易附着污渍,方便清洁,这对于频繁使用的公共空间尤为重要。由于金属釉面砖具有这些优异的性能,它常被用于高级宾馆、饭店、酒吧、咖啡厅等娱乐场所的墙面、柱面和门面的装饰。在这些场所,金属釉面砖不仅能够提升整体装修的档次,还能够展现出现代感和独特的艺术魅力。

随着人们对建筑装饰美观性和功能性要求的提高,金属釉面砖的设计和制作也在不断创新。未来,金属釉面砖可能会融入更多科技的元素,如智能变色、自洁等功能,使其在满足传统装饰需求的同时,还能够适应更加智能和环保的建筑发展趋势。

(七)陶瓷麻面砖

陶瓷麻面砖以其独特的表面效果和出色的物理性能,成为建筑装饰领域的一大流行趋势。这种砖的设计灵感来源于自然界的岩石,经过人工修凿后,呈现出粗糙、质朴的纹理,仿佛是大自然亲手雕刻的艺术品。陶瓷麻面砖的颜色多样,既有纯净的白色,也有温暖的黄色,以及其他多种颜色,能够满足不同装饰风格的需求。

在物理性能方面,陶瓷麻面砖表现出了极高的抗折强度和抗压强度,分别大于20MPa和250MPa,这使得它在面对日常磨损和压力时,能够保持稳定性和耐久性。低吸水率(小于1%)保证了砖体在潮湿环境下的防潮性能,同时,良好的防滑性能使得它在湿滑的环境中也能保持安全。

根据厚度的不同,陶瓷麻面砖可以分为薄型砖和厚型砖。薄型砖因其轻质和易于安装的特点,常被用于外墙饰面,能够提升建筑物的外观效果,同时也便于施工。厚型砖则因其厚重和耐磨的特性,适用于广场、停车场、人行道等地面铺设,能够承受更大的压力和磨损。

陶瓷麻面砖的规格通常比较小，以长方形和异形砖为主。异形砖因其不规则的形状和大小，常被用于广场铺砌，施工时可以采用鱼鳞形铺砌或圆环形铺砌等方法，这些独特的铺砌方式加上不同色彩和花纹的搭配，能够创造出极具艺术感和韵律感的地面效果。

随着建筑设计理念的不断创新，陶瓷麻面砖的应用领域也在不断扩展。设计师们利用陶瓷麻面砖的多样性和可塑性，创造出各种美观且实用的装饰效果。未来，陶瓷麻面砖可能会融合更多高科技元素，如智能材料和自洁技术，以满足建筑行业对新材料的不断创新和需求。

（八）黑瓷钒钛装饰板

黑瓷钒钛装饰板是以稀土矿物为原料研制成功的一种高档墙地饰面板材。该材料与花岗石、人造大理石以及陶瓷马赛克和彩面砖等常用的黑色建筑装修材料相比，具有黑色纯正、质地坚韧、光泽度高、耐腐蚀、不氧化、易加工、资源丰富、价格低廉等独特优点，其硬度、抗压强度、抗弯强度、吸水率均好于天然花岗岩，同时又弥补了天然花岗岩由于黑云母脱落造成的表面凹坑的缺憾。黑瓷钒钛装饰板是一种仿黑色花岗岩板材，规格有400mm×400mm和500mm×500mm，厚度为8mm，适用于宾馆饭店等大型建筑物的内、外墙面和地面装饰，也可用作台面、铭牌等。

第三节 绿色装饰混凝土

绿色装饰混凝土是一种近年来流行美国、加拿大、澳大利亚等世界主要发达国家，并迅速得以推广的绿色环保地面材料。绿色装饰混凝土能在原本普通的新旧混凝土表层，通过色彩、色调、质感、款式、纹理、机理和不规则线条的创意设计，通过图案与颜色的有机组合，创造出各种天然大理石、花岗岩、砖、瓦、木地板等天然石材铺设效果，具有图形美观自然、色彩真实持久、质地坚固耐用等显著特点。绿色装饰混凝土可以广泛应用于住宅、社区、商业、市政及文娱康乐等各种场合所需的人行道、公园、广场、游乐场、高尚小区道路、停车场、庭院、地铁站台、游泳池等处的景观创造，具有极高的安全性和耐用性。同时，它施工方便、无须压实机械，彩色也较为鲜艳，并可形成各种图案。更重要的特点是，它不受地形限制，可任意制作。具有装饰性、灵活性和表现力，正是装饰混凝土的独特性格体现。

（一）彩色混凝土

自水泥混凝土问世百余年来，各类建筑工程蓬勃发展，混凝土已成为建筑结构不可缺少的重要材料，为社会进步和经济发展作出了巨大贡献。但是，水泥混凝土饰面吊板、色彩灰冷的缺憾始终无法解决。20世纪50年代，彩色混凝土的出现彻底弥补了这一缺憾。彩色混凝土最突出的特点是：能够直接在水泥表面非常逼真地模仿许多高档建筑装饰材料的质地和色泽，一改水泥表面的灰暗冷淡，呈现出的效果酷似天然石材的效果。它能刻意表现出自然材质的粗糙、凹凸不平和多样的纹理，也可以平整如水、光亮如镜，同时其耐久性可与天然石材媲美，具有无限的色彩组合及其丰富的造型选择性。彩色混凝土是一种绿色环保型的装饰材料，目前，这种混凝土已被全世界多数国家和地区广泛使用。工程实践充分证明，彩色混凝土可把建筑物装饰得更加绚丽多姿，用彩色混凝土可以制作出不同的颜色和图案，使路面、广场、停车场更加丰富多彩；用彩色混凝土塑成的雕塑，显得更加生机勃勃；用彩色混凝土修饰花坛、树盘、草坪，使环境更加文明幽雅。彩色混凝土可有效地替代天然石材，不仅节省大量的石材资源，而且在某些方面天然石材也是无法比拟的。

彩色混凝土是通过使用特种水泥和颜料或选择彩色骨料，在一定的工艺条件下制得的装饰混凝土。由此可见，彩色混凝土可以在混凝土拌合物中掺入适量颜料（或采用彩色水泥），使整个混凝土结构（或构件）具有设计的色彩；也可以只将混凝土的表面部分做成设计的彩色。这两种施工方法各具有其不同的特点，前者施工质量较好，但工程成本较高；后者材料价格较低，但耐久性较差。彩色混凝土的装饰效果如何，主要取决于色彩，色彩效果的好与差，混凝土的着色是关键。这与颜料的性质、掺量和掺加方法有关。因此，掺加到彩色混凝土中的颜料，必须具有良好的分散性，暴露在自然环境中耐腐蚀不褪色，并与水泥和骨料相容。在正常情况下，颜料的掺量约为水泥用量的6%，最多不超过10%。在掺加颜料时，若同时加入适量的表面活性剂，可使混凝土的色彩更加均匀。

彩色混凝土是一种防水、防滑、防腐的绿色环保地面装饰材料，是在未完全干硬的水泥地面上加上一层彩色混凝土，然后用专用的模具在水泥地面上压制而成。彩色混凝土能使水泥地面永久地呈现各种色泽、图案、质感，逼真地模拟自然的材质和纹理，随心所欲地勾画各类图案，使人们轻松地实现建筑物与人文环境、自然环境和谐相处、融为一体的理想。

（二）清水装饰混凝土

清水装饰混凝土是利用混凝土结构（构件）本身造型的竖线条或几何外形，取得简单、大方、明快的立面装饰效果，或者在成型时利用模板等在构件表面上印制花纹，使立面质感更加丰富。这类装饰混凝土构件基本保持了原有的外观色质，因此将其称为"清水装饰混凝土"，或称为普通混凝土表面塑形装饰。清水装饰混凝土也称为装饰混凝土，因其具有较好的装饰效果而得名。这种混凝土结构或构件一次浇筑成型，不进行任何的外装饰，直接采用现浇混凝土的自然表面作为饰面，因此不同于普通水泥混凝土。清水装饰混凝土表面平整光滑、色泽均匀、棱角分明、无碰损和污染，只是在其表面涂一层或两层透明的保护剂，显得十分天然庄重。

清水装饰混凝土是名副其实的绿色混凝土，混凝土结构不需要再进行装饰，省去了涂料、饰面等化工产品，其优点主要表现在以下方面：①有利于环境保护，清水装饰混凝土结构一次成型，不再剔凿修补和抹灰，从而减少了大量建筑垃圾；②能消除许多质量通病，清水装饰混凝土可以避免抹灰开裂、空鼓甚至脱落的质量隐患，减轻了结构施工的漏浆、楼板裂缝等质量通病；③能节约工程成本，清水装饰混凝土的施工需要投入大量的人力和物力，势必会延长施工工期，但因其最终不用抹灰和装饰面层，从而减少了面层装修和维修的费用，最终降低了工程总造价。在一定的条件下，清水装饰混凝土的装饰效果是其他建筑装饰材料无法效仿和媲美的。如建筑物所处环境比较空旷，建筑物的周围有较好的绿化，本身体型灵活丰富，有较大的虚实对比，立面上玻璃或其他明亮材料占相当比例，这样使建筑物不趋于灰暗。材料本身所拥有的柔软感、刚硬感、温暖感、冷漠感，可以对人的感觉器官及精神产生一定影响，有时甚至比金碧辉煌更具有艺术效果。

清水装饰混凝土除现浇结构造型外，目前常用大板建筑的墙体饰面，它是靠成型、模制工艺手法，使混凝土外表面产生具有设计要求的线型、图案、凹凸层次等。清水装饰混凝土的成型工艺，主要有以下 3 种。

1. 预制平模正打工艺

正打塑形可在混凝土表面水泥初凝前后，用工具加工成各式图案和纹路的饰面。预制平模正打工艺有压印、滚花和挠刮 3 种方法。压印又有凸纹压印和凹纹压印之分，其中凸纹压印是用刻有漏花的模具压印而成，凹纹压印则是用钢筋按设计要求的图案焊成的模具压印而成。挠刮工艺是在刚成型的混凝土板材表面上，用硬质刷（钢丝刷）挠刮，形成有一定走向的刷痕，产生表面毛糙的质感。另外，也可用扫毛法、拉毛法处理表面。滚花工艺是在成型后的板面上抹 10～15mm 的水泥砂浆面层，再用滚压工具滚压出线型或花纹图案。预制平模正打工艺的优点是：模具比较简单，施工比较容易，投资比较少。但板面花纹图案比较少，装饰效果不够理想。

2. 预制平模反打工艺

预制平模反打工艺是将带有图案花纹的衬模设置于模底，待浇筑的混凝土硬化脱模翻转后，则显示出立体装饰图案和线型。当图案要求有色彩时，应在衬模上先铺筑一层彩色混凝土混合料，然后再在其上面浇筑普通混凝土。衬模材料的种类很多，如硬木、玻璃钢、硬塑料、橡胶、钢材、陶瓷等。国内很多建筑装饰工程采用聚丙烯塑料制作衬模，不仅取得了良好的经济效益，而且可使装饰面细腻、逼真。用衬模塑造花饰、线型，容易变换花样，比较方便脱模，不粘饰面的边角。预制平模反打工艺的优点是：图案花纹丰富多彩，凹凸程度可大可小，成型质量较好，但模具成本较高。

3. 立模施工工艺

立模施工工艺是采用带一定图案或线型的模板，组成直立支模现浇混凝土板，脱模后则显示出设计要求的墙面图案或线型，这种施工工艺使饰面效果更加逼真。

（三）露明骨料混凝土

露明骨料混凝土在国外应用较多，国内最近几年才开始采用。其基本工序是：它是在混凝土硬化前或硬化后，将墙板骨料的质感和色彩用水洗、喷砂、抛丸等方法去掉浆皮、显露骨料，以骨料的天然色泽和不同排列组合造型，而达到装饰立面的效果。此种混凝土是依靠骨料的色彩、粒形、排列、质感等来实现刻意的装饰效果，达到自然与艺术的有机结合，这是水刷石、水磨石的延续和演变。露明骨料混凝土的装饰主要用于大板建筑的混凝土外墙板。露明混凝土按其制作工艺的不同，可分为水洗法、缓凝法、水磨法、抛丸法、埋砂法等，各种施工工艺具有各自的特点。

1. 水洗法

水洗法施工常用于预制构件中，即在混凝土浇筑成型后，在水泥混凝土的终凝前，采用具有一定压力的射流水冲刷混凝土表面石子间的水泥浆，使混凝土表面露出石子的自然色彩。

2. 缓凝法

缓凝法施工常用于受模板限制或工序影响，无法及时进行除浆露骨料的情况下，表层部分混凝土刷上一层缓凝剂，然后浇筑混凝土，借助缓凝剂使混凝土表层的水泥浆不产生硬化，以便脱模后可用射流水冲去表层石子间的水泥浆，从而露出石子的色彩。

3. 水磨法

水磨法施工实际上就是水磨石的施工工艺，所不同的是水磨露骨料混凝土不需要另外再抹水泥石渣浆，而是将抹面硬化的混凝土表面磨至露出骨料。水磨时间一般应在混凝土的强度达到 12～20MPa 时进行为宜。

4. 抛丸法

抛丸法施工是将混凝土制品以 1.5～2.0m/min 的速度通过抛丸机室，室内的抛丸机以 65～80m/s 的速度抛出铁丸，铁丸将混凝土表面的水泥浆皮剥离，露出骨料的色彩，且骨料的表面也同时被凿毛，其效果犹似花锤剁斧，别具特色。

5. 埋砂法

埋砂法施工是在模板底部先铺一层湿砂，将大颗粒的骨料部分埋入砂中，再在预埋的骨料上浇筑混凝土，待混凝土硬化脱模后，翻转混凝土并把砂子清除干净，即可显示出部分外露的骨料。

第四节 绿色装饰瓦材

建筑装饰瓦是建筑物中的重要组成部分之一，它是安置在屋面或墙体上，用于减少结构物与外界环境热交换的制品。坡面屋顶覆盖材料的主要种类有：黏土瓦（包括小青瓦、红色不平瓦、琉璃瓦）、水泥波形瓦（包括石棉及玻纤维增强的波形瓦、有机及无机纤维增强的菱镁瓦）、玻璃钢槽形或波形瓦、屋面用金属压型板及其夹芯板（包括铝合金板、不锈钢板、彩色涂层钢板、镀锌板、铝塑复合压型板及其夹芯板等）。随着建筑物的高层化、多样化、外墙及屋面装饰的自然化等建筑环境的变化，要求建筑外墙及屋顶装饰多姿多彩，应集装饰性好、质量较轻、耐久性强、价格较低、施工方便于一体。坡面屋面防护性覆盖材料，除了应当具有价格低廉、轻质高强、耐久性及耐候性好、排水畅快等特点外，还要求具有良好的装饰效果，即覆盖屋面后有一定的立体感、色彩鲜艳等特点，同时还应具有良好的保温隔热效果，达到国家建筑节能的标准。

（一）彩色沥青彩砂玻纤瓦

彩色沥青彩砂玻纤瓦是以玻纤胎为胎基，经浸涂改性石油沥青后，一面覆盖矿物颗粒料，另一面撒以隔离材料制成的一种常用在屋面瓦状防水材料，具有生产工艺优良、外观美观大方、形状灵活多样、色彩丰鲜艳富、施工非常简便、产品质轻性柔、没有任何污染、使用寿命较长等特点。彩色沥青彩砂玻纤瓦的问世，取代了昔日的传统瓦片，这是 21 世纪新型的彩瓦产品，已成为坡面屋顶的主选瓦材之一。彩色沥青彩砂玻纤瓦的发展越来越受人的注目。彩色沥青彩砂玻纤瓦物理力学性能如表 5-8 所示。

彩色沥青彩砂玻纤瓦物理力学性能　　　　表 5-8

序号	项目		平瓦	叠瓦
1	可溶物含量/(g/m^2)		≥1000	≥1800
2	拉力/(M/50mm)	纵向	≥500	
		横向	≥400	
3	耐热度(90℃)		无流淌、滑动、滴落、气泡	
4	柔度(10℃)		无裂纹	
5	撕裂强度/N		≥9	
6	不透水性(0.1MPa，30min)		不透水	
7	耐钉子拔出性能/N		≥75	
8	矿物料粘附性/g		≤1.0	
9	金属箔剥离强度/(N/mm)		≥0.2	
10	人工气候加速老化	外观	无气泡、渗油、裂纹	
		色差(ΔE)	≤3	
		柔度(10℃)	无裂纹	
11	抗风揭性能		通过	
12	自粘胶耐热性	50℃	发黏	
		75℃	滑动≤2mm	
13	叠层剥离强度/N		—	≥20

注：本表摘自《玻纤胎沥青瓦》GB/T 20474—2015。

（二）各类屋面瓦

1. 玻璃纤维菱镁水泥小波形瓦及其脊瓦

根据现行的行业标准《玻璃纤维菱镁水泥小波瓦及其脊瓦》WB/T 1001—1994 中的规定，玻璃纤维菱镁水泥小波形瓦及其脊瓦系指由菱镁粉和氯化镁溶液组成的浆体，加入玻璃纤维增强材料而制成的屋面材料。

（1）玻璃纤维菱镁水泥小波形瓦及其脊瓦的分类与规格尺寸

玻璃纤维菱镁水泥小波形瓦及其脊瓦，根据生产中是否加入颜料分为彩色和本色两种。玻璃纤维菱镁水泥小波形瓦及其脊瓦的规格尺寸应符合表 5-9 中的规定。

玻璃纤维菱镁水泥小波形瓦及其脊瓦的规格尺寸　　　　表 5-9

波形瓦尺寸/mm								
品种	长度 L	宽度 B	厚度 s	波纹距 p	波高 h	波数 N/个	边距 c_1	c_2
小波形瓦	1800±10	720±10	5.5＋1.0 5.5－0.5	63.5±3	≥16	11.5	58±3	27±3

脊瓦的尺寸/mm				
长度		宽度 B	厚度 D	角度 $\theta/°$
总长 l	搭接长 l_1			
780±10	70±10	180×2±10	5.0＋1.0 5.0－0.5	125±5

(2) 玻璃纤维菱镁水泥小波形瓦及其脊瓦的外观质量要求

玻璃纤维菱镁水泥小波形瓦及其脊瓦的外观应四边方正,瓦波纹圆滑,边缘整齐,厚度及色彩均匀,无返卤,正面无返白,无凹坑,无肉眼可见裂纹,无贯穿性裂纹,其外观缺陷允许范围应符合表5-10中的规定。

玻璃纤维菱镁水泥小波形瓦及其脊瓦的外观缺陷允许范围　　　表5-10

序号	外观缺陷	外观缺陷允许范围		
		小波形瓦		脊瓦
1	掉角	沿着瓦长度方向不得超过100mm,宽度方向不得超过30mm		沿着瓦长度方向和宽度方向均不得超过100mm
		每张瓦的掉角均不得多于1个		
2	掉边	宽度不得超过15mm		宽度不得超过10mm
3	气孔	波纹瓦正面	孔径 d 小于1mm的不得密集,1张瓦 $1<d<3mm$ 的气孔不多于3个,1张瓦 $3<d<5mm$、深度<2mm 的气孔不多于5个	
		波纹瓦背面	1张瓦 $d \geqslant 30mm$、深度<1mm的气孔不多于3个	

(3) 玻璃纤维菱镁水泥小波形瓦的物理力学性能

玻璃纤维菱镁水泥小波形瓦的物理力学性能应符合表5-11中的规定。

玻璃纤维菱镁水泥小波形瓦的物理力学性能　　　表5-11

序号	项目名称	物理力学性能
1	抗折强度/N	纵向抗折强度为≥2400,横向抗折强度为≥300
2	吸水率/%	≤12
3	抗冻性	经25次冻融循环后,不得有起层、开裂、剥落等破坏现象
4	不透水性	经试验后,瓦的背面不得出现潮湿、泅斑及积水滴现象
5	抗冲击性	在肉眼相距测点60cm处进行观察,冲击一次后的被冲击处不得出现龟裂、剥落、贯通孔及裂纹等缺陷
6	彩色的瓦保色性能	经5次干湿循环后,与原样比较应基本无色差
7	软化系数	菱镁胶结材料试块在pH值为6~8的静水中,浸泡1个月,其抗折软化系数与抗压软化系数均不得低于0.70
8	破坏荷重	破坏荷重大于等于600N时,抗冻试验后不得有剥落、开裂和起层等现象

注:严禁使用高碱玻璃纤维布(或丝)作为增强材料生产玻璃纤维菱镁水泥小波形瓦和脊瓦,凡使用该增强材料的一律视为不合格产品。

2. 玻璃纤维增强水泥波形瓦及脊瓦

玻璃纤维增强水泥波形瓦及脊瓦,系以低碱度水泥和耐碱玻璃纤维为基料加工而成的中波瓦、半波瓦和脊瓦,产品有直形和弧形两种。直形瓦主要用于覆盖屋面,弧形瓦系由直形瓦沿纵向弯曲而成,可用于大跨度厂房、仓库、车站、码头及其他弧形屋面的建筑物。半波瓦只有半边波形,另一面为平面,主要用于外墙体、贴面、围护结构和室内顶棚板,也可用于屋面覆盖。玻璃纤维增强水泥波形瓦及脊瓦,具有质量比较轻、覆盖面积大、承重能力高、防水性能好、防火性能好、使用寿命长和施工较方便等诸多优点,所以已经广泛用于工业、民用及公共建筑物中作为屋面和墙壁材料。

玻璃纤维增强水泥波形瓦及脊瓦，根据相关标准要求，产品按其抗折力、吸水率与外观质量，可分为优等品、一等品和合格品。各种纤维水泥波形瓦的质量应符合下列要求。

（1）玻璃纤维增强水泥中波瓦、半波瓦的规格尺寸及允许偏差应符合表 5-12 中的规定。

玻璃纤维增强水泥中波瓦、半波瓦的规格尺寸及允许偏差　　　表 5-12

品种		规格尺寸及允许偏差/mm								参考质量/kg
		长度 L	宽度 B	厚度 D	波距 P	波高 H	弧高 h	边距 C_1	边距 C_2	
中波瓦		2400±10	745±10	7+1.5 −1.0	131±3	33+1 −2	—	45±5	45±5	28
		1800±10								21
半波瓦	A型	2800±10	965±10	7+1.5 −1.0	300±3	40±2	30±2	35±5	30±5	43
	B型	>2800±10	1000±10	7+1.5 −1.0	310±3	50±2	38.5±2	40±5	30±5	—

注：A 型半波瓦可以采用石棉水泥半波瓦的瓦模，B 型半波瓦的长度由生产厂与用户商定。

（2）人字形玻璃纤维增强水泥脊瓦的规格尺寸及允许偏差应符合表 5-13 中的规定。

人字形玻璃纤维增强水泥脊瓦的规格尺寸及允许偏差　　　表 5-13

规格	长度/mm		宽度/mm	厚度/mm	角度/(°)	参考质量/kg
	搭接长	总长				
符号	L_1	L	B	D	θ	W
尺寸	70	850	230×2	7	125	5.6
允许偏差	±10	±10	±10	+1.5 −1.0	±5	

注：其他规格的玻璃纤维增强水泥脊瓦，可由供需双方协议生产。

（3）玻璃纤维增强水泥瓦的外观质量要求应符合表 5-14 中的规定。

玻璃纤维增强水泥瓦的外观质量要求　　　表 5-14

外观缺陷	允许范围/mm		
	中波瓦	半波瓦	脊瓦
掉角	沿瓦长度方向不得超过 100，宽度方向不得超过 45	沿瓦长度方向不得超过 150，宽度方向不得超过 25	沿瓦长度方向不得超过 20，宽度方向不得超过 20
	一张瓦上的掉角不得多于 1 个		
掉边	宽度不得超过 15	宽度不得超过 15	不允许

续表

外观缺陷	允许范围/mm		
	中波瓦	半波瓦	脊瓦
裂纹	不得有因成型造成的下列之一的裂纹和贯通厚度的裂纹。 (1)正表面:宽度超过1.2的;长度超过75的。 (2)背面:宽度超过1.5的;长度超过150的		
方正度	≤7	≤7	—

注:1. 产品应平整,边缘整齐,不得有断裂、起层、贯穿厚度的孔洞与夹杂物等疵病。
2. 优等品应四边方正,无掉角、掉边、表面裂纹及表面裸露玻璃纤维。
3. 表中所列数据为一等品和合格品的外观质量要求。

(4) 玻璃纤维增强水泥瓦的物理力学性能应符合表5-15中的规定。

玻璃纤维增强水泥瓦的物理力学性能 表5-15

产品类别及级别 性能项目		中波瓦			半波瓦					
		优等品	一等品	合格品	优等品		一等品		合格品	
					正面	反面	正面	反面	正面	反面
抗折力	横向/(N/m)	≥4400	≥3800	≥3800	≥3800	≥2400	≥3300	≥2000	≥2900	≥1700
	纵向/N	≥420	≥400	≥380	≥790		≥760		≥760	
吸水率/%		≤10	≤11	≤12	≤10		≤11		≤12	
抗冻性		25次环冻融试验后,试样不得有起层等破坏现象								
不透水性		连续试验24h后,瓦体背面允许出现润斑,但不允许出现水滴								
抗冲击性		在相距60cm处进行观察时,被击处不得出现龟裂、剥落、贯通孔及裂纹								

注:玻璃纤维水泥脊瓦,其破坏荷重应不低于590kN,经过25次循环冻融试验后不得有起层等破坏现象。

3. 玻纤镁质胶凝材料波形瓦及脊瓦

根据现行的行业标准《玻纤镁质胶凝材料波瓦及脊瓦》JC/T 747—2021中的规定,玻纤镁质胶凝材料波形瓦及脊瓦,系指以氧化镁、氯化镁和水三元体系,经配制和改性而成的、性能稳定的镁质胶凝材料,并以中碱或无碱玻纤开刀丝或网布为增强材料复合而制成的波形瓦及脊瓦,适用于作为覆盖的屋面和墙面材料。

(1) 玻纤镁质胶凝材料波形瓦及脊瓦的分类

玻纤镁质胶凝材料波形瓦,按其波型不同可分为中波瓦(m)、小波瓦(s);按其颜色不同可分为本色瓦(n)、加入颜料和复合处理的瓦(c)。玻纤镁质胶凝材料中、小波瓦,根据其物理力学性能和外观质量不同,分为一等品(B)和合格品(C)。

(2) 玻纤镁质胶凝材料波形瓦及脊瓦的规格尺寸

玻纤镁质胶凝材料波形瓦及脊瓦的规格尺寸与允许偏差要求应符合表5-16中的规定。

玻纤镁质胶凝材料波形瓦及脊瓦的规格尺寸与允许偏差 表5-16

波形瓦的规格尺寸与允许偏差/mm								
波形瓦 品种	长度 l	宽度 b	厚度 s	波间距 p	波高 h	波数 n /个	边距	
							c_1	c_2
中波形瓦	(1800~6000)±20	1020±10	5.5±0.5	240±5	31~42	4.5~5	30±5	40±5
小波形瓦	(1800~6000)±20	870±10	5.5±0.5	210±5	10~30	4	25±5	25±5

续表

脊瓦的规格尺寸与允许偏差/mm					
长度		宽度 b	厚度 s	角度 θ/°
搭接长 l_1	总长度 l			
200±10	1800±10	(300×2)±10	6.0±0.5	(125~165)±5

注：其他规格的玻纤镁质胶凝材料波形瓦及脊瓦可由供需双方协商确定。

（3）玻纤镁质胶凝材料波形瓦及脊瓦的外观质量

玻纤镁质胶凝材料波形瓦及脊瓦的外观应板面平整、四边方正、瓦波纹圆滑、无裂缝、无贯穿性针状孔和肉眼可见裂纹、边缘整齐、无露丝、无气泡等。色差和杂色均不明显。各等级的具体外观质量要求应符合表5-17中的规定。

玻纤镁质胶凝材料波形瓦及脊瓦的外观质量　　　　表5-17

序号	项目名称		一等品外观质量缺陷允许范围/mm		
			中波形瓦	小波形瓦	脊瓦
1	掉角	沿着瓦长度方向	≤40	≤30	≤20
		沿着瓦宽度方向	≤20	≤15	≤20
		单张瓦上的掉角不多于1个			
2	掉边		≤10	≤10	不允许
3	方正度		≤6	≤6	—

第五节　绿色装饰地板

装饰地板作为室内地面装修的重要材料，其选择直接关系到室内环境的质量、人体健康以及装饰效果和工程投资。在建材市场上，地板种类繁多，如实木地板、复合地板、强化地板、软木地板、竹地板、生态地板等，给消费者带来了丰富的选择，同时也带来了如何选择的困扰。

首先，实木地板具有天然的纹理和质感，弹性好，脚感舒适，是地板中的高档产品。但实木地板对环境湿度、温度敏感，容易变形、开裂，且价格较高。因此，在选择实木地板时，要充分考虑室内环境的湿度、温度，以及预算。

其次，复合地板是由多层木质材料压制而成，具有一定的抗变形能力，且价格相对实木地板较低。但复合地板的环保性能相对较差，市场上部分复合地板产品存在甲醛释放量超标的问题，对人体健康产生潜在威胁。因此，在选择复合地板时，要关注其环保性能，选择甲醛释放量低的产品。

再次，强化地板是由高密度纤维板、装饰纸、耐磨层、平衡层等多层材料复合而成，具有较好的抗变形、抗磨损能力，且价格适中。但强化地板的环保性能也存在一定问题，市场上部分产品甲醛释放量较高。在选择强化地板时，同样要关注其环保性能。

最后，软木地板具有优异的隔声、保温性能，且脚感舒适，适合用于卧室、客厅等区域。但软木地板的抗压性能较差，不适合用于重负荷场合。竹地板具有较高的硬度、抗磨损能力，且价格适中，是一种性价比较高的地板材料。生态地板是一种新型地板材料，具有环保、抗污染、抗老化等特点，但目前市场上产品种类较少，价格相对较高。

在选择装饰地板材料时，消费者要综合考虑各种因素，如室内环境的湿度、温度、装饰风格、预算等。同时，要关注地板材料的环保性能，选择符合国家标准的环保产品。此外，还可以通过咨询专业人士、了解市场口碑等方式，对所选地板材料进行深入了解，确保选购到满意的地板材料。

总之，科学地选择装饰地板材料，对室内环境和人体健康、装饰效果以及工程投资具有重要意义。消费者在选购地板时，要综合考虑各种因素，确保选购到合适的地板材料，为家居生活创造一个舒适、健康的环境。

（一）实木地板

实木地板，顾名思义，是由整块天然木材制成的地板。它们以其天然纹理、质感和温暖的自然色调而闻名，为室内空间增添了一种独特的自然美。实木地板的材质包括橡木、枫木、柚木、胡桃木等，每种木材都有其独特的特性，如硬度、纹理和颜色。

实木地板的优点在于其环保性和可持续性，因为它们是由可再生的天然资源制成的。此外，实木地板具有良好的保温性能，能够调节室内的温度，使室内保持舒适的气候。在声学方面，实木地板也具有良好的隔声效果。然而，实木地板也有其缺点。它们对环境的变化非常敏感，容易因湿度、温度的变化而产生变形、开裂等问题。此外，实木地板的耐磨性相对较差，需要定期打蜡保养。在安装方面，实木地板通常需要专业的铺设技术，且铺设过程较为耗时。实木地板是以天然木材为原料，经烘干、加工后形成的地面装饰材料，也称为原木地板，实际上是用实木直接加工成的地板。它具有木材自然生长的纹理，是热的不良导体，能起到冬暖夏凉的作用，具有耐气候变化能力强、花纹自然、典雅庄重、富质感性、结构稳定、弹性真实、脚感舒适、使用安全等优点，是卧室、客厅、书房等地面装修的理想首选地面装饰材料。但是，存在耐磨性差、易失光泽等缺点。根据现行国家标准《实木地板 第1部分：技术要求》GB/T 15036.1—2018 中的规定，本标准适用于气干密度不低于 $0.32g/cm^3$ 的针叶树木材和气干密度不低于 $0.50g/cm^3$ 的阔叶树木材制成的地板。

1. 实木地板的分类方法

（1）实木地板按形状不同分类，可分为榫接实木地板、平口接实木地板和仿古实木地板。榫接实木地板系指侧面和端面为榫、槽的实木地板；平口接实木地板系指侧面和端面没有榫、槽的实木地板；仿古实木地板系指具有独特表面结构和特殊色泽的实木地板。

（2）实木地板按表面有无涂饰分类，可分为涂饰实木地板和未涂饰实木地板。涂饰实木地板系指表面涂漆的实木地板；未涂饰实木地板系指表面未涂漆的实木地板。

（3）实木地板按表面涂饰类型不同分类，可分为漆面实木地板和油面实木地板。漆面实木地板系指表面涂漆的实木地板；油面实木地板系指表面浸油的实木地板。

2. 实木地板的规格尺寸与偏差

（1）实木地板的规格尺寸应符合表 5-18 中的规定。

实木地板的规格尺寸 表 5-18

尺寸名称	长度	宽度	厚度	榫舌宽度
规格尺寸/mm	≥250	≥40	≥8	≥3

(2) 实木地板的尺寸偏差应符合表 5-19 中的规定。

实木地板的尺寸偏差 表 5-19

名称	尺寸偏差
长度	实木地板的公称长度与每个测量值之差绝对值≤1.0mm
宽度	实木地板的公称宽度与平均宽度之差绝对值≤0.3mm,宽度最大值与最小值之差≤0.3mm
厚度	实木地板的公称厚度与平均厚度之差绝对值≤0.3mm,厚度最大值与最小值之差≤0.4mm
榫	实木地板的榫最大高度和最大厚度之差应为 0.1~0.4mm

(二) 实木复合地板

实木复合地板是由多层木质材料粘合压制而成的一种地板。它将实木多层板作为基材，表面贴上一层薄薄的实木单板，通过高温压制而成。这种结构使得实木复合地板既保持了实木地板的自然美感，又增强了其稳定性和耐磨性。实木复合地板的优点在于其更强的抗变形能力，相对于纯实木地板，它们更不容易因环境变化而产生问题。此外，实木复合地板的耐磨性更好，更耐刮擦，且维护起来相对简单，只需定期清洁即可。然而，实木复合地板的环保性能相对较差，因为它们通常含有胶粘剂，可能会释放甲醛等有害物质。因此，在选择实木复合地板时，应选择环保标准达到国家标准的产品。实木复合地板是以实木拼板或单板为面板，实木条为芯层、单板为底层制成的企口地板，或者以单板为面层、胶合板为基材制成的企口地板。实木复合地板是将优质实木锯切、刨切成表面板、芯板和底板单片，然后根据不同品种材料的力学原理将 3 种单片依照纵向、横向、纵向三维排列方法，用胶水粘贴在一起，并在高温下压制成板。实木复合地板是由不同树种的板材交错层压而成，克服了实木地板单向同性的缺点，干缩湿胀率小，具有较好的尺寸稳定性，并保留了实木地板的自然木纹和舒适的脚感。实木复合地板不仅兼具强化地板的稳定性与实木地板的美观性，而且具有环保优势。根据现行国家标准《实木复合地板》GB/T 18103—2022 中的规定，实木复合地板是指以实木拼板或单板为面层、实木条为芯层、单板为底层制成的企口地板和以单板为面板、胶合板为基材制成的企口地板。这类地板以树种来确定地板树种名称。

1. 实木复合地板的分类方法

实木复合地板的分类方法应符合表 5-20 中的规定。

实木复合地板的分类方法 表 5-20

分类方法	实木复合地板类别
按地板面层材料分	实木拼板作为面层的实木复合地板、单板作为面层的实木复合地板
按地板组成结构分	三层结构实木复合地板、以胶合板为基材的实木复合地板
按表面有无涂饰分	涂饰实木复合地板、未涂饰实木复合地板
按照甲醛释放量分	A 类实木复合地板(甲醛释放量 9mg/100g)、B 类实木复合地板(甲醛释放量 9~40mg/100g)

2. 实木复合地板的规格尺寸

实木复合地板的规格尺寸是其重要的性能指标之一，它直接影响产品的使用效果和安装的便捷性。实木复合地板的规格通常包括地板的厚度、宽度、长度等参数。实木复合地板的厚度一般为8~15mm，其中12mm厚的实木复合地板较为常见。厚度的选择取决于消费者的需求和预期使用寿命。厚度较大的地板更加耐磨，使用寿命更长，但同时价格也更高。实木复合地板的宽度一般为190~220mm，长度则为900~1200mm。宽度和长度的选择会影响到地板的视觉效果和安装方式。较宽的地板视觉效果更加开阔，但安装时对地面平整度的要求也更高。

此外，实木复合地板还有不同的拼接方式，如直铺、人字拼、鱼骨拼等，这些拼接方式也会影响到地板的规格尺寸。在选择实木复合地板时，消费者应根据自己的家居环境、预算和安装要求来选择合适的规格尺寸。同时，也要考虑地板的耐用性和美观性，选择符合个人喜好的产品。

3. 实木复合地板的外观质量

实木复合地板的外观质量是其重要性能之一，直接影响产品的装饰效果和使用体验。实木复合地板的外观质量主要包括地板的纹理、颜色、光泽等。实木复合地板的纹理模仿了天然实木的纹理，有着独特的自然美感。不同的木材材质和纹理会呈现出不同的效果，消费者可以根据自己的喜好选择合适的纹理。实木复合地板的颜色通常有浅色、中色和深色等选择。颜色的选择应与室内装饰风格相协调，创造出和谐统一的室内环境。实木复合地板的光泽是指地板表面的光亮程度，它能够增强地板的质感。实木复合地板的光泽可以是自然光泽或经过特殊处理的人造光泽。在选择实木复合地板时，消费者应关注地板的外观质量，选择纹理自然、颜色均匀、光泽度好的产品。同时，也要考虑到地板的耐磨性和抗刮擦性能，以确保长期使用后仍然保持良好的外观质量。

4. 实木复合地板的理化性能

实木复合地板的理化性能是指地板在各种环境条件下表现出的物理和化学特性，这些性能指标直接影响到地板的使用寿命和耐用性。实木复合地板的抗变形能力是其重要的理化性能之一。地板在受到外力作用时，能否保持其形状和尺寸稳定，是衡量其抗变形能力的重要指标。高质量的实木复合地板应具有较好的抗变形能力，不易产生翘曲、变形等问题。实木复合地板的耐磨性也是重要的理化性能之一。地板在使用过程中，会受到鞋底、家具等物品的磨损，耐磨性好的地板能够承受长期的磨损，保持其表面的新鲜度和美观性。此外，实木复合地板的抗水性、抗污染性、抗化学性等也是其重要的理化性能。抗水性好的地板能够抵抗水分的侵蚀，避免因长时间暴露在潮湿环境中而产生问题。抗污染性和抗化学性好的地板能够抵抗各种污染物质和化学物质的侵蚀，保持其表面的清洁和完整性。在选择实木复合地板时，消费者应关注地板的理化性能，选择抗变形能力强、耐磨性好、抗水性、抗污染性和抗化学性佳的产品。这些性能指标将直接影响到地板的使用寿命和维护成本。

（三）竹地板

竹地板是一种新兴的地板材料，它由竹子经过去皮、切割、漂白、硫化等处理后，再切割成薄片，通过高温压制而成。竹地板具有较高的硬度、抗磨损能力和稳定的性能，同时价格适中。竹地板的优点在于其环保性能，竹子是一种快速生长的植物，可以快速更新,对环境的影响较小。此外,竹地板具有良好的抗变形能力和耐磨性,且具有独特的自然纹理和色泽。然而,竹地板的缺点在于其抗水性较差,容易因长时间暴露在潮湿环境中而变形。因此,在铺设竹地板时,应确保室内环境的干燥,避免长时间的水浸泡。竹地板是将竹材加工成竹片后,经过水煮或炭化、干燥处理后用胶粘剂热压胶合,再经开榫、喷涂料等工序加工成的长条企口地板。这种竹地板具有色泽清新自然、平整光滑、强度较高、韧性较好、无毒无味、牢固稳定、耐磨性好、不易变形等特点,现已广泛应用于室内装修。自古以来竹子就给人以清高的感觉,选购竹地板总是可以带给人们一种清香的感觉,仿佛回到了大自然中。竹地板是一种新型建筑装饰材料,它以天然优质竹子为原料,经过多道工序,脱去竹子原浆汁,经高温高压拼压,再经过多层喷涂涂料,最后红外线烘干而制成。竹地板以其天然赋予的优势和成型后的诸多优良性能,给建材市场带来一股绿色清新之风。根据现行国家标准《竹地板》GB/T 20240—2017 中的规定,本标准适用于以竹材为原料的室内用长条企口地板。

1. 竹地板的分类方法

按组成结构不同分类,可分为多层胶合竹地板、单层侧拼装竹地板;按表面有无涂饰分类,可分为涂饰竹地板、未涂饰竹地板;按表面颜色不同分类,可分为本色竹地板、漂白竹地板和炭化竹地板;按其用途不同分类,可分为体育场馆竹地板、公共场所竹地板、普通竹地板;按产品质量不同,竹地板可分为优等品、一等品和合格品 3 个等级。

2. 竹地板的规格尺寸及允许偏差

竹地板的规格尺寸及允许偏差应符合表 5-21 中的规定。

竹地板的规格尺寸及允许偏差 表 5-21

项目	规格尺寸	允许偏差
面层净长度/mm	900、915、920、950	公称长度与每个测量值之差的绝对值≤0.50
面层净宽度/mm	90、92、95、100	公称宽度与平均宽度之差的绝对值≤0.50,宽度最大值与最小值之差≤0.20
竹地板厚度/mm	9、12、15、18	公称厚度与平均厚度之差的绝对值≤0.30,厚度最大值与最小值之差≤0.20
垂直度/mm	—	≤0.15
边缘直度/(mm/m)	—	≤0.20
翘曲度/%	—	宽度方向翘曲度≤0.20,长度方向翘曲度≤0.50
拼装高差/mm	—	拼装高差平均值≤0.15,拼装高差最大值≤0.20
拼装离缝/mm	—	拼装离缝平均值≤0.15,拼装离缝最大值≤0.20

注:经供需双方协议可生产其他规格产品。

(四)软木地板

软木地板系以优质天然软木(栓皮栎)为原料加工而成,也可以软木为基层,以优质原木薄板为表层,经加工复合成为软木复合地板。这种地板具有吸声减振、保温绝热、防火阻燃、防水、防蛀、抗静电、不变形、不开裂、不扭曲等特点,与实木地板比较其更具环保性、隔声性和防潮性,带给人极佳的脚感,所以被誉为"环保型绿色装饰材料",适用于高级宾馆、图书馆、医院、计算机房、播音室、电话室、幼儿园、博物馆、住宅卧室、会议室、录音棚等楼面和地面的铺装。软木地板是由软木这种特殊的树木——栓树的树皮经过加工制成的地板。软木地板具有独特的蜂窝状结构,使其具有优异的隔声、保温性能，同时脚感舒适。

软木地板的优点在于其环保性能，软木是一种可再生的资源，对环境的影响较小。

软木地板的缺点在于其抗压性能较差，不适合用于重负荷场合。此外，软木地板的安装相对复杂，需要专业的铺设技术。

1. 软木地板的优缺点

（1）软木地板的优点

1）软木地板是环保型产品。软木地板的环保性能通过两个方面体现。一方面制造软木地板使用的是树皮，不采用整个树木，与实木地板和实木复合地板至少要砍掉一棵树相比，树皮可以自然生长，从而节约原材料，不必要进行砍树，符合可持续发展政策。另一方面，软木地板与葡萄酒瓶塞制作原料是一样的，都是软木，葡萄酒酒瓶塞可以长时间泡在葡萄酒里面对人体没有什么危害，制造软木地板环保性可想而知。

2）软木地板是业内公认的静音地板。软木因为感觉比较软，就像人走在沙滩上一样非常安静。从软木的结构上来讲，因为软木本身是多面体的结构，其内部像蜂窝状，孔隙中充满了空气，空气含量一般可达到50%，人走上去之后感觉踩在软质的地面，感觉地板非常软、很舒服。

3）软木地板的防滑性能好。目前来讲，软木地板防滑特性与其他地板相比，也是最突出的优点。软木地板防滑系数是6，试验结果证明，即使上面有油也不会很滑。对老人和小孩的意外滑倒有缓冲作用，相比而言其安全性比较高。

4）软木地板是防潮性能很好。良好的防潮性直接决定了地板的稳定性。软木地板的防潮性决定了它的稳定性非常强，甚至可以用在卫生间里面没有问题。

（2）软木地板的缺点

1）软木地板价格要比一般的地板贵得多，因为软木地板资源非常有限，整个世界的软木地板年产量不足 $2\times10^7 m^2$，由于不能满足社会的需求，所以软木地板处于供不应求的状态，导致它的价格比较贵，软木地板被称为"地板的金字塔尖消费"。

2）软木地板相对其他地板来说，不耐磨。因原材料的关系，软木地板的耐磨度远远比不上强化地板以及实木类地板。

3）软木地板不易于打理，难保养。软木地板的打理比实木地板更麻烦，一粒小小的沙子也可使其无法承受，没有太多时间花在地板保养的人，一般不宜选用软木地板。

2. 软木地板的技术性能

软木地板的技术性能应符合表5-22的要求。

软木地板的技术性能   表5-22

项目		技术性能指标	
		软木地板	软木复合地板
含水率/%		≤8	3~12
吸水厚膨胀率/%		—	≤4.5
密度/(g/cm³)	Ⅰ	≥500	—
压缩度/%	初始	≤10	≤10
	残留	≤2	≤2
抗拉强度/MPa	Ⅰ	≥1.2	—
	Ⅱ	≥1.4	
	Ⅲ	≥1.6	

续表

项目	技术性能指标	
	软木地板	软木复合地板
耐磨性/(g/100r)	≤0.15,且漆膜未磨透	≤0.15,且漆膜未磨透
耐污染	表面无污染和腐蚀痕迹	表面无污染和腐蚀痕迹
耐沸水	不发生任何散解现象	—
耐沸盐酸	不发生任何散解现象	—
甲醛释放量/(mg/L)	≤1.5	≤1.5

第六节 绿色装饰板材

所谓绿色装饰板材，其实就是指在对室内进行装修时采用环保型装饰板材来进行装修，使用有助于室内环境保护的板材，把对环境造成的危害降低到最小。装修后的室内环境能够符合国家的现行标准，如某种有害气体含量等，确保装修后的室内不对人体健康产生危害。绿色装饰板材还有一个更为广泛的定义，就是指在对室内进行装修时宜采用环保型的板材，即使用有助于自然环境保护的材料，如在木材上选用再生林而非天然林木材，使用可回收利用的材料等。随着科学技术水平的不断提高，高科技绿色装饰板材具有防火阻燃、耐水防潮、轻质保温、隔声隔热、无毒无味、不霉不腐、绿色环保、强度较高、韧性较好、使用寿命长、施工简单、可锯、可刨、可钉、可弯、可直接在一面喷涂、粘贴墙纸等突出特点，正在建筑装饰工程中广泛推广应用。

（一）人造板材

装饰用人造板材是利用木材加工过程中剩下的边皮、碎料、刨花、木屑等废料，进行加工处理而制成的板材，这种板材是变废为宝、废物再生，大大节省了天然木材的用量，是典型的绿色环保装饰板材。人造板材种类很多，常用的有刨花板、中密度板、细木工板、胶合板，以及防火板等装饰型人造板。由于这些人造板材它们有各自不同的特点，可以应用于不同的家具制造领域。

（二）细木工板

细木工板也称为大芯板，系指板芯用木条、蜂窝材料组拼，上下两面各自胶贴一层或二层单板制成的人造板。细木工板与刨花板、中密度纤维板相比，其天然木材特性更顺应人类自然的要求；具有质量较轻、易于加工、钉固牢靠、不易变形、外表美观等优点，是室内装饰装修和高档家具制作的理想材料。

1. 分类

按照板芯的结构不同，可分为实心细木工板和空心细木工板；按照板芯的拼接状况不同，可分为胶液拼接的细木工板和不用胶液拼接的细木工板；按照表面加工状况不同，可分为单面砂光细木工板、两面砂光细木工板和不砂光细木工板；按照使用环境不同，可分为室内用细木工板和室外用细木工板；按照板的层数不同，可分为三层细木工板、五层细木工板和多层细木工板；按照板的用途不同，普通用细木工板和建筑用细木工板。

2. 优缺点

（1）优点

1）握螺钉力好，强度高，具有质坚、吸声、绝热等特点。

2）含水率不高，为10%～13%，加工简便。

3）适用于家具、门窗及套、隔断、假墙、散热器、窗帘盒等多种用途。

（2）缺点

1）在生产过程中大量使用尿醛胶，甲醛释放量普遍较高，环保标准普遍偏低。

2）细木工板内部的实木条为纵向拼接，竖向的抗弯压强度差，长期受力会导致板材明显的横向变形。

3）细木工板内部的实木条材质不一样，密度大小不一，易起翘变形，结构发生扭曲、变形，影响外观及使用效果。

（三）胶合板

胶合板是由木段旋切成单板或由木方刨切成薄木，再用胶粘剂黏结而成的3层或多层的板状材料，通常用奇数层单板，并使相邻层单板的纤维方向互相垂直胶合而成。制作胶合板的树种很多，常用的有水曲柳、椴木、桦木、马尾松等。胶合板具有材质均匀、吸湿变形小、幅面大、不翘曲、花纹美观、装饰性强等特点。胶合板能有效地提高木材利用率，是节约木材的一个主要途径，所以这类板材也属于绿色装饰板材。普通胶合板分为3类：Ⅰ类胶合板，即耐气候胶合板，供室外条件下使用；Ⅱ类胶合板，即不耐水胶合板，供潮湿条件下使用；Ⅲ类胶合板，即不耐潮湿胶合板，供干燥条件下使用。胶合板可供飞机、船舶、火车、汽车、家具、建筑装饰和包装箱等作用材。

（四）模压刨花制品

刨花模压制品系用木材、竹材及一些农作物剩余物，直接胶粘装饰材料一次压制而成的产品。模压刨花制品根据使用环境不同，可分为室内用和室外用两类，建筑工程中常见的是室内用模压刨花制品。根据现行国家标准《模压刨花制品 第1部分：室内用》GB/T 15105.1—2006中的规定，本标准适用于室内用模压刨花制品。①模压装饰层模压刨花制品的分类方法。按表面是否有装饰层分类，可分为有装饰层模压刨花制品和无装饰层模压刨花制品。②按使用的装饰材料分类，可分为三聚氰胺树脂浸渍胶膜纸装饰模压装饰层模压刨花制品、印刷纸装饰模压刨花制品、单板装饰模压刨花制品、织物装饰模压刨花制品、聚氯乙烯薄膜装饰模压刨花制品。③按装饰面数量不同分类，可分为单面装饰模压刨花制品、双面装饰模压刨花制品。④按加压的方式不同分类，可分为平压装饰模压刨花制品、挤压装饰模压刨花制品。⑤按使用的场所不同分类，可分为室内装饰模压刨花制品、室外装饰模压刨花制品。

（五）塑料板材

塑料板材就是用塑料为原料做成的板材。塑料是利用单体原料以合成或缩合反应聚合而成的材料，由合成树脂及填料、增塑剂、稳定剂、润滑剂、色料等添加剂组成的，它的主要成分是合成树脂。塑料板材即用塑料材料铺设的饰面。塑料板材是以高分子合成树脂为主要材料，加入适量的其他辅助材料，经一定的制作工艺制成的预制块状、卷材状或现场铺贴的整体状的饰面材料。

半硬质聚氯乙烯块状地板的分类与代号塑料地板的种类很多，主要按地板形状不同分类、按地板材料性质不同分类、按地板使用的树脂分类、按地板结构不同分类和按地板花色不同分类。半硬质聚氯乙烯块状地板，一般是按结构、施工工艺和耐磨性进行分类的。按地板结构不同，可分为同质地板（代号为HT）和复合地板（代号为CT）。按施工工艺不同，可分为拼接型地板（代号为M）和焊接型地板（代号为W）。按耐磨性能不同，可分为通用型地板（代号为G）和耐用型地板（代号为H）。

半硬质聚氯乙烯块状地板的外观质量应符合下列要求。

1) 半硬质聚氯乙烯块状地板不允许存在缺损、龟裂、皱纹、孔洞、分层和剥离等质量缺陷。

2) 半硬质聚氯乙烯块状地板上的杂质、气泡、擦伤、胶印、变色、异常凹痕、污迹等应不明显，也可按供需双方合同约定。

（六）石膏板材

石膏板是以建筑石膏为主要原料制成的一种材料。它是一种质量轻、强度较高、厚度较薄、加工方便以及隔声绝热和防火等性能较好的建筑材料，是当前重点发展的新型轻质绿色板材之一。石膏板已广泛用于住宅、办公楼、商店、旅馆和工业厂房等各种建筑物的内隔墙、墙体覆面板、天花板、吸声板、地面基层板和各种装饰板等。

1. 纸面石膏板

纸面石膏板是以建筑石膏为主要原料，掺入适量添加剂与纤维为板芯，以特制的板纸为护面，经加工制成的板材。纸面石膏板具有质量轻、隔声、隔热、加工性能强、施工方法简便的特点。建筑工程中常见的纸面石膏板有普通纸面石膏板、耐水纸面石膏板、耐火纸面石膏板、防潮纸面石膏板、耐水耐火纸面石膏板。根据现行国家标准《纸面石膏板》GB/T 9775—2008中的规定，纸面石膏板系指以熟石膏为胶凝材料，掺入适量添加剂和纤维作为板芯，以特制的护面纸作为面层的一种轻质板材。

纸面石膏板应符合现行国家标准《纸面石膏板》GB/T 9775—2008中的规定。纸面石膏板板面平整，不应有影响使用的波纹、沟槽、亏料、划伤、破损、污痕等质量缺陷。

2. 复合保温石膏板

根据现行的行业标准《复合保温石膏板》JC/T 2077—2011中的规定，复合保温石膏板系指以聚苯乙烯泡沫塑料与纸面石膏板用胶粘剂黏结而成的保温石膏板。

（1）分类与规格

1) 复合保温石膏板按纸面石膏板的种类不同，可分为普通型（P）、耐水型（S）、耐火型（H）和耐水耐火型（SH）四种。

2) 复合保温石膏板按保温材料的种不同，可分为模塑聚苯乙烯泡沫塑料类（E）和挤塑聚苯乙烯泡沫塑料类（X）两种。

（2）规格

复合保温石膏板板材的公称长度一般为1200mm、1500mm、1800mm、2100mm、

2400mm、2700mm、3000mm、3300mm、3600mm；板材的公称宽度为600mm、900mm、1200mm；板材的公称厚度和其他公称长度、公称宽度由供需双方商定。

复合保温石膏板产品不应对人体、生物和环境造成有害的影响，涉及与使用有关的安全与环保问题应符合我国相关标准和规范的要求。

3. 嵌装式装饰石膏板

根据现行的行业标准《嵌装式装饰石膏板》JC/T 800—2007中的规定，以建筑石膏为主要原料，掺入适量的纤维增强材料和外加剂，与水一起搅拌成均匀的料浆，经浇筑成型、干燥而成的不带护面纸的板材。板材背面四边加厚，并带有嵌装式的企口，板材正面可为平面，带孔或带浮雕图案，代号为QZ。

（1）分类

嵌装式装饰石膏板，可分为普通嵌装式装饰石膏板（代号为QP）和吸声嵌装式装饰石膏板（代号为QS）两种。吸声嵌装式装饰石膏板，是指以带有一定数量穿透孔洞的嵌装式装饰石膏板为面板，在背面复合吸声材料的板材。

（2）规格

边长为600mm×600mm的嵌装式装饰石膏板，其边厚不应小于28mm；500mm×500mm的嵌装式装饰石膏板，其边厚不应小于25mm。

（七）纤维装饰板材

纤维装饰板材是一种广泛应用于装饰工程中的材料，它以木本植物纤维或非木本植物为原料，通过施加胶粘剂和高压压制，形成了一种强度高、重量轻、便于施工的新型板材。在众多纤维装饰板材中，中密度纤维板（MDF）和浮雕纤维板是两款极具代表性的产品，它们各自的特点和应用领域如下：中密度纤维板是一种由木质纤维或其他纤维素材料制成的板材，其密度介于低密度纤维板和高密度纤维板之间。中密度纤维板表面平滑，易于涂饰和贴面处理，因此在装饰工程中非常受欢迎。经过涂饰处理的中密度纤维板可以呈现出各种颜色和图案，适用于家具制造、室内墙面和天花板装饰、柜体制作等多种用途。此外，中密度纤维板还可以贴上木纹或其他装饰纸，模拟实木或其他材料的质感，从而提高产品的美观性和耐用性。浮雕纤维板则是在制造过程中通过特殊工艺，使得板材表面形成凹凸不平的立体花纹图案。这种立体花纹可以创造出丰富的视觉效果，为建筑内外装饰提供了更多的创意空间。浮雕纤维板常用于墙面装饰、家具制造、天花板设计等领域，可以提升空间的艺术感和装饰效果。由于其独特的纹理和质感，浮雕纤维板也常用于制作定制家具和室内设计元素，以满足消费者对个性化和美观化的需求。无论是中密度纤维板还是浮雕纤维板，它们都具有木材所不具备的加工优势和装饰效果。纤维装饰板材的环保性能也备受关注，因为它们可以减少对天然木材资源的依赖，通过合理利用植物纤维资源，实现了可持续发展的目标。在选择纤维装饰板材时，除了考虑美观、性能和成本外，还应关注其环保性能，选择符合环保标准和可持续发展的产品。

中密度纤维板是指以木质纤维或其他植物纤维为原料，经过纤维制备，施加合成树脂，在加热加压条件下压制成厚度≥1.5mm、名义密度范围在0.65～0.80g/cm^3之间的板材。

密度纤维板可分为普通型中密度纤维板、家具型中密度纤维板和承重型中密度纤维板。

（1）普通型中密度纤维板是指通常不在承重场合使用以及非家具型中密度纤维板，如展览会用的临时展板、隔墙板等。

（2）家具型中密度纤维板系指作为家具或装饰装修用，通常需要进行表面二次加工处理的中密度纤维板，如家具制造、橱柜制作、装饰装修件、细木工制品等。

（3）承重型中密度纤维板系指通常用于小型结构部件，或承重状态下使用的中密度纤维板，如室内地面铺设、棚架、室内普通建筑部件等。

以上3类中密度纤维板，按其使用状态又可分为干燥状态、潮湿状态、高湿度状态和室外状态4种情况。

浮雕纤维板是在普通硬质纤维板生产基础上发展而来的新品种，它具有以下特点：

（1）通过特殊的工艺处理，使得纤维板表面呈现出清晰的浮雕图案，增加了产品的艺术感和装饰性。

（2）浮雕效果赋予纤维板更强的立体感，使其在视觉上更加突出，能够为室内装饰带来独特的效果。

（3）表面光滑平整，便于清洁和维护。同时，光滑的表面也有利于后续的涂装和装饰处理。

（4）浮雕纤维板重量轻。这对于家具的搬运和安装非常方便，可以减轻工人的劳动强度，提高工作效率。同时，重量轻的家具也更加适合现代家居的需求，尤其是对于一些小户型的家庭来说，可以节省空间，方便布置。

（八）复合装饰面板

根据现行的行业标准《铝箔面硬质酚醛泡沫夹芯板》JC/T 1051—2018的规定，铝箔面硬质酚醛泡沫夹芯板是一种特定的建筑材料，它由双面的防腐处理铝箔和硬质酚醛泡沫芯材组成。

1. 原材料和外观质量

（1）铝箔的要求：用于生产铝箔面硬质酚醛泡沫夹芯板的铝箔应符合《铝及铝合金箔》GB/T 3198—2020的标准。铝箔的厚度不应小于0.06mm，并且需要经过特定的防腐蚀处理，以确保其在使用过程中的耐久性和防腐性。

（2）外观质量：铝箔面硬质酚醛泡沫夹芯板的外观质量要求板面平整，无翘曲，表面清洁无污迹，无皱折、破洞和开裂。此外，切口应平直，切面整齐，以确保产品的整体美观性和结构完整性。

2. 尺寸允许偏差

尺寸允许偏差是指在生产过程中，产品尺寸的实际值与标准规定值之间允许的最大差值。这些偏差包括长度、宽度、厚度等方面的尺寸公差。在《铝箔面硬质酚醛泡沫夹芯板》JC/T 1051—2018标准中，对夹芯板的尺寸允许偏差有详细的规定，以确保产品在施工和应用中的适用性和一致性。具体的尺寸允许偏差数值需要参照标准中的具体规定，因为这些数值会根据板材的尺寸和应用场景有所不同。在实际生产过程中，制造商需要严格按照JC/T 1051—2018标准进行生产，同时还需要定期对生产设备进行校准和检测，以确保产品的尺寸偏差在允许范围内。此外，对于不合格的产品，应按照标准规定进行处理，以保证最终产品的质量和用户的使用安全。

第七节 墙体环保节能涂料

（一）内墙涂料的种类及要求

内墙涂料作为室内墙面装饰和保护的重要材料，其种类繁多，性能各异，能够满足不同的装饰需求和环保要求。在选择和使用内墙涂料时，应综合考虑多个因素，以确保涂料能够发挥最佳效果，提升室内环境的质量。

1. 乳胶漆

乳胶漆以其良好的耐水性、耐碱性、透气性和环保性而受到广泛应用。它通常分为有光和无光两种，有光乳胶漆表面光滑细腻，无光乳胶漆则更加哑光，适合不同的装饰需求。此外，乳胶漆的施工方便，干燥速度适中，施工工具易于清洗。

2. 涂料粉

涂料粉是一种干粉状涂料，主要成分为聚乙烯醇和水溶性聚合物。它通过与水混合后涂抹在墙面上，形成坚韧的保护层。涂料粉环保性能好，透气性强，适合用于室内墙面装修。涂料粉还具有良好的耐久性，能够经受住日常生活的摩擦和清洁。

3. 墙纸涂料

墙纸涂料是一种可以刷涂成类似墙纸效果的涂料，具有丰富的图案和色彩，能够创造出独特的装饰效果。墙纸涂料通常耐擦洗、耐候性好，易于更换和维护。这种涂料适合用于需要特色装饰的空间，如客厅、卧室等。

4. 艺术涂料

艺术涂料是一种可以创造特殊装饰效果的涂料，通过不同的施工技巧和工具，可以形成各种图案和质感。艺术涂料通常应用于特色墙面或装饰性较强的空间，如会议室、餐厅等。艺术涂料具有良好的耐久性和环保性能，能够提供独特的视觉体验。

在选择内墙涂料时，应考虑以下因素。

（1）房间用途。不同房间有不同的功能和装饰需求，如卧室可能需要更加温馨的色彩，而厨房和卫生间可能需要更加耐用的材料。

（2）装饰风格。内墙涂料的色彩、图案和质感应与整体装饰风格相协调，以创造统一的视觉效果。

（3）环保要求。选择低 VOCs 或无 VOCs 的内墙涂料，减少对室内空气质量的影响。

（4）个人喜好。根据个人喜好选择色彩和图案，使室内环境更加温馨和舒适。

（5）施工条件。考虑涂料的施工工具、施工难度和干燥时间等因素，以确保施工顺利进行。

总之，内墙涂料的选择应综合考虑房间用途、装饰风格、环保要求和个人喜好等因素，以确保涂料能够满足室内环境的实际需求。随着技术的不断进步和市场需求的变化，内墙涂料的材料和施工技术将不断优化，为室内环境的装饰和保护提供更多选择和可能。

（二）合成树脂乳液内墙涂料

合成树脂乳液内墙涂料，简称乳胶漆，是一种环保、施工方便且性能优良的室内墙面、天花板等装饰和保护用涂料。它以合成树脂乳液为主要成膜物质，包括聚醋酸乙烯乳液、丙烯酸乳液、聚丙烯酸酯乳液等。乳胶漆因其环保性、施工方便性和良好的性能而受到广泛应用。

合成树脂乳液内墙涂料的特点主要包括以下六个方面。

1. 环保性

乳胶漆通常低 VOCs 或无 VOCs，挥发性有机化合物含量低，对室内空气质量影响小，符合环保要求。这有助于保护室内环境，减少对人体健康的危害。

2. 施工方便

乳胶漆具有良好的施工性能，易于涂刷、干燥快，施工工具易于清洗。这使得施工过程更加简便，提高了施工效率，减少了施工周期。

3. 耐久性

乳胶漆具有较好的耐久性，能够抵抗日常生活中的摩擦和清洁。这保证了墙面涂料的长期美观和完整性，减少了维修和更换的频率。

4. 透气性

乳胶漆具有良好的透气性，能够防止墙面因潮湿而出现发霉、脱落等问题。这有助于提高墙面的耐久性，延长建筑的使用寿命。

5. 遮盖力

乳胶漆具有较好的遮盖力，能够遮盖墙面瑕疵，提供均匀的涂层效果。这使得墙面更加平整美观，提升了室内环境的整体质量。

6. 装饰效果

乳胶漆色彩丰富，能够满足不同的装饰风格和需求。可以根据个人喜好和室内装饰风格选择合适的色彩和图案，创造出独特的装饰效果。

合成树脂乳液内墙涂料广泛应用于住宅、商业建筑、办公楼等室内墙面、天花板等的装饰和保护。它们适用于各种不同的室内环境，包括卧室、客厅、办公室、餐厅等。在选择合成树脂乳液内墙涂料时，应考虑以下因素。

（1）环保性能。选择低 VOCs 或无 VOCs 的乳胶漆，确保室内空气质量。这有助于创造一个健康、舒适的居住和工作环境。

（2）性能要求。根据房间用途和装饰要求，选择具有相应耐久性、遮盖力和装饰效果的乳胶漆。不同的房间可能需要不同性能的涂料，如厨房和卫生间可能需要更加耐用的涂料。

（3）色彩和图案。根据个人喜好和室内装饰风格，选择合适的色彩和图案。乳胶漆的色彩和图案种类繁多，可以满足各种审美需求。

（4）品牌和价格。考虑品牌信誉、产品质量以及价格因素，作出合适的选择。

合成树脂乳液内墙涂料是室内装饰中重要的材料之一，其环保性能和装饰效果直接影响室内环境的质量和美观。随着技术的不断进步和市场需求的变化，未来乳胶漆将在环保和性能上进一步提升，以满足更广泛的应用需求。例如，新型乳胶漆可能会具有更高的耐久性、更好的透气性以及更丰富的装饰效果。这将有助于推动建筑行业的可持续发展，为人们创造更加舒适、美观的居住和工作环境。

（三）豪华纤维内墙涂料

豪华纤维内墙涂料是一种新型的建筑节能装饰涂料，它以天然或人造纤维为基料，并配以各种辅料加工而制成。这种涂料通常具有良好的装饰效果和环保性能，能够提供类似于石材光泽的涂膜，并且价格相对较低，因此受到市场的欢迎。

1. 特点

（1）环保性

豪华纤维内墙涂料采用环保配方，低 VOCs 或无 VOCs，减少对室内空气质量的影响。这些涂料使用可再生资源或生物基材料，减少对环境的影响，符合绿色建筑和可持续发展的趋势。

（2）耐久性

涂料中的纤维成分，如玻璃纤维或羊毛纤维，增强了涂层的强度和韧性，使其能够更好地抵抗划痕、磨损和日常生活中的各种损害。这种耐久性保证了涂层的长久美观和建筑的安全性。

（3）弹性和修复性

纤维涂料的良好弹性和修复性使得涂层能够自我修复轻微的划痕和损伤，延长了涂层的使用寿命，减少了维护成本和频率。

（4）质感丰富

豪华纤维内墙涂料能够制造出多种独特的质感，如丝滑、绒面、金属光泽等。这些质感提供了丰富的装饰效果，满足了不同室内装饰风格的需求。

（5）遮盖力

豪华纤维内墙涂料具有较好的遮盖力，能够遮盖墙面瑕疵，提供均匀的涂层效果。这使得墙面更加平整美观，提升了室内环境的整体质量。

2. 选择考虑因素

（1）环保性能

选择低 VOCs、无苯、无甲醛的环保型涂料，这对于保障居住者的健康至关重要。

（2）性能要求

内墙涂料应该具备较好的耐磨、耐污和耐水性能，以保证长期的美观和实用。例如，卫生间和厨房等潮湿环境需要更耐水和耐化学性的涂料。

（3）质感与颜色

根据个人喜好和室内装饰风格，选择合适的质感类型和颜色。豪华纤维涂料可以提供多种质感选择，如丝滑、绒面等，以及丰富的颜色选项，满足个性化的装饰需求。

（4）品牌和价格

价格通常与质量成正比。虽然高价格并不总是意味着高质量，但过低的价格可能意味着产品质量较差。合理评估预算，并在可能的范围内选择最佳产品。

豪华纤维内墙涂料是室内装饰中的一种高端选择，它能够提供环保、耐久和美观的涂层效果。随着消费者对环保和装饰品质要求的提高，豪华纤维内墙涂料的市场需求将持续增长。未来，随着技术的进步和市场的发展，豪华纤维内墙涂料将进一步提升其性能和装饰效果，满足更广泛的应用需求。

（四）恒温内墙涂料

恒温内墙涂料是一种新型的节能室内涂料，它能够在不同的室内温度条件下保持稳定的性能，不会因为温度变化而导致涂料性能下降，如开裂、剥落等问题。这种涂料通常包含特殊的成分，如食品添加剂（如氧化钛、碳酸钙、碳酸钠、生育酚、田莆胶、聚丙烯钠、进口椰子油等），这些成分有助于涂料在不同温度下保持稳定的物理和化学性质。

1. 特点

（1）节能环保

恒温内墙涂料通过调节室内温差，减少空调、暖气等消耗，从而达到节能减排的效果。这有助于减少能源浪费，降低运行成本，同时减少对环境的污染。

（2）恒温效果

涂料中的相变材料（PCM）能够在温度升高时吸收热量，在温度降低时释放热量，使得室内温度保持恒定。这种特性有助于提供舒适和稳定的室内环境，避免温度波动带来的不适。

（3）舒适性

由于能够提供恒定的室内温度，恒温内墙涂料能够提高居住和工作的舒适度。这有助于提高生产效率，减少能源消耗，创造一个更加宜居的工作和生活环境。

（4）材料性能

恒温内墙涂料通常具有良好的耐久性、透气性和遮盖力。耐久性保证了涂料的长期稳定性，透气性有助于室内空气质量的提高，遮盖力则确保了墙面平整美观。

恒温内墙涂料适用于各种室内空间，如住宅、办公室、商场、医院等，尤其适合于温度变化较大的地区。它可以帮助这些空间节省能源消耗，提供更加舒适的室内环境。

2. 选择考虑因素

（1）节能效果

选择具有良好节能效果的恒温涂料，减少能源消耗。这对于降低建筑运营成本和减少对环境的影响至关重要。

（2）恒温性能

了解涂料的恒温性能，确保能够提供稳定的室内温度。这是选择恒温涂料的核心因素，直接影响到室内环境的舒适度。

（3）材料耐久性

选择耐久性好的涂料，确保长期稳定的恒温效果。耐久性好的涂料能够承受时间的考验，维持长期的恒温效果。

（4）环保性能

选择环保性能好的涂料，减少对室内空气质量的影响。环保涂料的使用有助于创造一个健康、安全的室内环境。

（5）品牌和价格

考虑品牌信誉、产品质量以及价格因素，作出合适的选择。选择知名品牌的恒温涂料，可以保证产品的质量和性能。

恒温内墙涂料是未来建筑材料领域的一个发展方向，它能够帮助建筑物实现更加节能和舒适的室内环境。随着技术的不断进步，恒温内墙涂料的性能将进一步提升，应用范围也将不断扩大。未来，恒温内墙涂料可能会与其他智能建筑材料相结合，为建筑物的节能环保和智能化发展提供更多可能性。

（五）多功能健康型涂料

多功能健康型涂料，作为现代室内装饰材料的代表，以其全面性能和健康特性赢得了广泛的关注和应用。这种涂料不仅关注环保节能，还注重提供健康的室内环境，满足了现代人对健康生活品质的追求。多功能健康型涂料主要有以下特点。

（1）环保性

多功能健康型涂料往往采用无苯配方，不含有害物质，对人体无害，同时也减少了对环境的污染。

（2）健康功能

涂料具有抗菌、抗病毒、除味、净化空气等功能。抗菌和抗病毒功能可以减少细菌和病毒的传播，保护居住者的健康。除味和净化空气功能则有助于提高室内空气质量，提供清新宜人的环境。

（3）耐久性

具有良好的附着力，不易脱落，且具有较高的硬度和耐磨性，能够抵抗日常使用中的撞击和摩擦。

（4）遮盖力

多功能健康型涂料具有较好的遮盖力，能够遮盖墙面瑕疵，提供均匀的涂层效果。这使得墙面更加平整美观，提升了室内环境的整体质量。

（5）装饰效果

色泽鲜艳持久，不易褪色，具有良好的覆盖力和丰满度，可以达到美观的装饰效果。这为室内装饰提供了更多的选择，创造出独特的装饰效果。

多功能健康型涂料适用于各种室内空间，如住宅、办公室、商场、医院等。它们可以帮助这些空间提供健康的环境，减少细菌和病毒的传播，提高居住和工作的舒适度。

在选择多功能健康型涂料时，考虑的因素与前述涂料基本一致。

多功能健康型涂料是室内装饰中的一种高品质选择，它能够提供环保、健康和美观的涂层效果。随着消费者对环保和健康品质要求的提高，多功能健康型涂料的市场需求将持续增长。未来，随着技术的不断进步，多功能健康型涂料的性能将进一步提升，应用范围也将不断扩大。多功能健康型涂料将成为室内装饰和建筑行业的重要发展方向，为人们创造更加健康、舒适的生活环境。

第六章
建筑节能相变材料

相变材料（PCM），也被称为潜热储能材料（LTES），是一种特殊的材料，它能够根据温度的变化而改变其物质状态，并且在相变过程中吸收或释放大量的热量。这种特性使得相变材料成为一种理想的能量存储介质，可以用来储存或释放热能，以调整和控制工作源或周围环境的温度。相变材料在相变过程中吸收或释放的热量称为潜热，这种热量储存方式不同于传统的显热储存，显热储存是通过改变物质的温度来储存能量，而潜热储存则是通过改变物质的相态来储存能量。相变材料在固态和液态之间的相变过程中，由于分子间距离的变化，会吸收或释放大量的热量，从而实现能量的储存和释放。相变材料在节能和温度控制领域具有广泛的应用前景。例如，①在建筑领域，相变材料可以应用于建筑材料或建筑设备中，通过调节相变材料的相变温度和相变热量，可以实现建筑内部温度的调节和控制，提高建筑的能源利用效率，减少能源消耗。②在纺织品中，相变材料可以用于制造智能纺织品，通过调节相变材料的相变温度，可以实现纺织品的温度调节功能，提供舒适的穿着体验。③在食品保存领域，相变材料可以应用于食品包装材料中，通过调节相变材料的相变温度和相变热量，可以实现食品的温度控制，延长食品的保存期限。④在医疗设备中，相变材料可以应用于体温计等设备中，通过调节相变材料的相变温度，可以实现准确测量体温的功能。在我国，相变材料的研究和应用已经得到了国家级的研发利用序列的认可，预示着相变材料在未来的节能环保领域将发挥重要作用。随着相变材料技术的不断发展和应用领域的扩大，相变材料将成为节能环保的最佳绿色环保载体，为我国的节能环保事业作出重要贡献。相变材料实际上可作为能量存储器，它的这种特性在节能、温度控制等领域有着极大的意义。这种材料一旦在人类生活被广泛应用，将成为节能环保的最佳绿色环保载体，在我国已经列为国家级研发利用序列。

第一节　相变材料的基本知识

建筑节能实践证明，相变材料储能是一种具有高储能密度、小体积、恒定温度控制、显著节能效果、宽温度选择范围和易于控制等优点的能源存储技术。这些特性使得相变储能材料在建筑领域得到了广泛的关注和应用。

相变储能材料的高储能密度意味着它们可以在相对较小的空间内存储大量的热能。这种特性对于建筑材料来说非常重要，因为它可以减少对建筑空间的占用，同时提供更大的能量存储能力。此外，相变材料的体积小，可以节省建筑材料的空间，同时降低建筑成本。

相变材料在温度控制方面的优势也是不可忽视的。它们可以在特定的相变温度范围内吸收或释放热量，从而实现对室内温度的精确控制。这种特性对于提高室内环境的舒适度至关重要，因为它可以减少室内温度的波动，提供一个稳定和宜人的居住环境。

相变储能材料在节能效果方面的表现也非常显著。通过在建筑材料中集成相变材料，可减少对传统供暖和空调系统的依赖，降低能源消耗。这不仅有助于减少建筑物的运营成本，还有助于减少对化石燃料的依赖，降低温室气体排放，保护环境。

随着社会和科学技术的进步，人们对建筑节能问题的关注日益增加，环境保护意识也在逐步增强。相变储能材料作为一种高效的节能技术，正逐渐被人们所认知和接受。它的应用不仅有助于提高建筑物的能源效率，还有助于推动可再生能源，如太阳能的应用，为建筑物的供暖和空调系统提供更加可持续和环保的解决方案。

工程实践和材料试验进一步表明，相变储能建筑材料具有非常广阔的应用前景。它们可以应用于建筑物的各种构件中，如地板、天花板、墙壁等，以提高建筑物的整体热性能和能源效率。随着相变材料技术的不断发展和成本的降低，预计未来会有更多的建筑物采用这种创新的节能解决方案，从而实现更高效、更环保的建筑目标。

（一）相变材料的原理

相变材料从液态向固态转变时，要经历物理状态的变化。在这两种相变的过程中，材料要从环境中吸收热量；反之，向环境释放热量。在物理状态发生变化时可储存或释放的能量称为相变热，发生相变的温度范围很窄。物理状态发生变化时，材料自身的温度在相变完成前几乎维持不变。大量相变热转移到环境中时，产生了一个宽的温度平台。相变材料的出现，体现了恒温时间的延长，并可与显热和绝缘材料在热循环时，储存热量或释放显热。其基本原理是：相变材料在热量的传输过程中将能量储存起来，就像热阻一样将可以延长能量传输时间，从而可以使温度梯度减小。由于相变材料具有在相变过程中将热量以潜热的形式储存于自身或释放给环境的性能，因而通过恰当的设计将相变材料引入建筑围护结构中，可以使室外温度和热流波动的影响被削弱，把室内温度控制在比较舒适的范围内，使人处于良好的生活环境中。此外，使用相变材料还有以下优点：①相变过程一般是等温或近似等温的过程，这种特性有利于把温度变化维持在较小的范围内，使人体感到比较舒适；②相变材料有很高的相变潜热，少量的材料可以储存大量的热量，与显热储热材料（如混凝土、砖等）相比，可以大大降低对建筑物结构的要求，从而使建筑物采用更加灵活的结构形式。

（二）相变材料的应用

如何开发新能源和提高能源的利用率，是现代工业和社会发展的重要课题。利用相变材料蓄热密度大、蓄放热过程近似恒温的特点，达到能量储存和释放及调节能量供给与需求失调的目的，是目前广泛研究的热点，其核心是如何科学应用相变材料。在建筑节能方面，相变材料可以用于建筑围护结构中，建筑围护结构热环境的特点是白天温度高，夜间温度低；只要选用合适的相变材料进行组合，储能系统的可用能效率可随相变材料种类的增加而提高。主要是利用含有相变材料的建筑围护结构和室外气温昼夜变化这一自然规律在夏季的夜间蓄冷，以承担建筑的冷负荷。1999年，国外又研制成功一种新型建筑材料——固液共晶相变材料，在墙板或轻型混凝土预制板中浇筑这种相变材料，可以保持室内温度适宜。另外，欧美有多家公司利用相变建筑材料生产销售室外通信接线设备和电力变压设备的专用小屋，可在冬夏天均保持在适宜的工作温度。此外，含有相变建筑材料的沥青地面或水泥路面，可以防止道路、桥梁、飞机跑道等在冬季深夜结冰。

（三）相变材料的分类

相变材料的分类方法很多，在建筑工程中常用的分类方法主要有按材料化学成分不同分类、按材料相变形式不同分类和按储热温度范围不同分类。

1. 相变材料按化学成分分类

相变材料根据其化学成分的不同，可以分为无机相变材料、有机相变材料和混合相变材料三大类。

（1）无机相变材料主要包括结晶水合盐、熔融盐、金属合金等无机物。这些材料通常具有较高的相变温度和良好的热稳定性，适用于需要较高温度范围的场合。结晶水合盐和熔融盐在相变过程中能够吸收或释放大量的热能，金属合金则因其优异的热导性能而有利于热量的快速传递。

（2）有机相变材料主要包括石蜡、羧酸、多元醇等有机物。这些材料通常具有较低的相变温度和较高的相变热量，适用于需要较低温度范围的场合。石蜡在相变过程中能够吸收或释放大量的热能，羧酸和多元醇则因其较好的热稳定性而受到青睐。

（3）混合相变材料主要是有机物和无机物共熔相变材料的混合物。这类材料结合了有机相变材料和无机相变材料的优点，具有更宽的相变温度范围和更高的相变热量。混合相变材料在建筑墙体内的应用，可以实现更有效的能量储存和释放。

工程实践证明，在建筑墙体内直接掺入有机相变材料进行能量的储存（释放），是一种非常有效的能量储存（释放）方式。这种方式不仅可以提高建筑物的热性能和能源效率，还可以提供更加舒适和宜人的室内环境。有机相变材料在建筑墙体内的应用，有助于降低建筑物的能耗，减少对化石燃料的依赖，降低温室气体排放，保护环境。

2. 相变材料按相变形式分类

相变材料是能够通过吸收或释放热量在不同相之间转换的物质，这一特性使得它们在能量储存和温度调节方面有着广泛的应用前景。按照相变形式的不同，相变材料被分为四大基本类别：固-固相变材料、固-液相变材料、固-气相变材料和液-气相变材料。每种类型的相变材料都有其独特的特性和应用场景。这类相变材料的特点在于其相变过程中不涉及物质状态从固态到液态或气态的转变，而是晶格结构的变化。

这种晶型的转变伴随着能量的吸收或释放，使得固-固相变材料能够在特定温度范围内提供稳定的热能存储能力。它们的优势在于无泄漏风险、形状稳定性和良好的耐腐蚀性，这使得它们成为某些特定应用的理想选择，如高温热能存储系统。固-固相变材料的例子包括高密度聚乙烯（HDPE）、多元醇以及一些具有特殊晶体结构（如"层状钙钛矿"

结构）的金属有机框架化合物（MOFs）。这些材料通过精确控制的晶型转变，实现高效而稳定的热能管理。

固-液相变材料是最广泛应用的一类相变材料，尤其是在建筑节能和温度调节领域。当环境温度达到这些材料的熔点时，它们从固态转变为液态，吸收大量潜热；反之，在冷却过程中释放热量并重新固化。这类材料的代表包括结晶水合盐（如硝酸钠和硝酸钾的混合物）和天然或合成的石蜡。固-液相变材料的优势在于其较大的相变潜热，能够有效地调节温度波动，减少能耗。此外，它们的封装和集成技术相对成熟，便于在建筑墙体、地板和屋顶等结构中使用。

尽管固-气相变和液-气相变材料在理论上也属于相变材料的范畴，但由于它们在相变过程中体积变化巨大，且气体形态难以控制和封装，因此在实际应用中受到了很大的限制。这类材料的使用通常局限于特定的技术挑战或实验环境中，如某些高级能源存储系统的研究探索，而非日常生活或常规工业应用中。在实际应用中，固-固相变和固-液相变材料因为其较好的稳定性和实用性，成为研究和商业化推广的重点。例如，固-固相变材料在高温储能领域展现出巨大潜力，而固-液相变材料则广泛应用于建筑的被动式温度调节系统中，有助于提高能效和居住舒适度。随着材料科学的进步，对这些材料的改性、增强其热导率和循环稳定性，以及开发更环保、经济的制备方法，正不断推动相变材料技术向更高性能和更广泛应用领域迈进。

3. 相变材料按储热温度范围分类

相变材料根据其储热温度范围的不同，可以被进一步分类为高温相变材料、中温相变材料和低温相变材料。这种分类主要是基于相变材料的相变温度，即材料在吸热或释热过程中发生相态变化的温度范围。

（1）高温相变材料主要是指那些在较高温度范围内发生相变的材料，常见的例子包括熔融盐和金属合金。这些材料通常具有较高的熔点和相变热量，能够在一个较大的温度范围内储存和释放大量的热能。熔融盐和金属合金在建筑领域中的应用，主要集中在需要较高温度范围的场合，如太阳能热储存系统和一些工业过程的热管理。

（2）中温相变材料主要是指那些在中等温度范围内发生相变的材料，常见的例子包括结晶水合盐、有机物和高分子材料。这些材料通常具有较高的相变热量和较宽的相变温度范围，适用于在建筑领域中的能量储存和温度调节。结晶水合盐在相变过程中能够吸收或释放大量的热能，有机物和高分子材料则因其较好的热稳定性而受到青睐。

（3）低温相变材料主要是指那些在较低温度范围内发生相变的材料，常见的例子包括冰、水凝胶等。这些材料通常具有较低的相变温度和较高的相变热量，适用于在建筑领域中的能量储存和温度调节。冰在相变过程中能够吸收大量的热能，水凝胶则因其较好的吸水性和保水性而受到关注。

相变材料在建筑领域的应用，可以根据具体的工程需求选择不同类型的相变材料。例如，在建筑墙体内掺入中温相变材料，可以在建筑物的供暖和空调系统中实现有效的能量储存和释放，提高建筑物的能源效率和热舒适性。高温相变材料和低温相变材料的应用，则可以根据具体的应用场景和需求来选择。随着相变材料技术的不断发展和应用的推广，预计未来会有更多的建筑项目采用这种高效的节能解决方案，从而实现更高效、更环保的建筑目标。

（四）相变材料的选择

材料试验证明，并不是所有的建筑材料都可以用作热能储存和温度调控。不同的实际应用领域对相变材料也有不同的要求。在建筑物的墙体、天花板、地面等结构中使用相变材料，能够增强其储热能力，减少室内温度波动，较长时间维持理想的室内温度。在实际应用中，选择合适的相变材料及其封装方式非常重要。总的来说，实际应用中选用的相变材料必须符合以下原则。①相变材料必须具有较大的储能容量。这就是说，选用的相变材料不仅必须有较高的相变潜热，而且要求以单位质量和单位体积计算的相变潜热都足够大。②特定的相变温度必须适合具体应用的要求。例如，用作恒温服装的相变材料的相变温度，必须在25～29℃；用于电子元件散热的相变材料的相变温度，必须在40～80℃。③相变材料必须具有适宜的传导系数。大多数场合要求相变材料具有较快的传热能力，以便迅速地吸收或释放热量，有的场合则要求其具有某一特定的热传导系数，热传导系数不能过高或过低。④相变材料必须具有正确的相变过程。相变材料的相变过程不仅必须完全可逆，而且正过程和逆过程的方向仅仅以温度决定。⑤相变材料应具有相变过程的可靠性。在反复多次相变过程后，必须不带来任何相变材料的降解和变化，具有实用价值相变材料的使用寿命必须大于5000次热循环（每一次正循环和逆循环过程为一个热循环）以上。⑥相变材料必须具有较小的体积变化。相变材料试验证明，相变过程的体积变化越小越好，过大的相变体积是许多材料不具备实用价值的主要原因。⑦相变材料必须具有良好的化学和物理稳定性。相变材料必须具有无毒、无腐蚀性、无危险性、不可燃、不污染环境等性能。⑧相变材料应当具有无过冷现象。大多数应用领域要求相变材料的相变过程是恒温的，不得存在过冷现象，即降温过程的相变温度不低于升温过程的相变温度。⑨相变材料应当具有高密度。在一些特殊应用场合（如航天领域），要求相变材料应具有高密度，以减小系统的体积。⑩相变材料应具有很小的蒸气压。在体系运行的温度范围内，相变材料的蒸气压必须足够小，甚至完全没有蒸气压。⑪对相变材料生产工艺、成本和材料来源要求。商业化要求相变材料的生产工艺不能过于复杂，成本不能太高，原材料易得。

（五）常用的相变材料

从现在应用普遍程度来看，在建筑工程中使用的相变储热材料，主要是固-液相变储热材料和固-固相变储热材料。

1. 固-液相变储热材料

（1）硫酸钠水合盐（$Na_2SO_4 \cdot H_2O$）

硫酸钠水合盐以相对较低的相变温度（32.4℃）和较高的潜热值（250.8J/g），在相变储热材料领域占据了一席之地。这类材料的特性使得它们非常适合应用于需要温和温度调节的场景，比如建筑的季节性供暖与制冷、太阳能热利用系统以及工业余热回收等领域。其较低的相变温度意味着在接近室温条件下即可启动相变过程，有利于能量的有效存储与释放，而较大的潜热值则确保了单位质量材料能存储更多的热能，提高了储热效率和系统的经济性。尽管十水硫酸钠（$Na_2SO_4 \cdot 10H_2O$）作为一种常见的硫酸钠类相变材料，拥有储热量大、成本效益高的显著优势，但在实际应用中面临一个关键问题——相分离。相分离现象会导致材料的储热性能随使用周期增加而逐渐衰退，具体表现为材料内部结构的不均匀，影响其长期稳定性和循环使用寿命。这是因为在多次的熔化—结晶循环过程中，盐晶体会逐渐分离开来，形成不连续的相区域，从而降低材料的热能吸收和释放能力。为了解决这一问题，科研人员采取了加入防相分离剂的策略。防相分离剂通常是一些细小颗粒或特定添加剂，它们能够均匀分布在相变材料中，通过物理或化学作用机制，如提供额外的成核位点或改善材料的微观结构，有效抑制相分离的发生。例如，二水硫酸钙和氧化物等成核剂的使用，可以促进更加均匀的小晶体生成，维持材料的微观结构稳定，从而增强其循环稳定性和使用寿命。此外，为了进一步提升硫酸钠类相变储热材料的性能，研究还集中在材料的改性上，比如通过复合化处理，将硫酸钠与其他材料（如海泡石、纳米材料等）相结合，不仅可以改善其热导率，加快热能传递速率，还能增强材料的机械强度和化学稳定性，拓宽其应用范围。这些改性措施结合防相分离技术，共同促进了硫酸钠类相变储热材料在实际应用中的可靠性和经济性。

（2）醋酸钠类相变储热材料

三水醋酸钠作为一种中低温储热相变材料，具有较高的能量储存能力和相对较低的熔点，这使得它在建筑节能和热管理领域具有潜在的应用价值。然而，它也存在一些缺点，其中最显著的是易产生过冷现象。

过冷是指相变材料在熔点以下仍保持液态的现象，这可能是由于材料内部的微观结构不均匀性导致的。在三水醋酸钠的情况下，过冷现象会导致在释放热量时温度波动较大，从而影响其作为储热材料的稳定性和效率。为了克服这一缺点，通常需要添加防相分离剂，如明胶、树胶或阳离子表面活性剂等。

明胶是一种天然的高分子物质，能够增加相变材料的黏度，从而减少过冷现象的发生。树胶则具有很好的稳定性和粘合性，可以改善相变材料的微观结构，降低过冷倾向。阳离子表面活性剂通过改善相变材料的热导率和相变过程中的热扩散性，也有助于减少过冷。

尽管添加防相分离剂可以改善三水醋酸钠的性能，但这也会增加材料的成本和复杂性。因此，在选择和使用三水醋酸钠作为储热材料时，需要权衡其储热能力和操作的便利性。此外，研究者们也在不断探索新的方法来提高三水醋酸钠的稳定性，例如通过改性或制备纳米复合材料等方式，以期在保持其储热性能的同时，减少过冷现象和提高材料的可靠性。

随着相变储热技术的发展，未来可能会有更多的高效、稳定的储热材料应用于建筑领域，从而实现更高效、更环保的建筑目标。

（3）氯化钙类相变储热材料

氯化钙的含水盐（$CaCl_2 \cdot 6H_2O$）熔点为29℃，溶解潜热为180J/g，是一种低温储热材料。氯化钙的含水盐的过冷非常严重，有时甚至达到0℃时其液态熔融物仍不能凝固。常用的防过冷剂有BaS、$CaHPO_4$、$CaSO_4$、$Ca(OH)_2$及某些碱土金属过渡金属的醋酸盐类等。这些水合盐熔点接近于室温，无腐蚀、无污染，溶液为中性，所以最适于温室、暖房、住宅及工厂低温废热的回收。

（4）磷酸盐类相变储热材料

磷酸氢二钠的十二水盐（$Na_2HPO_4 \cdot 12H_2O$）熔点为35℃，溶解潜热为205J/g，是一种高相变储热材料。它的过冷温差比较大，凝固的开始温度通常为21℃，一般可利用粉末无定形碳或石墨、分散的细铜粉、硼砂，以及 $CaSO_4$、$CaCO_3$ 等无机钙盐作为防过冷剂。这类储热剂比较适用于人体的应用，在太阳能储热、热泵及空调等使用系统中也经常得到应用。

（5）石蜡相变储热材料

石蜡在室温下是一种固体蜡状物质，其溶解热为336J/g。固体石蜡主要由直链烷烃混合而成，主要含直链烃类化合物，仅含有少量的支链，一般可用通式 C_nH_{2n+2} 表示。烷烃的性质见表6-1。选择不同碳原子个数的石蜡类物质，可以获得不同相变温度，其相变潜热为160~270kJ/kg。

烷烃的性质　　　　　　　　　　　　　　　　　　　表 6-1

相变材料	熔点/℃	相变潜热/(J/g)	相变材料	熔点/℃	相变潜热/(J/g)
十六烷	18.0	225	二十烷	36.8	248
十七烷	22.0	213	二十一烷	40.4	213
十八烷	28.2	242	二十二烷	44.2	252
十九烷	32.1	171	三十烷	65.6	252

石蜡具有良好的储热性能，较宽的熔化温度范围，较高的熔化潜热，相变比较迅速，可以自身成核，过冷性可以忽略，化学性质稳定，无毒、无腐蚀性，是一种性能较好的储热材料。此外，我国石蜡资源丰富，价格低廉，非常耐用，日常生活中应用比较广泛。但是，石蜡的热导率和密度均较小，单位体积储热能力差，在相变过程中由固态到液态体积变化大，凝固过程中有脱离容器壁的趋势，这将使传热过程变得复杂化。

（6）脂肪酸类相变储热材料

脂肪酸类相变储热材料的溶解热与石蜡相当，过冷度也比较小，具有可逆的熔化和凝固性能，材料来源比较广泛，是一种很好的相变储热材料。但这种材料的性能不太稳定，容易挥发和分解；与石蜡相比价格较高，为石蜡的2~2.5倍，如大量用于储热，工程成本必然会偏高。脂肪酸的性质见表6-2。

脂肪酸的性质　　　　　　　　　　　　　　　　　　表 6-2

相变材料	熔点/℃	相变潜热/(J/g)	相变材料	熔点/℃	相变潜热/(J/g)
辛酸(C_8)	16.0	149	肉豆蔻酸(C_{14})	54.0	199
癸酸(C_{10})	31.3	163	棕榈酸(C_{16})	62.0	211
月桂酸(C_{12})	42.0	184	硬脂酸(C_{18})	69.0	199

2. 固-固相变储热材料

（1）多元醇相变储热材料

多元醇相变储热材料主要有季戊四醇（PE）、2-二羟甲基丙醇（PG）和新戊二醇（NPG）等。在低温情况下，它们具有高对称的层状体心结构，同一层中的分子以范德华力连接，层与层之间的分子由—OH形成氢键连接。当达到固-固相变温度时，将变为低对称的各向同性的面心结构，同时氢键断裂，分子开始振动无序和旋转无序，放出氢键能。若继续升高温度，则达到熔点而熔解为液态。多元醇相变储热材料相变温度较高，在很大程度上限制了其应用；加上这类材料不稳定和成本较高，也影响了其推广应用。为了满足不同应用场景对储热温度范围的需求，可以通过混合不同类型的相变材料来调整和拓宽相变稳定范围。这种方法不仅可以提高材料的灵活性和适应性，还可以优化材料的整体性能。

在多元醇类相变材料中，可以通过混合两种或三种不同的多元醇来调节相变温度。不同多元醇具有不同的相变温度，通过合理配比和混合，可以获得一个更宽的相变温度范围。例如，低分子量多元醇通常具有较低的相变温度，而高分子量多元醇则具有较高的相变温度。通过混合这两种材料，可以获得一个介于两者之间的相变温度，从而满足特定应用的温度要求。

此外，有机物和无机物的复合也是一种常见的策略，用以弥补两者在性能上的不足。例如，有机相变材料通常具有较高的相变热量和良好的热稳定性，但可能存在导热性能较差的问题。通过与无机材料（如熔融盐、金属粉末等）复合，可以提高整体材料的导热性能，同时保持有机材料的高相变热量。这种复合材料可以更好地满足高温或高热流密度的应用场景。

另一种方法是利用相变材料的相变速率调节来拓宽相变稳定范围。相变速率调节可以通过添加催化剂或纳米填料来实现。这些添加剂可以改变相变材料的相变速率，从而影响相变温度。通过控制相变速率，可以在一定程度上调整相变温度，使其适应不同的储热需求。

总之，通过混合不同类型的相变材料、调节相变温度、复合有机物和无机物，以及控制相变速率等方法，可以得到一个较宽的相变稳定范围，满足各种情况下对储热温度的相应要求。这种方法不仅可以提高相变材料的性能，还可以增加其应用的灵活性和广泛性，为建筑节能和热管理提供更多的选择和可能性。

（2）高分子类相变储热材料

高分子类相变储热材料主要是指一些高分子交联树脂。如交联聚烯烃类、交联聚缩醛类和一些接枝共聚物。如纤维素接枝共聚物、聚酯类接枝共聚物、聚乙烯接枝共聚物、硅烷接枝共聚物。目前在建筑工程中使用较多的是聚乙烯接枝共聚物。聚乙烯（PE）作为一种广泛使用的热塑性树脂，凭借其经济实惠的价格和出色的加工性能，在众多领域展现出了极高的应用价值。它的分子结构简单，主要由碳和氢原子构成的长链聚合物，这种结构赋予了聚乙烯独特的物理和化学性质，使其成为制造各类塑料制品的首选材料之一。

在加工方面，聚乙烯的熔融温度适中且流变性良好，这意味着它能够在较低的温度下被加热并轻易地通过注塑、挤出、吹塑等多种工艺成型为薄膜、管材、容器、零件等各种复杂的几何形状。这种加工灵活性极大地拓展了聚乙烯的应用领域，从日常生活中常见的塑料袋、食品包装到工业上的电缆绝缘层、农业的地膜覆盖，无处不在。聚乙烯的表面特性也是其一大优势。其表面平滑且具有一定的惰性，这不仅使得聚乙烯制品外观整洁、易于印刷和装饰，更重要的是，当作为发热体的封装或隔热材料时，其光滑表面能够与发热元件紧密贴合，减少空隙，有效提升热传导效率，这对于需要高效传热或保持恒定温度的设备而言至关重要。特别值得注意的是，聚乙烯的导热性能与其结晶度密切相关。一般而言，聚乙烯的导热率虽然相较于金属等高导热材料较低，但随着其分子结构的规整性提高，即结晶度的增加，导热性能也会随之提升。高密度聚乙烯（HDPE）和线性低密度聚乙烯（LLDPE）正是由于具有更高的结晶度，其单位质量的熔化热值相对较大。这意着在经历熔融和固化过程时，这些类型的聚乙烯能吸收和释放更多的热量，非常适合用于需要利用相变储能的系统，如某些温控包装材料或蓄热装置。

综上所述，聚乙烯不仅因其价格低廉、加工便利、表面特性优良而广受欢迎，其在特定形态下的高结晶度和相应的高熔化热值特性，也为材料科学和能源管理领域带来了新的应用可能性，展现了聚乙烯材料在技术创新和可持续发展方面的巨大潜力。

（3）层状钙钛矿相变储热材料

层状钙钛矿是一种有机金属化合物，也是一种重要的固体功能材料。由于其独特的层状结构，其层间成为化学反应活性中心，这大大拓宽了其应用范围。在光催化、铁电、超导，半导体、巨磁阻等方面都具有广泛应用。纯的层状钙钛矿以及它的混合物在固-固相变时，有较高的相变焓（42~146kJ/kg），转变时体积变化较小（5%~10%），适合于高温范围内的储能和控温使用。但是，由于层状钙钛矿的相变温度高、价格较昂贵，所以在建筑工程中应用较少。

（六）复合型相变材料

相变材料中，固-固相变材料的缺点是价格很高，固-液相变材料的最大缺点是在液相时容易发生流淌。为了克服单一相变材料的缺点，复合相变材料则应运而生。复合相变材料既能有效地克服单一无机物或有机物相变材料存在的缺点，又可以改变相变材料的应用效果及拓展其应用范围。目前相变材料的复合方法有很多种，主要包括微胶囊包封法（包括物理化学法、化学法、物理机械法、溶胶-凝胶法）、物理共混法、化学共混法、将相变材料吸附到多孔的基质材料内部等。在实际建筑工程中，多采用相变材料与建材基体结合工艺，从而形成复合相变材料。

目前在工程中常用的方法有：①将 PCM 密封在合适的容器内；②将 PCM 密封后置入建筑材料中；③通过浸泡将 PCM 渗入多孔的建材基体（如石膏墙板、水泥混凝土试块等）；④将 PCM 直接与建筑材料混合；⑤将有机 PCM 乳化后添加到建筑材料中。

在我国，一家知名的建筑节能企业通过技术创新和材料研发，成功地将不同标号的石蜡乳化，并与相变特种胶粉、水、聚苯颗粒轻骨料按照一定比例混合，制成了一种新型的相变蓄热浆料。这种浆料不仅具有蓄热和保温的功能，还可以应用于建筑墙体的内外层，为实现建筑的节能目标提供了有效的解决方案。

这种相变蓄热浆料的独特之处在于它结合了石蜡的高比热容和相变特性，以及聚苯颗粒轻骨料的良好保温性能。石蜡在相变过程中能够吸收或释放大量的热能，而聚苯颗粒轻骨料则能够提供良好的保温效果，减少热量的传递。通过乳化处理，石蜡被分散在水中，形成了稳定的乳液，这样可以更容易地与其他成分混合，并提高其在浆料中的均匀分布。

相变蓄热浆料的应用取得了显著的节能效益和经济效益。在建筑墙体内外层使用这种浆料，可以有效地储存和释放热量，减少建筑物的能耗，提高室内环境的舒适度。此外，这种浆料还具有施工方便、成本低廉的特点，易于在建筑行业中推广和应用。除了相变蓄热浆料，这家企业还开发了其他相变节能产品，如相变砂浆和相变腻子。相变砂浆是一种将相变材料与砂浆混合而成的建筑材料，它可以用于墙面、屋顶等建筑结构的施工，提供额外的热储存和保温功能。相变腻子则是一种将相变材料与腻子混合而成的涂料，它可以用于室内墙面的装修，不仅具有美化室内环境的作用，还能够根据室内温度的变化吸收或释放热量，提高室内舒适度。这些相变节能产品的开发和应用，标志着我国建筑节能材料技术的不断进步和创新。随着社会对建筑节能和环保要求的提高，相信这些相变节能产品将在未来的建筑领域中发挥更大的作用，为推动我国建筑行业的可持续发展作出贡献。

第二节　建筑节能相变材料制备

随着人们对工作与居住环境要求的提高以及节能和环保意识的增强，对建筑围护结构的要求也越来越高。纵观目前相变储能材料在建筑节能中的应用情况，主要存在储能功能的耐久性问题、经济性问题和材料适用性问题 3 个方面的问题。通过将相变材料与建筑材料基体复合，可以制成相变储能建筑材料。利用相变储能建筑材料构筑建筑围护结构，可以提高围护结构的蓄热能力，降低室内环境温度的波动幅度，减少建筑物供暖、空调设备的运行时间，从而达到节能降耗和提高舒适度的目的；可以使建筑物供暖、空调设备利用夜间廉价电运行，以提供全天的供暖或制冷电能需要，缓解建筑物的能量供求在时间和强度上不匹配的矛盾，起到电力"削峰填谷"作用。同时，在建筑物中采用相变蓄能围护结构，可以减少建筑外墙的厚度，从而达到减轻建筑物自重、节约建筑材料的目的。因此，相变蓄能围护结构材料在建筑节能领域中的应用研究正日益受到国内外学者的重视。

（一）相变材料筛选与相变储热建筑结构

20 世纪，国内外研究的相变材料多数为固-液相变材料，其用途也最为广泛，固-液相变材料种类也很多，主要分为无机相变材料和有机相变材料两大类。目前广泛应用的典型的无机储能相变材料是结晶水合盐类，这类材料的熔化热大，导热系数高，且在相变时体积变化小。目前研究的固-固相变材料主要有无机盐类相变材料、多元醇类相变材料和高分子交联树脂相变材料，采用的主要是微胶囊技术和纳米技术。国内外研究成果表明，把相变储能材料用于建筑节能领域，有利于提高建筑物的热舒适性，降低电网的负荷，节约制热或制冷费用，达到节能降耗的目的。随着相变材料与石膏板、灰泥板、混凝土及其他建筑材料的结合，热能存储已被应用到建筑结构的轻质材料中。早期对相变材料的筛选研究主要集中于价格便宜、资源丰富的无机水合盐上，但由于其存在严重的过冷和析出问题，使相变建筑材料循环使用后储能大大降低，相变温度范围波动很大。尽管在解决过冷和析出方面取得一定的进展，但仍然大大限制了其在建筑材料领域的实际应用。层状钙钛矿材料因其独特的晶体结构和丰富的物理化学性质，近年来成为材料科学研究的热点之一。这类材料的结构特点在于其由交替堆叠的阳离子层和阴离子八面体层组成，形成了层间空间，这个特殊的结构不仅为离子、分子的嵌入与脱出提供了可能，同时也使其层间区域成为高度活性的化学反应场所。

层状钙钛矿的宽光谱响应特性及高效的电子传输能力，使其在分解水制氢、空气净化以及有机污染物降解等光催化反应中表现出色，成为环境净化和清洁能源生产的重要材料。其特殊的晶体结构赋予了层状钙钛矿材料优异的铁电性，即在无外加电场时仍能保持自发极化，这一性质对于开发高灵敏度传感器、存储器以及高频电子器件等至关重要。某些特定组成的层状钙钛矿显示出超导性，即在低温下电阻完全消失，这对于构建高效电力传输系统、磁悬浮技术和量子计算等领域具有重要意义。层状钙钛矿的能带结构可调，为设计新型光电转换器件，如太阳能电池、发光二极管等提供了新的可能性，有望推动光电技术的发展。部分层状钙钛矿材料在磁场作用下电阻发生显著变化，即巨磁阻效应，这一特性在硬盘驱动器读取头、磁传感器等信息存储和传感技术中扮演着关键角色。在固-固相变储能领域，层状钙钛矿及其混合物展现出高相变焓和较小体积变化的特性，使得它们成为高温区间储能和温度控制的理想候选材料，尤其适用于太阳能热能存储、工业余热回收系统等。然而，尽管具有诸多优势，层状钙钛矿材料的应用也面临着挑战，主要是其相变温度较高，限制了在中低温应用场景的使用，同时材料成本相对较高，限制了其在大规模建筑工程中的普及。未来，通过材料设计与合成技术的创新，如调整组成、掺杂改性或纳米化处理，有望降低层状钙钛矿的成本并优化其性能，进一步拓宽其在更多领域的应用范围。

为了避免无机相变材料存在的上述问题，人们又将研究重点集中到低挥发性的无水有机物，如聚乙二醇、脂肪酸和石蜡等材料。尽管它们的价格高于普通水合盐，且单位热存储能力较低，但其具有稳定的物理化学性能、良好的热行为和可调的相变温度，这样使其具有广阔的应用前景。总体来说，国内外应用于建筑节能领域的相变材料，主要包括结晶水合盐类无机相变材料和多元醇、石蜡、高分子聚合物等有机相变材料。结晶水合盐类无机相变材料具有熔化热大、热导率高、相变时体积变化小等优点，同时又具有腐蚀性、相变过程中存在过冷和相分离的缺点；而有机类相变材料具有合适的相变温度、较高的相变焓、无毒性、无腐蚀性，但其热导率较低，相变过程中传热性能差。材料试验证明：正烷烃的熔点接近人体的舒适度，其相变焓大，但正烷烃的价格比较高，掺入建筑材料中会在材料表面结霜；脂肪酸的价格较低，其相变焓较小，单独使用时需要很大量才能达到调温效果；多元醇是具有固定相变温度和相变焓的固-固相变材料，但其价格较高。用于建筑材料中常见相变材料的相变温度和相变焓如表 6-3 所示。

用于建筑材料中常见相变材料的相变温度和相变焓　　　　表 6-3

相变材料名称	分子式或简称	相变温度/℃	相变焓/(J/g)
十水硫酸钠	$Na_2SO_4 \cdot 10H_2O$	32.4	250.0
六水氯化钙	$CaCl_2 \cdot 6H_2O$	29.0	180.0
正十六烷	$C_{16}H_{34}$	16.7	236.6
正十八烷	$C_{18}H_{38}$	28.2	242.4
正二十烷	$C_{20}H_{42}$	36.6	246.6
癸酸	$C_{10}H_{20}O_2$	30.1	158.0
月桂酸	$C_{12}H_{24}O_2$	41.3	179.0
十四烷酸	$C_{14}H_{28}O_2$	52.1	190.0
软脂酸	$C_{16}H_{32}O_2$	54.1	183.0
硬脂酸	$C_{18}H_{36}O_2$	64.5	196.0
新戊二醇	NPG	43.0	130.0
50%季戊四醇+50%三羟甲基丙醇	50%PE+50%TMP	48.2	126.4

注：50%PE+50%TMP 为多元复合相变材料。

用于建筑围护结构的相变建筑材料的研制，选择合适的相变材料至关重要，应具有以下几个特点：①熔化潜热高，使其在相变中能储藏或放出较多的热量；②相变过程可逆性好、膨胀收缩性小、过冷或过热现象少；③有合适的相变温度，能满足需要控制的特定温度；④导热系数大，密度大，比热容大；⑤相变材料无毒，无腐蚀性，成本低，制造方便。在实际研制过程中，要找到满足这些理想条件的相变材料非常困难。因此，人们往往先考虑有合适的相变温度和有较大相变潜热的相变材料，而后再考虑各种影响研究和应用的综合性因素。

相变储能建筑材料作为一种新兴的节能技术，虽然在建筑领域的应用前景广阔，但目前仍面临一些挑战和问题。其中，耐久性和经济性是制约其广泛应用的两大主要因素。

在耐久性方面，相变材料在循环过程中的热物理性质退化是一个关键问题。在反复的吸热和释热过程中，相变材料的相变温度、相变热量和热导率可能会发生变化，导致其储能效率下降。此外，相变材料易从基体中泄漏，这可能会影响材料的整体性能和储能效果。基体材料对相变材料的作用也是一个考虑因素，基体的性质可能会影响相变材料的热稳定性及其与基体之间的界面结合。

在经济性方面，相变储能建筑材料的最大挑战之一是成本问题。为了提高相变材料的性能和耐久性，可能需要使用高成本的材料，这会增加建筑材料的成本。如果相变储能建筑材料的成本过高，可能会失去与其他储热技术或传统建材竞争的优势。因此，如何在保持材料性能的同时降低成本，是推动相变储能建筑材料广泛应用的关键。

尽管存在这些挑战，相变储能建筑材料经过20多年的发展，其智能化功能性的特点已经得到广泛认可。随着人们对于建筑节能和环境保护的重视程度不断提高，相变储能建筑材料有望在未来的建材市场中占据重要地位。随着技术的进步和成本的降低，相变储能建筑材料将被更广泛地应用于建筑领域，为建筑行业的可持续发展作出贡献。

针对相变材料的筛选，要考虑到不同的应用实际。Rudd认为，不同的季节依据人体舒适度的不同，应当选用不同相变温度的相变材料。如在需要空调制冷降温的夏季，房间内的舒适度应当选择在22.2～26.1℃范围内；而在需要加热取暖的寒冷冬季，房间内的舒适度应当选择在18.5～22.2℃。同时还认为，室内底部选择的相变材料温度，应当高于天花板顶部相变温度1～3℃，这样更能提高相变材料的使用效率。为了有效地克服单一的无机相变材料或有机相变材料存在的缺点，可以利用低共容原理，将不同的相变材料进行二元或多元复合。采用低共熔物的优点是：能够利用相变温度较高的两种材料配制成相变温度较低的混合物，以满足工程的实际要求。

在建筑应用方面，Peippo等研究了包含不同量相变材料的不同类型的墙体结构的热力学行为，并在麦迪逊使用加有相变材料的石膏板建造了120㎡的试验房，试验结果表明一年能够节约15%的热消耗量。Hawes和Feldman综述了有机相变储能材料在各种水泥中的吸收特性与机理，分析了温度、湿度、黏性、吸收面积和压力等因素对吸收特性的影响，结论指出，相变材料掺入水泥中，能显著提高墙体的储热能力，但是相变材料的长期稳定性和现有水泥的吸收特性还有待进一步改善。美国国家实验室的工作人员通过模拟表明，相变墙板能转移居民空调负荷中90%的湿热负荷到用电低谷期，能使供暖设备容量降低1/3。

美国在相变材料的研究方面一直处于领先地位。从太阳能和风能的利用及废热回收，均是以节能为目的的。尤其对相变储能材料的组成、蓄热容量随热循环变化情况、相变寿命及存储设备等进行了详细的理论研究。日本在相变材料的研究方面也处于领先地位。早期，日本三菱电子公司和东京电力公司联合利用了供暖和制冷系统的相变材料的研究，研究了水合硝酸盐、磷酸盐、氟化物和氯化钙。东京科技大学的 Yoneda 等研究了一系列可用于建筑物取暖的硝酸共晶水合物，从中筛选出性能较好的六水氯化镁和六水硝酸镁的共晶盐。20 世纪 90 年代初人们开始对有机相变材料进行研究，如 Feld-nm 其研究合作者对脂肪酸及其衍生物进行了广泛的研究，包括测试相变材料的热物理性质、化学稳定性以及对环保的影响。

P. Kauranen 等研制出的羧酸混合物，其熔化温度可按照气候的特定要求来进行调整。这种新方法使羧酸混合物在 20～30℃温度范围内的熔化温度可调，并找到了具有等温熔化的低共熔混合物。但是由于混合物仅是离散状态的熔化温度，因此采用非等温熔化的非低共熔混合物来覆盖低共熔点之间的区域。当前，相变材料复合的方式主要有两种：一种是将正烷烃与脂肪酸类、多元醇类相变材料混合，制得一定温度下的低共熔混合物，从而以更低的成本得到更有效的复合相变材料；另一种是将两种或三种多元醇或脂肪酸按不同比例混合，形成"共熔合金"，从而对相变温度和相变焓进行调节，开发出具有合适的相变温度与相变焓的复合相变材料。表 6-4 中列出了两种复合相变材料的相变温度与相变焓。

两种复合相变材料的相变温度与相变焓　　　　　表 6-4

相变材料	相交温度/℃	相变焓/(J/g)
49%硬脂酸丁酯+48%棕榈酸丁酯	17～21	138
45%癸酸+55%月桂酸	17～21	143

另外，有的学者研究了无水乙酸钠和尿素的共混物，其相变温度在 28～31℃范围内。河南省某工厂研制出了相变温度为 17.5～22.5℃和 32.5～37.5℃的相变储能材料的专用蜡。Salyer 和 Sircar 提出了一种从石油中精炼的低成本的线型烷烃（碳原子数为 18～20）相变材料，他们把这些碳原子数不同的烷烃按一定的比例混合，得到了相变温度为 0～80℃、溶解热大于 120J/g 的相变材料，并采用碳原子数更高的高纯烷烃，制得了溶解热达到 200～240J/g 的相变材料。

清华大学在相变墙体方面做了很多进取性工作，包括相变材料的研制、相变墙体的物理、化学性能的测试；沈阳建筑工程学院则通过将有机的相变材料与建筑材料相结合研制出相变墙板，在相近似的室外环境温度条件下，比较相变墙体房间与普通房间的热性能，进而分析相变墙体的使用在节能方面的作用。

结合上述对相变储能材料提出的要求，从长远的角度，需要对相变储能材料如下问题展开深入研究：①进一步筛选合适的相变材料，探索新型相变材料，采用多元复合等技术研制新型高效的相变蓄能建筑材料，使相变点调节到人体感觉舒适的 16～25℃；②研究相变材料的封装技术及其与基材的复合工艺，制备性能稳定、生态友好的相变蓄能材料；③添加辅助成分解决相变材料存在的过冷、结霜等问题；与改性材料（如石墨等）结合，提高其导热系数，增加换热效率；④建立模型模拟不同的气候条件，优化相变温度，以便于进行针对性的研究和应用；⑤对相变蓄能建材的力学性能和耐久性能进行研究，为建筑的寿命预测提供依据；⑥降低相变储能建筑材料的成本。

（二）相变储热建筑结构

相变储热建筑结构有两种：一种是相变材料在围护结构中以独立构件的形式存在，与建筑材料间接组合，从而形成含相变材料独立构件的墙板、地板和顶棚等；另一种是相变材料与建筑材料直接结合，可以制备成相变砂浆，或者相变石膏板、相变混凝土、相变建筑保温隔热材料、相变涂料、相变墙板、相变地板等。以独立构件存在于储热建筑结构中的相变材料，一般都是采取宏封装的形式，即为用体积较大的容器（如球体、面板等）盛装相变材料，使相变材料与建筑材料阻隔，从而形成独立构件。这些容器既可直接作为热交换器，也可加入建筑材料中。

当采用宏封装的形式时，所用的容器必须满足以下要求：①具有良好的传导性；②能够承受相变材料发生相变时产生的体积变形对容器造成的压力；③进行封装时比较方便；④容器的价格比较便宜。

采用宏封装形式的相变独立构件具有如下优点：①整个封装的制备工艺比较简单；②相变材料储存在密封的容器中，相变过程非常安全；③进行构件的安装比较方便；④相变材料可方便地进行循环回收利用，不会造成浪费。采用宏封装形式时的缺点也是不容忽视的，主要表现在相变构件在一定程度上影响建筑材料的传热性能。这是因为当需要相变材料从液相转变为固相而放出储存的热量时，体积较大的相变材料外层部分先变为固相，而一般相变材料的热导率都比较小，从而阻碍了热量有效传递。如果采用相变材料微封装，因其体积大大缩小，则不仅不会再发生这种情况，而且使用时直接加入建筑材料中，施工操作非常方便。

相变材料与建筑材料基体的直接结合，是指相变材料以一种组分介质均匀地分散在储热建筑结构中。相变材料与建筑材料基体的结合方式对其性能有很大的影响。当前相变储热建筑材料主要采用固-液相变材料，如果采用的结合方式处理不当，相变材料在发生相变时，很容易产生泄漏，同样有些相变材料（如脂肪酸类）易腐蚀与其接触的碱性水泥基材料，并且还容易产生挥发。当发生以上情况时，相变材料在循环使用后储热能力将大大降低，甚至有可能造成对环境不利影响。

（三）相变材料的制备

为了改善和提高相变材料在建筑材料中的应用效果，使相变材料在建筑材料中的应用真正进入实用性阶段，如何将相变材料与建筑基体巧妙地结合在一起，使相变材料得到有效、充分、持久的应用，是相变材料急需解决的问题。目前掺入建筑基体材料的方法主要包括浸渍法、直接加入法和封装法。

1. 浸渍法

浸渍法就是把建筑材料制品直接浸入熔融的相变材料中，让建筑材料制品中的孔隙直接吸附相变材料。浸渍法的优点是工艺非常简单，易于使传统的建筑材料（如石膏墙板）按要求变成相变蓄能围护结构材料。目前对相变材料浸渍法的研究，主要涉及石膏墙板和混凝土砌块，但是潜热储能的原理适用于包括石膏板、木材、多孔墙板、木颗粒板、多孔混凝土、砖在内的任何多孔建筑材料。用浸渍法处理的建筑材料，当相变材料为液态时，会由于表面张力被主体材料束缚住，不会发生流淌。但是，需要注意的是浸渍法所使用的某些相变材料具有挥发性，特别是脂肪酸（羧酸）作为相变材料时，则需要对基体材料进行包覆，以防止出现泄漏。

(1) 相变材料浸渍石膏墙板

相变材料浸渍石膏墙板材料试验证明，由于石膏墙板大约 40% 的体积是孔隙，因此它是相变材料的理想载体。早期的研究基于最初的小规模 DSC（示差扫描量热仪）测试，选择具有较适合的相变温度（24.9℃）的椰子脂肪酸作为房间范围相变材料石膏墙板的材料。迄今，相变材料墙板的研究表明，相变材料能够成功地浸入和分散到石膏墙板中，并且具有明显的储热效果。石膏墙板可以兼容多种相变材料，如甲基甲酯、棕榈酸甲酯和硬脂酸甲酯的混合物、短链脂肪酸、癸酸和月桂酸的混合物。美国橡树岭（Oak Ridge）国家实验室（ORNL），提出将十八烷石蜡应用到被动式太阳能建筑的墙板中，从小块试样到整块板材，成功地将石膏板直接浸渍石蜡。试验检测分析表明，这种浸渍的方法比在成型时直接加入法制成的石膏板具有更高的储热能力。

将石膏板用相变材料进行浸渍，再用普通的涂料、胶粘剂和墙纸覆盖，经过数百次 6h 循环的冻融循环测试结果表明，石膏板中 25%～30%（质量分数）的相变材料掺量，其表现出最令人满意的性能，既没有明显的气相逸出，也没有可见的液相渗漏，其挥发性与普通试样基本相同。

(2) 相变材料浸渍混凝土块

Chahroudi 在 20 世纪 70 年代就利用芒硝等无机相变材料，采用直接浸渍法制备了相变储能混凝土，但是这类相变材料对混凝土基体有腐蚀作用。Hawes 利用脂肪酸类有机相变材料、采用直接浸渍法制备了相变储能混凝土，并对相变蓄能混凝土进行深入的研究。Hadjieva 等用 DSC 测试了利用无机水合盐类做相变材料的混凝土体系的蓄热能力，用红外光谱分析了该体系的结构稳定性。Lee 等采用直接浸渍法制备了相变储能混凝土，并比较了普通混凝土块和浸渍相变材料的混凝土块的储热性能和气流速度对放热吸热的影响。

材料试验证明，混凝土块与石膏板不同，它与相变材料的兼容性主要由混凝土内氢氧化钙的存在决定，这是因为某些有机相变材料会和氢氧化钙发生反应。根据使用的混凝土块型号不同，混凝土块最多可以吸收 20%（质量分数）的相变材料。研究结果还发现，浸渍相变材料的试样性能比普通试样要好，由于浸渍相变材料试样有较低的吸水性，因此可以降低冻融循环的破坏力。对于浸渍相变材料后的混凝土块进行数百次 6h 循环的冻融循环测试，试验结果表明，循环后相变材料的损失非常小，可以忽略不计。浸渍法的最大优点是工艺非常简单，很容易对已有的建筑材料进行改进。但是相变材料与基体材料的相容性问题，至今尚未得到有效解决，因而仍不能得到实际的推广应用。

2. 直接加入法

直接加入法指在建筑材料制备的过程中，将相变材料作为一种组分直接加入的方法。例如为了防止大体积混凝土由于水化热产生温度裂缝问题，在配制混凝土时直接加入规定的相变材料，使相变材料与混凝土料混合成型。直接加入法的优点是：施工工艺简单、比较经济合理、相变材料分布均匀、产品的性能均衡。在普通石膏板的制备成型时，直接加入 21%～22% 的工业级硬脂丁酯（BS），可制成相变材料储能石膏板。在分散剂的作用下，工业级硬脂丁酯（BS）的加入非常容易。试验证明，相变材料储能石膏板的物理性能、力学性能和抗火性能均非常优异，经过冻融循环后的耐久性也是很理想的。相变材料储能石膏板比普通石膏板，能够少吸收 1/3 的水蒸气，相对的在潮湿环境中更为耐久，最为明显的是其表现出 11 倍的热容量增长。表 6-5 中列出了各种石膏-相变材料复合材料的热学性能，可供工程设计中参考。

各种石膏-相变材料复合材料的热学性能　　　　表 6-5

相变材料名称	熔点/℃	凝固点/℃	石膏-相变材料复合材料的平均潜热/(kJ/kg)
45%/55%癸酸-月桂酸及阻燃剂	17	21	28
硬脂酸丁酯	18	21	30
棕榈酸丙酯	19	16	40
十二醇	20	21	17

直接加入法对工艺的要求比较简单、经济，相变材料的量也比较容易控制，但过多有机相变材料的加入，在一定程度上会影响建筑材料的工作性及强度。

3. 封装法

封装法在相变储能建筑材料中的应用，是一种将相变材料（PCM）包封在某种介质中的技术，这种介质既可以是固体，也可以是液体。通过封装，相变材料被有效地隔离，避免了与建筑基体材料的直接接触，从而减少了对基体材料的腐蚀作用，同时也提高了相变材料的稳定性和耐久性。封装后的相变材料可以作为整体参与到建筑材料的制备中，例如，将封装好的相变材料颗粒或胶囊嵌入到混凝土、砂浆或其他建筑材料中，形成具有储能功能的建筑材料。

相变材料在固-液相变过程中，由于液相材料的流动性和可能存在的腐蚀性，会导致材料泄漏，从而影响其应用效果和安全性。为了解决这一问题，科研人员提出了将相变材料包封在微小容器中的想法，这些微小容器被称为"能量小球"或"纳米胶囊"。通过这种包封技术，可以有效阻止液相材料在相变过程中的流动，同时减少腐蚀性物质对建筑材料基体的损害。

尽管封装法在制备复合相变材料方面具有许多优点，但仍面临一些挑战和缺点。首先，共混形式制备的复合相变材料难以解决低熔点相变材料在熔融后与载体基质之间的相分离问题。其次，相变材料加入载体后，可能会导致整个材料储热能力下降，能量密度较低。最后，相变材料的掺入也会影响材料的力学性能，如硬度、强度和柔韧性等，从而导致材料寿命缩短、易老化，甚至工作物质泄漏和环境污染。这些挑战表明，在设计和应用复合相变材料时，需要综合考虑相变性能、力学性能、热稳定性以及与建筑材料的相容性等多方面因素。为了克服这些缺点，研究人员需要不断探索新的制备技术和材料配方，以实现相变材料与载体的最佳匹配。这可能包括改进封装技术、开发新型载体材料、优化相变材料的组成以及采用先进的材料加工方法等。随着科技的进步和材料科学的不断发展，相信未来能够找到更有效的解决方案，以解决相变材料与载体之间的矛盾，实现更高性能的复合相变材料，为建筑行业提供更加高效、可靠的储热解决方案。

与封装法相对的，浸渍法和直接加入法是将相变材料直接应用到建筑基体材料中。浸渍法通常涉及将建筑材料浸泡在相变材料中，使材料表面吸附或渗透一定量的相变材料。而直接加入法则是将相变材料直接机械混合到建筑材料中，如将相变材料颗粒加入到混凝土中。这两种方法在一定程度上简化了施工过程,但也带来了一些问题。

浸渍法的局限性在于,相变材料的浸渍量受到建筑基体材料的吸水率、孔隙率等因素的制约,可能导致相变材料的分布不均匀,影响储能效率。此外,基体材料可能无法完全吸收相变材料,导致浪费。

直接加入法的问题主要体现在相变材料的使用量受到建筑材料工作性及强度的制约。过多的相变材料可能会影响建筑材料的力学性能,如强度和耐久性。同时,相变材料与建筑材料的相容性也是一个需要考虑的问题,不相容的材料可能会导致内部应力和裂缝,影响材料的长期稳定性。此外,直接加入法的相变材料在使用过程中可能会出现析出现象,这会导致材料性能的下降和储能效率的降低。而且,由于相变材料在建筑材料中的分散性较差,可能会导致热传导性能的不均匀性,影响热能的管理和利用效率。因此,尽管浸渍法和直接加入法在施工上可能更为简便,但封装法由于其更好的稳定性和可控性,以及在提高相变材料耐久性和保证建筑材料性能方面的优势,逐渐成为相变储能建筑材料研究和发展的重要方向。随着技术的进步和成本的降低,封装法有望在未来的建筑节能领域发挥更大的作用。

第三节 建筑节能相变材料应用

我国能源总量丰富,但是人均能源可开采储量远低于世界平均水平。从能源利用效率来看,目前国内能耗高,能源效率低,与此同时,我国建筑能耗的总量逐年上升,在能源总消费量中所占的比例已从20世纪70年代末的10%,上升到近年的27.5%。国家建设部科技司研究表明,随着城市化进程的加快和人民生活质量的提高,我国建筑能耗比例最终将上升至35%左右。如果任由这种状况继续发展,到2020年,我国建筑能耗将达到1.089×10^{11}t标准煤,空调夏季高峰负荷将相当于10个三峡电站满负荷能力,如此庞大的建筑能耗已成为我国经济发展的沉重负担。目前,我国已明确提出了"十三五"期间所要达到的建筑节能目标,而要实现这个目标,需要各种节能技术的改善和发展。

综上所述可以看出,近年来国内外的研究人员在相变储能建筑材料的研发方面取得了一些的进展,但是该材料是一个复合体系,牵涉到材料的力学性能、热物理性能、耐久性能和化学性能等多个方面,同时还要考虑实际大规模产业化的可能性和生产成本问题,因此,研究具有相当的复杂性。根据已有的研究成果,该领域可能存在以下一些问题。

(一)相变材料使用过程中的液相控制问题

由于固-液相变型材料品种繁多,分布广泛,易于获取且具备较好的热物性能,因此,目前运用于建筑领域的相变材料几乎都是这一类型的。但是,当物质处于液相状态时往往都会面临流动和渗漏的问题。关于这一问题,一方面,可以考虑开发固-固相变材料(如多元醇、层状钙钛矿等)用以在部分应用领域替代固-液相变材料;另一方面,则可考虑对相变材料进行适当的封装处理。但就目前而言,无论是胶囊包裹也好,还是无机介质吸附也好,都需要进一步进行系统而深入的研究。

(二)相变材料热物理性能的改性问题

现有的研究主要偏重于对相变材料的合成、制备及利用等方面,对材料本身的改性特别是热物性能的提高考虑不足。从以往的研究来看,对材料基本特性的改变和提高往往是具有革命性的(如针对非常容易过冷的材料找到合适的成核剂等)。在现有的一些相变材料中,如常见的脂肪酸、多元醇类相变材料,无过冷及析出现象,性能稳定,无毒,无腐蚀性,价格便宜,具有理想的相变温度和较大的潜热,但其导热系数往往较低,单位体积储能效果差,如何解决这方面的困难,是制备复合体系所必须考虑的问题。

(三)相变储能控温墙体

相变储能材料在其本身发生相变的过程中,可以吸收环境的热(冷)量,并在需要时向环境放出热(冷)量,从而达到控制周围环境温度的目的。利用相变材料的相变潜热来实现能量的贮存和利用,有助于开发环保节能型的相变复合材料,是近年来材料科学和能源利用领域中一个十分活跃的学科前沿。将相变材料与传统建筑材料复合,可以制成相变储能建筑材料。相变储能建筑材料是一种热功能复合材料,能够将能量以相变潜热的形式进行贮存,实现能量在不同时间、空间位置之间的转换。到目前为止,相变储能建筑材料在建筑领域的应用已经成为其最为重要的途径之一。可以预计,在今后相当长的时间里,相变储能建筑材料在环境材料和建筑节能等领域都将扮演极其重要的角色。

工程实践证明,相变储能控温墙体的效果如何,选择合适的相变材料至关重要。制造相变储能控温墙体的相变材料,应当具有以下特点:①熔化潜热高,使其在相变中能储藏或放出较多的热量;②相变过程的可逆性良好,膨胀收缩性很小,出现过冷或过热很少;③有比较适宜的相变温度,能满足需要控制的特定温度;④相变材料的热导率、密度和比热容均比较大;⑤相变材料无毒性和腐蚀性,成本较低,制作方便;⑥与建筑材料有很好的相容性。

在实际研制的过程中,要找到满足以上这些理想条件的相变材料非常困难。因此,人们往往先考虑有合适的相变温度和有较大的相变热,而后再考虑各种影响研究和应用的综合性因素。目前,国际上出现了一种新型复合定形相变材料(FSPPC),它不仅具有稳定性好、易于加工、成本较低等优点,其相变温度在较大范围内可以选择,而且具有与传统相变材料相当的相变潜热(160kJ/kg),有着很好的应用前景。

这种新型的复合定形相变材料,是以高密度聚乙烯(HDPE)为基体,以石蜡为相变材料构成的。首先将这两种材料在高于它们熔点的温度下共混熔化,然后进行降温,高密度聚乙烯首先凝固,此时仍然呈液态的石蜡则被束缚在凝固的高密度聚乙烯所形成的空间中,由此而形成新型复合定形相变材料。由于高密度聚乙烯结晶度很高,即使复合定形相变材料中石蜡已经熔解,只要使用温度不超过高密度聚乙烯的软化点,复合定形相变材料的强度足以保持其形状不变。将这种复合定形相变材料制作成块状,置于建筑围护结构的内墙上,可以储存190倍的普通建材在温度变化1℃时的同等热量,可见复合定形相变材料具有普通建材无法比拟的热容,对于房间的气温稳定及供暖系统工况的平稳是非常有利的。

目前,相变材料与建筑材料相结合的重要环节,主要是如何实现现有建筑材料与相变材料的融合。国内有学者主要探讨了正十六烷、正十八烷和硬脂酸正丁酯 3 种纯物质相变材料，分别与 3 种建材基体（石膏板、石膏纤维板及黏土砖）制成储能建材。在过去的 20 年中，容器化的相变材料已被市场应用到太阳能领域，但由于其在相变时与环境接触的面积太小，而使其能量的传递并不是很有效。相反，室内墙板却给建筑物每一个区域的被动式传热提供了足够大的接触面积，从而引起了相变储能研究者的重视，因此相变储能石膏板迅速发展起来。建筑物的能量仿真技术的应用，可以帮助人们评价应用相变节能建筑材料的效果。相变建筑材料的节能经济性分析也被广泛研究，因为热能的存储可以降低高峰用电时的需求，减小加热和制冷系统的规模，利用电网的分时峰谷不同计价，则可使用户降低工程和能耗费用。Peipoo 等研究了应用含相变材料的墙板来存储能量的可行性，应用相变材料的围护结构，在美国威斯康星州麦迪逊市的一座 120m^2 房屋中，一年可以节省 15％的电力消耗，在炎热的夏季，则能降低 20％的空调电力消耗。相变储能墙板最初是美国在 20 世纪 80 年代中期，开始研究的一种含有相变材料的建筑围护结构材料。根据不同的建筑基体，可以将这种材料分为三类：一是以石膏板为基材的相变储能石膏板，主要用作外墙的内壁材料；二是以混凝土为基材的相变储能混凝土，主要用作外墙材料；三是用保温隔热材料为基材，用来制备高效节能型建筑保温隔热材料。相变储能墙板用于建筑物围护结构，当室内温度高于相变材料的相变温度时，相变储能墙板中的相变材料发生相变，吸收房间内多余的热量；当室内夜间温度低于相变温度时，相变材料也发生相变，释放出储存的热量。相变储能墙板由于相变材料的蓄热特性，使通过围护结构的传热量大大降低。可以显著提高室内环境的温度舒适性。

联邦德国巴斯夫公司（BASF），研制出一种名为 Micronal PCM 的石膏墙面板，这是一种轻质环保节能建筑材料。这种墙板每 1m^2 中含有 3kg 的蜡质，在墙板的生产中设定相变温度为 23～26℃，室温变化超过这一温度范围时，蜡质便会发生熔化或凝固来吸收或放出热量。室内由于通过蜡质相变来保持室温，所以能够将房间保持令人舒适的室温下。加拿大肯考迪亚大学建筑研究中心，用 49％丁基硬脂酸盐和 48％丁基棕榈酸盐的混合物作为相变材料，采用直接混合法与灰泥砂浆混合，然后再按工艺要求制备出相变储能墙板，并对相变储能墙板的熔点、凝固点、热导率等进行了测试。试验结果表明，这种相变储能墙板比相应的普通墙板的储热能力增加 10 倍。这个建筑研究中心还研究了把有机相变材料植入水泥中制备相变储能墙板的可能性，并研究了如何通过控制相变材料的吸收量和熔化量达到需要的储热量。

1999 年，美国俄亥俄州戴顿大学研究所，成功研制出用于建筑保温的固液共晶相变材料，其固液共晶温度为 23.3℃。当温度高于 23.3℃时，晶相熔化，积蓄热量，一旦气温低于 23.3℃时，结晶固化再现晶相结构，同时释放出热量。在墙板或轻型混凝土预制板中浇筑这种相变材料，可以保持室内温度达到舒适的要求。美国伊利诺伊州某工厂已采用这项成果，准备生产这种节能墙板，并用于建筑房屋。

目前，我国的同济大学、东南大学、武汉理工大学、浙江大学等高等院校相继研发在保温隔热材料基体中掺入少量相变材料，制备用于节能建筑外围护结构的高效节能型建筑保温隔热围护材料，现在取得了显著的成效。试验结果表明，在保温隔热材料基体中掺入适量的相变材料，不仅可以提高轻质材料的蓄热能力，而且改善材料的热稳定性，提高材料的热惰性，同时不影响材料的强度、粘结能力、耐久性等性能。

高效节能型建筑保温隔热围护材料对保温隔热性能有双重要求，关键是要使节能建筑外围结构既具有良好的保温性能，又要具有很好的蓄热能力，在保温和隔热性能要求中寻求经济可行的平衡点。

（四）相变控温混凝土

相变控温混凝土是现代建筑工程中不可缺少的建筑材料，也是用途最广、用量最大的建筑材料。但是，混凝土结构的温度裂缝，尤其是大体积混凝土工程中的温度裂缝，至今还缺乏有效的控制措施。经过材料试验和工程实践，同济大学建筑材料研究所提出了相变控温储能材料机敏控制混凝土结构温度裂缝的新技术。结构混凝土内部温度场随环境温度和混凝土水化热变化而变化，其温度应力变化具有随机性和方向交替变化的特点，采用构造配筋措施抗裂难以奏效。因此，制温度的机制需与混凝土结构有机一体化，才可能同步感应内部温度变化，实时随机应变启动控制温度机制，防止温度裂缝的形成。因此，根据结构混凝土内部温度应力变化具有随机性和方向交替变化的特点，探索利用相变材料在特定温度范围的热效应控制混凝土内部温度，以达到机敏控制温度应力防止温度裂缝。将相变材料掺入到混凝土中，并具有一定的控温效果的混凝土称为相变控温混凝土（简称PCM混凝土）。相变材料可以在等温或近似等温情况下，发生相变转化吸收或释放的一定相变潜热，与周围介质或环境进行热量的存储和交换，从而达到热能储存和温度调控功能。与显热式贮热相比，潜热式贮热的贮热密度高，材料的相变潜热要远远高于材料的显热，而且潜热式贮热的贮、释热过程近似等温。PCM混凝土与石膏板相比，物理性能没有发生较大的变化，冻融循环后的耐久性有显著提高，耐火性能良好，火焰传播速度极小，其储热能力是普通混凝土在6℃时变化的200%~230%。特别值得指出的是，PCM混凝土（6℃）的温差比PCM墙板（4℃）具有更高的使用价值。表6-6中列出了不同混凝土PCM复合材料的热性能，可供进行PCM混凝土设计中参考。

不同混凝土PCM复合材料的热性能　　　　表6-6

混凝土种类	PCM	熔点/℃	凝固点/℃	PCM混凝土的平均潜热/(kJ/kg)	龄期[①]/d
ABL	BS	15.2	19.3	5.7	692
REG	BS	15.4	20.4	5.5	391
PUM	BS	15.9	22.2	6.0	423
EXS	BS	14.9	18.3	5.5	475
ABL	DD	10.8	16.5	3.1	653
REG	DD	5.0	9.6	4.7	432
PUM	DD	14.9	12.0	12.7	377
REG	TD	26.2	32.0	5.7	405
PUM	TD	32.2	35.7	12.5	404
REG	PAR	52.4	60.2	11.9	428
ABL	PAR	53.2	60.6	18.9	421
PUM	PAR	52.9	60.8	22.7	407
OPC	PAR	51.7	60.4	7.6	407

①这是试件浸渍了相变材料后的龄期。注：ABL为高压混凝土块；REG为常压混凝土块；PUM为浮石混凝土块；EXS为膨胀页岩（集料）块；OPC为普通硅酸盐水泥混凝土；BS为硬脂酸丁酯；DD为十二醇；TD为十四醇；PAR为石蜡。

将两种相变材料（硬脂酸丁酯和石蜡）注入普通混凝土块中，包括普通硅酸盐水泥制成的普通混凝土（R）和由硅酸盐水泥及浮石制成的高压养护的混凝土（A）。注入的方法是将热的混凝土块浸渍到熔化的相变材料中，直到需要的吸收量（3.9%～8.6%）。试验结果表明，相变材料的加入使得混凝土块能够储存潜热和显热，不同相变材料和混凝土配合的储热计算值如表6-7所示。

不同相变材料和混凝土配合的储热计算值　　　　表6-7

项　目	A-BS(5.6%)	A-P(8.4%)	R-P(3.9%)
温度范围/℃	15～25	22～60	22～60
混凝土块的显热值/kJ	1428	5337	7451
相变材料(PCM)的显热值/kJ	233	1135	705
相变材料(PCM)的潜热值/kJ	977	2771	1718
储热总量/kJ	2638	9244	9874
储热总量/混凝土块的显热值	1.8	1.7	1.3

（五）相变控温砂浆

联邦德国巴斯夫公司将石蜡封装在微胶囊中，研制出控温型的相变石蜡砂浆。相变石蜡砂浆内10%～20%的成分由可以蓄热的微粒状石蜡组成，为了使石蜡易与砂浆结合，对石蜡进行了"微粒封装"。这种相变石蜡砂浆已应用于德国的建筑节能工程中，用这种砂浆抹于内隔墙，每平方米墙面上含有750～1500g的石蜡，每2cm厚的石蜡砂浆蓄热能力，相当于20cm厚的砖木结构墙体。当室外温度太高，在热量向室内传播过程中，石蜡遇热而熔融，使室内温上升非常缓慢；当室内温度较低时，熔融的石蜡向室内释放热量。这种作为室内冬季保温和夏季制冷的相变控温材料，可以减少室内温度的波动和室调系统设备容量，使室内保持良好的热舒适性。

同济大学建筑材料研究所，采用无机多孔介质为载体吸附脂肪酸相变材料，成功地制备了蓄热复合相变材料。该材料采用月桂酸和肉豆蔻酸的低共熔物作相变材料，用膨胀珍珠岩作载体，吸附后通过水泥包裹予以密封。这种相变砂浆的最大特点是以骨料的形式可方便地制备成相变控温砂浆，掺入建筑围护结构中，用于夏热冬冷地区的节能建筑；同时根据相变砂浆的相变温度、掺量不同，可用于不同的气候环境下。

（六）相变材料调温壁纸及瓷砖

美国有学者最近研制成功一种内墙调温壁纸。当室温超过21℃时，内墙调温壁纸吸收室内余热；当室温低于21℃时，内墙调温壁纸又会将热量释放出来。这种内墙调温壁纸可设计成3层：靠墙面的是绝缘层，能把冷冰冰的墙体隔开；中间是一种特殊的调节层，由经过相变材料处理的纤维组成，具有吸湿、蓄热的作用；外层为美观大方装饰层，上面有无数的孔，并印有装饰图案，品种多样任意搭配。研制室内调温瓷砖是很多人的愿望和梦想。美国最近的一项专利，就是一种块状相变瓷砖结构，它可以由石英石、花岗石、石灰石、大理石、玻璃、陶瓷等的粉末、碎片、颗粒组成的单层混合颗粒状基体，与合适的黏结材料和相变材料组成；也可以是多层结构，即包括相变材料的外部耐磨层，该层黏结或嵌入由黏结材料和相变材料组成的第二层。这种室内调温瓷砖与普通瓷砖一样，可以制成多种形状、各种尺寸和性能各异的块状材料。

（七）应用相变材料调节空气

相变材料在建筑领域的应用可以为室内环境和建筑节能带来显著的好处。以下是一些应用相变材料调节空气的方法，以及它们如何改善室内环境和建筑节能的效果。

（1）降低室内地板和天花板之间的温度梯度。通过在地板和天花板中集成相变材料，可以有效地降低室内的温度梯度。相变材料在吸热或释热时，能够平滑室内温度的变化，从而减少局部温差和瞬态温度波动。这种特性对于创建一个稳定和均匀的室内温度分布至关重要。

（2）通过使用轻质结构提高墙壁的热容量。相变材料可以应用于墙壁中，提高墙壁的热容量。这意味着墙壁可以吸收和储存更多的热能，从而减少室内温度的波动。这有助于提供一个更加舒适和稳定的室内环境。

（3）降低通过门窗洞口的热损失。相变材料可以应用于门窗洞口，减少热量的流失。相变材料在夜间或低温条件下释放储存的热能，从而减少热量通过门窗洞口的损失。这有助于提高建筑物的能源效率，减少加热和冷却的需求。

（4）改善家用饰品的热舒适性。相变材料可以应用于家用饰品，如床垫、沙发等，提高它们的热舒适性。相变材料能够在夜间或低温条件下释放热能，提供温暖的感觉，从而提高居住的舒适度。

（5）应用于建筑物的热水供应系统。相变材料可以应用于建筑物的热水供应系统，提高热水储存和供应的效率。相变材料能够在冷水条件下吸收热能，然后在需要时释放热能，从而提供热水的供应。

（6）应用于建筑物的供暖和冷却系统。相变材料可以应用于建筑物的供暖和冷却系统，提高能源利用效率。相变材料能够在低温条件下吸收热能，然后在高温条件下释放热能，从而提供供暖或冷却的效果。

通过这些应用方法，相变材料为建筑领域提供了创新的解决方案，有助于改善室内环境和建筑节能。随着相变材料技术的不断发展，预计未来会有更多的建筑项目采用这种高效的节能解决方案。

在室内地板和天花板之间，通常都存在一定的温差，这个温度梯度对于居住者的舒适度有着直接的影响。通常情况下，如果这一温差过大，可能会超过5℃，导致居住者感到不舒适。因此，控制地板和天花板之间的温度梯度是衡量室内取暖效果的一个重要指标。相变储能控温材料的应用可以有效地降低地板和天花板之间的温度梯度，使其保持在低于5℃的舒适程度。这种材料能够在固态和液态之间转换时吸收或释放大量的热能，从而在加热过程中起到调节温度的作用。具体来说，地板上的相变材料在加热过程中会吸收热量并转化为液态，从而提高环境空气的温度。这样，居住者在行走或活动时，可以感受到温暖的环境。而天花板上的相变材料则用于吸收多余的热量。当室内温度升高时，天花板上的相变材料会吸收热量并转化为液态，从而减少室内温度的波动。通过在地板和天花板之间使用相变储能控温材料，可以实现室内温度的均匀分布，提高居住者的舒适度。此外，这种材料的应用还有助于节能。由于相变材料能够在特定温度范围内吸收和释放大量的热能,因此在取暖季节,可以减少对传统供暖系统的依赖,降低能源消耗。总之,相变储能控温材料在室内取暖领域的应用具有重要意义。通过控制地板和天花板之间的温度梯度,可以提高居住者的舒适度,实现节能目标。

目前,一种应用是在地板和天花板上都使用同一种石蜡,所使用的石蜡混合物在 24~27℃ 的温度范围内吸收热量,并在 18~20℃ 的温度范围内释放热量。在已经较低的室内温度下,降低地板和天花板之间的温度梯度可得到更加舒适的感觉,因而降低了加热的成本,达到节能的目的。为了量化相变材料带来的温度梯度的降低,在一个样室内进行了一个模拟试验。样室房间地板的面积为 $4m^2$,距离天花板的高度为 $2m$。地板和天花板用 10mm 厚的嵌在单元结构内的相变材料层板代替。地板和天花板上的相变材料总用量为 32kg,相当于 7000kJ 的储热量。在 8h 的试验时间内,地板和天花板的温度均被连续记录,并用于计算地板和天花板在指定时间段的温度梯度。样室装有地面加热系统,只要室温低于 22℃ 便开始加热。从每小时的热循环次数可以得出节省的能量值,如表 6-8 所示。

样室内温度的测试结果　　　　　　　　　　表 6-8

相变材料的放置	地板和天花板之间的温度梯度/K	每小时的热循环次数
不含相变材料	6.0	5
地板使用相变材料	4.1	3
天花板使用相变材料	3.8	4
地板和天花板均使用相变材料	2.1	2

测试结果表明,通过在地板和天花板中集成相变材料,可以有效地降低室内的温度梯度,从而提高居住的舒适度。具体来说,相变材料的应用能够减少温度梯度,当相变材料同时应用于地板和天花板时,温度梯度可以降低 4℃;而当相变材料仅应用于地板或天花板时,温度梯度降低 2℃。这种温度梯度的减少意味着室内的热舒适性得到了显著提升。相变材料在吸热或释热时,能够平滑室内温度的变化,从而减少局部温差和瞬态温度波动。这种特性对于创建一个稳定和均匀的室内温度分布至关重要。此外,相变材料的应用还可以降低室内空气流动速度。由于相变材料在吸热时膨胀、在释热时收缩,这种体积的变化会引起空气流动。这种自然的空气流动有助于改善室内的通风和气候环境,进一步提高居住的舒适度。测试结果还揭示了相变材料在节能方面的潜力。由于相变材料能够存储和释放大量的热能,因此在需要加热或冷却的时候,可以减少对传统供暖或空调系统的依赖。这不仅缩短了加热或冷却的时间,还降低了能源消耗,从而达到了节能的目的。综上所述,相变材料在建筑领域的应用不仅可以提高室内舒适度,改善气候环境,还能实现节能效果。这些测试结果进一步证明了相变材料在建筑节能和提升居住质量方面的潜力,为未来的建筑设计和施工提供了有力的科学依据。

建筑材料的轻质化是现代建筑趋势之一,它带来了许多优点,如提高建筑物的结构强度、减轻建筑物的自重、减少材料的使用量等。然而,轻质材料通常具有较低的热容量,这意味着它们在吸收和储存热量方面的能力较弱。在炎热的夏季,墙壁和屋顶无法有效地吸收通过建筑物进入的热量,导致室内温度迅速上升,增加了空调的能耗。

为了解决这个问题,研究人员和工程师们开始探索使用相变材料来提高建筑物的热容量。相变材料能够在固态和液态之间转换时吸收或释放大量的热能,这种特性使得它们成为一种理想的节能材料。

相变材料层板的应用可以显著提高建筑物的热效率。例如,厚度为10mm的相变材料层板的热容量可以与厚度为1m的钢筋混凝土相媲美。这意味着即使在很薄的层板中,相变材料也能存储大量的热能。当建筑物在白天吸收过多热量时,相变材料可以吸收这些热量并储存起来。到了夜晚,当外部环境温度较低时,相变材料可以通过冷却效应释放储存的热量,从而降低室内温度。

此外,相变材料还可以与建筑物的空调系统协同工作。在电力需求较低的时段,例如夜间或周末,相变材料可以通过外部空调系统进行冷却,以恢复其储热能力。这种策略可以优化能源使用,降低能源成本。

计算机模拟研究表明,使用相变材料可以显著提高建筑物的节能效果。据科研资料证明,相变材料的节能潜力大约为20%。这意味着通过引入相变材料,建筑物可以减少20%的能耗,这对于降低建筑物的整体碳足迹和减少对化石燃料的依赖具有重要意义。

总之,相变材料在建筑节能领域的应用前景广阔。通过提高建筑物的热容量和优化能源使用,相变材料可以帮助建筑物更加高效地应对气候变化,提供舒适、节能的室内环境。随着相变材料技术的不断进步和成本的降低,预计在未来将有更多的建筑物采用这种创新的节能解决方案。

在农业领域,PCM材料可以用于农产品储存和运输过程中的温度控制。通过将PCM材料与农产品一起储存或运输,可以保持农产品在适宜的温度范围内,延长农产品的保鲜期,减少食物浪费。在化工领域,PCM材料可以用于化学反应过程中的温度调节。PCM材料可以吸收或释放热量,以保持反应体系的温度稳定,提高反应效率,减少能源消耗。

除了上述领域,PCM材料还可以应用于纺织、医疗、交通等领域。在纺织领域,PCM材料可以用于服装和家纺产品的制备,提供智能温控功能,提升穿着舒适度和节能效果。在医疗领域,PCM材料可以用于医疗设备和药品的储存和运输,保证药品和设备的稳定性和有效性。在交通领域,PCM材料可以用于交通工具的温度控制,如汽车、火车和飞机,提高交通工具的舒适性和能源效率。随着全球对能源消耗和环境影响的关注日益增加,PCM材料的这些特性变得尤为重要。它们提供了一种高效、可再生的能量存储解决方案,有助于减少对化石燃料的依赖,降低温室气体排放,保护环境。因此,相变储能控温材料在未来的发展中将继续受到广泛关注,并在各个领域发挥重要作用。

在建筑节能工程中,相变材料的选择应该基于其热物性与建筑材料的协同效应。例如,相变材料的热导率应该与建筑材料的导热系数相匹配,以确保热能的有效传递。比热容高的PCM可以吸收或释放更多的热能,从而提高建筑物的能源效率。相变温度和相变焓的选择则需要考虑室内外环境条件、建筑物的使用要求和节能目标。为了确保相变材料在建筑节能中的应用效果,需要建立相变蓄能围护结构理想的物理模型。这个模型应该能够描述PCM与建筑材料之间的相互作用、PCM的相变过程以及建筑物内部的热环境。通过数值模拟研究,可以在不同的室内外环境条件下,评估相变材料对建筑物热过程的影响,预测建筑物的能耗和舒适度,为相变材料的优化设计和应用提供理论指导。

  同时，实验研究也是不可或缺的。通过实验验证数值模拟的结果，可以确保相变材料在实际应用中的性能符合预期。实验研究还可以揭示相变材料在长期使用过程中可能出现的性能衰减或其他问题，为改进PCM和建筑材料的结合技术提供依据。综上所述，相变材料的热物性研究是建筑节能相变材料推广应用的理论基础，也是确保相变材料达到节能效果的关键。通过对PCM的热物性进行深入研究，可以为相变材料在建筑节能领域的应用提供科学依据和技术支持，推动建筑节能技术的发展和应用。

第七章
建筑节能门窗材料

门和窗作为建筑物的重要组成部分，不仅承担着人们进出建筑物的功能，也是室内采光和通风的主要通道。随着建筑设计理念的不断更新，门窗在建筑物中的面积占比越来越大，甚至出现了全玻璃幕墙的建筑。这种设计在增大采光通风面积的同时，也使得门窗的热损失占到了建筑总热损失的40％以上。因此，门窗的节能性能成为建筑节能的关键。门窗既是能源得失的敏感部位，又关系到采光、通风、隔声和立面造型等多方面因素。这就对门窗的节能性能提出了更高的要求。门窗的节能处理主要通过改善材料的保温隔热性能和提高门窗的密闭性能来实现。门窗的设计和施工不仅影响着建筑物的形象特征，还对建筑物的采光、通风、保温、节能和安全等方面具有重要意义。根据《中华人民共和国节约能源法》《民用建筑节能条例》和《国家中长期科学和技术发展规划纲要》等文件的具体规定，无论是新建筑还是采用传统钢木门窗的既有建筑物，都必须符合建筑热工设计标准，实施节约能源的原则。在新建筑中，应采用符合节能标准的门窗，以降低建筑物的能耗。对于既有建筑物，应根据实际情况进行门窗的节能改造，以提高其能源利用效率。这不仅可以减少能源浪费，降低能源成本，还可以提高建筑物的舒适性和安全性。总之，门窗的节能处理是建筑节能工作中的重要环节。通过改善门窗的保温隔热性能和提高其密闭性能，可以有效降低建筑物的能耗，实现能源的合理利用。同时，门窗的设计和施工还应注重美观、舒适和安全等多方面的要求，以满足人们对建筑物的高品质需求。

第一节 建筑塑料节能门窗

塑料门窗是以聚氯乙烯或其他树脂为主要原料，以轻质碳酸钙为填料，添加适量助剂和改性剂，经过双螺杆挤压机挤压成型的各种截面的空腹门窗异型材，再根据不同的品种规格选用不同截面异型材组装而成。由于塑料的刚度较差、变形较大，一般在空腹内嵌装型钢或铝合金型材进行加强，从而增强了塑料门窗的刚度，提高了塑料门窗的牢固性和抗风能力。因此，塑料门窗又称为"钢塑门窗"。塑料门窗是目前最具有气密性、水密性、耐腐蚀性、隔热保温、隔声、耐低温、阻燃、电绝缘性、造型美观等优异综合性能的门窗制品。使用实践证明：其气密性为木窗的3倍，为铝合金的1.5倍；导热系数小于金属门窗的7～11倍，可以节约暖气费20%左右；其隔声效果也比铝合金高30dB以上。另外，塑料本身的耐腐蚀性和耐潮湿性优异，在化工建筑、地下工程、卫生间及浴室内都能使用，是一种应用比较广泛的建筑节能产品。

作为第四代建筑门窗的代表者，塑料门窗之所以用不到十年的时间，从专业化发展到行业化，又从行业化实现了产业化，都是在于其良好的性能、优美的造型、高尚的品质和超凡的色彩，处处都体现着王者风范。

（一）塑料门窗的特点

随着人们对塑料门窗性能的不断了解和门窗技术的不断发展，会有更多的人青睐它。具体地讲，塑料门窗具有如下特点。

(1) 隔热性能

塑料门窗所用的塑料型材为多腔式结构，具有良好的隔热性能，其材料（PVC）的传热系数为很低，一般仅为钢材的1/357、铝材的1/1250、生产单位重量PVC材料的能耗是钢材的1/4.5、是铝材的1/8.8、节约能源消耗30%以上，由此可见塑料门窗具有传热系数低、隔热性能好、生产能耗低的特点，是一种很好的保温节能建筑材料。由于塑料框材的传热性能较差，所以其保温隔热性能十分优良，节能效果非常突出；塑料可以制成不同颜色、不同结构形式的门窗，具有较好的装饰性。

根据测试结果表明，使用塑料门窗比使用木门窗的房间，冬季室内温度提高4～5℃。从《各类窗户导热、保温性能对比表》中不难看出单框双玻塑料窗的保温节能指标，相当于双层空腹钢和铝窗，它这种突出的品质是极其优良的性能。

(2) 气密性能

塑料窗框和窗扇的搭接（搭接量8～10mm）处和各缝隙处均设置弹性密封条、毛条或阻风板，使空气渗透性能指标大大超过国家对建筑门窗的要求。从国家标准和行业标准的对照就不难看出，5级（合格级）塑料推拉窗的指标相当于国标建筑外窗的3级窗的指标。塑料门窗在安装时所有缝隙处均装有橡胶密封条和毛条，其气密性远远高于铝合金门窗，在一般情况下，平开窗的气密性可达到一级，推拉窗可达到二级或三级。在使用空调或供暖设备的房间，其优点更为突出。特别是硅化夹层毛条的出现，使塑料推拉窗的气密性能又有了很大提高，同时防尘效果也得到了很大改善。

(3) 水密性能

由于塑料门窗具有独特的多腔式结构，均有独立的排水腔，无论是门窗框还是扇的积水均能有效排出，在一般情况下，平开窗的水密性可达到二级，推拉窗的水密性可达到三级。但是，这项性能指标对于塑料平开窗来讲是尽善尽美，无可比拟的（质量好的塑料平开窗雨水渗透性能 $\Delta P \geq 500Pa$）。但对于塑料推拉窗来讲，由于开启方式的缘故和型材结构所限，该项性能指标不是很理想，一般 $\Delta P \leq 250Pa$。一些有技术基础的门窗厂在这方面也做了不少有益的尝试，他们根据流体力学和模拟风雨试验对80系列推拉窗排水系统和密封结构进行改造取得了满意的效果。水密性能有明显提高，$\Delta P \geq 350Pa$。

(4) 绝缘性能

塑料门窗制作所用的PVC型材，经过材料试验表明是一种优良的电绝缘体，具备不导电、安全性高等优点。

(5) 抗风压性能

抗风压强度是指门窗在均布风荷载的作用下危险截面上的受力构件抗弯曲变形的能力。塑料门窗抗风压性能是采用《建筑外门窗气密、水密、抗风压性能分级及检测方法》GB/T 7106—2019 中安全检测压力差值（P_2）作为分级指标值，即相应于 50 年一遇瞬间风速的风压计算值：$P_2=2.5P_1$。

塑料门窗抗风压性能的评价检测项目包括：①变形检测，（P_1）是指检测试件在风荷载作用下保持正常使用功能的能力，以主要受力杆件的相对面挠度进行评价；②反复受荷检测，（$P_2=0.6P_1$）是指检测试件在正负交替风荷载的作用下，保持正常使用功能的能力，以是否发生功能障碍、残余变形和损坏现象进行评价。

(6) 隔声性能

塑料门窗用异型材是多腔室中空结构，焊接后形成数个充满空气的密闭空间，具有良好的隔声性能和隔热性能，其框、扇搭接处，缝隙和玻璃均用弹性橡胶材料密封，具有良好的吸震和密闭性能。其隔声效果可达到大于 30dB 以上，完全符合国家标准《建筑外窗空气声隔声性能分级及检测方法》GB/T 8485—2008 中第四级要求。据日本资料介绍达到同样隔声要求的建筑物，安装铝合金窗的建筑与交通干道的距离要 50m 以外，若使用塑料门窗就可以缩短到 16m 以内。所以塑料门窗更适用于交通频繁，噪声侵扰严重或特别要求宁静的环境，如马路两侧、医院、学校、科研院所、广播电视、新闻通信、政府机关、图书室、展览馆等。

(7) 耐候、耐冲击性能

塑料门窗用异型材（改性 UPVC）采用特殊配方，原料中添加了光和热稳定剂、防紫外线吸收剂和耐低温抗冲击改性剂，在－10℃温度下，以及 1000g 和 1000mm 高落锤试验下不破裂。可在－50～70℃各种气候条件下使用，经受烈日暴雨、风雪严寒、干燥潮湿的侵袭后，不脆裂、不降解、不变色。国产塑料门窗在海口发电厂、南极长城考察站的长期使用，就是很好例证。人工加速老化实验（用老化箱进行试验，外窗、外门不少于 1000h；内窗、内门不少于 500h；每 120min 降雨 18min；黑板湿度±3℃）证实：硬质聚氯乙烯（UPVC）型材的老化过程是个十分缓慢的过程，其老化层深度局限于距表面 0.01～0.03mm 之内，其使用寿命在 40～50 年是完全可以达到的。

(8) 耐腐蚀性

硬质聚氯乙烯型材由于其本身的属性，是不会被任何酸、碱、盐等化合物腐蚀的。塑料门窗的耐腐蚀性取决于五金配件（包括钢衬、胶条、毛条、紧固件等）。正常环境下使用的五金配件为金属制品（也不同程度的敷以防腐镀层），而在具有腐蚀性环境下，如造纸、化工、医药、卫生及沿海地区、阴雨潮湿地区、盐雾和腐蚀性烟雾场所、选用防腐五金件（材质一般为 ABS 工程塑料）即可使其耐腐蚀性与型材相同。如果选用防腐的五金件不锈钢材料，它的使用寿命约是钢门窗的 10 倍。

(9) 阻燃性能

塑料门窗不自燃、不助燃、离火可自熄、安全可靠，经测定氧指数 47%，完全符合国家标准《门、窗框用硬聚氯乙烯（PVC-U）型材》GB/T 8814—2017 中规定的氧指数不低于 38% 的指标，完全符合建筑防火要求，同时硬质聚氯乙烯型材还是良好的电绝缘体，电阻率高达 $1015Ω/cm^2$，保证不导电，是公认的优良安全建筑材料。

（10）加工组装工艺性

硬质聚氯乙烯塑料异型材外形尺寸精度较高（±0.5mm），机械加工性能好，可锯、切、铣、钻等，门窗组装加工时，型材机械切割，热熔焊接后制造的成品门窗尺寸精度高，其长、宽及对角线之误差均可控制在±2mm之内，且精度稳定可靠，焊角的强度可达3500N以上，焊接处经机械加工清角后平整美观。硬质聚氯乙烯塑料异型材采用熔接方式，可实现一体成形，表面没有接缝，同时框材表面平整，防水性很好。

塑料门窗型材线膨胀系数很小，不会影响门窗的启闭灵活性。塑料门窗温度的极端变化率：夏天为8℃，冬天为20℃，如一樘1500mm×1500mm的窗，其膨胀或收缩变化率只有±0.6mm和±1.5mm，不会影响塑料门窗的结构和功能。但在制作联樘带窗时，应充分考虑膨胀、收缩因素，以防止塑料门窗产生过大的变形。但是，硬质聚氯乙烯型材不仅具有冷脆性和耐高温性差的缺点，而且其弯曲弹性模量较低、刚性也较差，在严寒和高温地区受到很大限制，也不适宜大尺寸门窗或高风压场合使用。塑料门窗主要适用于各种民用及工业建筑。目前，塑料门窗行业已成为一个规模巨大、技术成熟、标准完善、社会协作周密、高度发展的领域。PVC塑料门窗作为国家重点发展的建筑材料产品，以其独特的保温节能效果和良好的装饰性能，在建筑的外围护结构中正在起着重要作用。

（二）塑料门窗的材料质量要求

塑料门窗所用材料的质量要求，主要包括对塑料异型材、密封条、配套件、玻璃及玻璃垫块、密封材料和材料间的相容性等。

（1）塑料异型材及密封条

塑料门窗采用的塑料异型材、密封条等原材料，也是塑料门窗重要组成材料，其技术性能应符合《门窗用未增塑聚氯乙烯（PVC-V）型材》GB/T 8814—2017和《塑料门窗用密封条》GB 12002—1989的有关规定。硬聚氯乙烯（PVC）型材的物理性能和力学性能指标应符合表7-1中的要求。

硬聚氯乙烯（PVC）型材的物理性能和力学性能指标 表7-1

序号	项目	指标
1	硬度/HRR	≥85
2	拉伸屈服强度/MPa	≥37
3	断裂伸长率/%	≥100
4	弯曲弹性模量/MPa	≥1960
5	低温落锤冲击(破裂个数)	≥1
6	维卡软化点/℃	≥83
7	加热后状态	无气泡、裂痕、麻点
8	加热后尺寸变化率/%	±2.5
9	氧指数/%	≥38
10	高低温反复尺寸变化率/%	±0.2

续表

序号	项 目		指标	
			A类	B类
11	简支梁冲击强度/(kJ/m²)	23℃±2℃ ≥−10℃±1℃	≥40 ≥15	≥32 ≥12
12	耐候性	简支梁冲击强度/(kJ/m²)	A类	B类
			≥28	≥22
		颜色变化/级	≥3	

(2) 塑料门窗配套件

塑料门窗安装所采用的紧固件、五金件、增强型钢、金属衬板及固定垫片等，应当符合以下具体要求。

1) 塑料门窗安装所采用的紧固件、五金件、增强型钢、金属衬板及固定垫片等，应进行表面防腐处理。

2) 塑料门窗安装所采用紧固件的镀层金属及其厚度，应当符合国家标准《紧固件表面处理耐腐蚀不锈钢钝化处理》GB/T 5267.4—2009 中的有关规定；紧固件的尺寸、螺纹、公差、十字槽及机械性能等技术条件，应符合国家标准《十字槽盘头自攻锁紧螺钉》GB/T 6560—2014《十字槽盘头自攻螺钉》GB/T 845—2017、《十字槽沉头自攻螺钉》GB/T 846—2017 中的有关规定。

3) 塑料门窗安装所采用的五金件的型号、规格和性能，均应符合国家现行标准的有关规定；滑撑的铰链不得使用铝合金材料。

4) 全防腐型塑料门窗，应采用相应的防腐型五金件及紧固件。

5) 塑料门窗安装所采用的固定垫片的厚度应≥1.5mm，最小宽度应≥15mm，其材质应采用 Q235-A 冷轧钢板，其表面应进行镀锌处理。

6) 与塑料型材直接接触的五金件、紧固件等材料，其技术性能应与 PVC 塑料具有相容性，不得产生化学反应。

7) 组合窗及连窗门的拼樘料，应采用与其内腔紧密吻合的增强型钢作为内衬，型钢两端应比拼樘长出 10～15mm。外窗的拼樘料截面尺寸及型钢形状、壁厚，应能使组合窗承受瞬时风压值。

(3) 玻璃及玻璃垫块

玻璃及玻璃垫块是塑料门窗重要组成部分，其质量如何也影响整个门窗的质量，塑料门窗所用的玻璃及玻璃垫块的质量，应符合以下规定。

1) 玻璃的品种、颜色、规格及质量，应符合国家现行产品标准的规定，并应有产品出厂合格证，中空玻璃应有质量检测报告。

2) 玻璃的安装尺寸，应比相应的框、扇（梃）内口尺寸小 4～6mm，以便于安装并确保阳光照射后膨胀不出现开裂。

3) 玻璃垫块应选用邵氏硬度为 70～90（A）的硬橡胶或塑料，不得使用硫化再生橡胶、木片或其他吸水性材料；其长度宜为 80～150mm，厚度应按框、扇（梃）与玻璃的间隙确定，一般宜为 2～6mm。

（4）门窗洞口框墙间隙密封材料

门窗洞口框墙间隙的气密性和水密性，关键在于选用的密封材料是否适宜。用于门窗洞口框墙间隙密封材料，一般常为嵌缝膏（即建筑密封胶）。为使嵌缝材料达到密封和填充牢固的目的，这种材料应具有良好的弹性和黏结性。

（5）材料的相容性

在塑料门窗安装中，与聚氯乙烯型材直接接触的五金件、紧固件、密封条、玻璃垫块、嵌缝膏等材料，为避免材料之间发生一些不良反应，影响塑料门窗的使用功能和使用寿命，这些材料的性能与PVC塑料必须具有相容性。

（三）塑料外用门窗物理性能指标

为了确保外用塑料门窗的安全使用，生产厂家按照工程设计，在对外用门窗进行选型后，应根据门窗的应用地区、应用高度、建筑体型、窗型结构等具体条件，对所选用塑料门窗，按照国家规定的抗风性能指标要求进行抗风压强度计算。塑料门窗的抗风压性能如表7-2所示；塑料门窗的空气渗透性能如表7-3所示；塑料门窗的雨水渗透性能如表7-4所示。

塑料门窗的抗风压性能 W_c（单位：Pa） 表7-2

分级代号	抗风压性能 W_c		分级代号	抗风压性能 W_c	
6	$\geqslant 3500$	$\geqslant 3500$	3	<2500	$\geqslant 2000$
5	<3500	$\geqslant 3000$	2	<2000	$\geqslant 1500$
4	<3000	$\geqslant 2500$	1	<1500	$\geqslant 1000$

塑料门窗的空气渗透性能 q_0 [单位：$m^2/(h \cdot m)$] 表7-3

窗帘形式	5	4	3	2	1
门	—	$\leqslant 0.1$	>1.0 $\leqslant 1.5$	>1.5 $\leqslant 2.0$	>2.0 $\leqslant 2.5$
平开窗	$\leqslant 0.5$	>0.5 $\leqslant 1.0$	>1.0 $\leqslant 1.5$	>1.5 $\leqslant 2.0$	—
推拉窗	—	$\leqslant 1.0$	>1.0 $\leqslant 1.5$	>1.5 $\leqslant 2.0$	>2.0 $\leqslant 2.5$

注：1. 表中数值是压力差为10Pa单位缝长空气渗透量。

2. 门的空气渗透量的合格指标为小于 $2.5m^2/(h \cdot m)$。

3. 推拉窗的空气渗透量的合格指标为小于 $2.5m^2/(h \cdot m)$，平开窗的空气渗透量的合格指标为小于 $2.0m^2/(h \cdot m)$。

塑料门窗的雨水渗透性能 ΔP（单位：Pa） 表7-4

分级代号	雨水渗透性能 ΔP		分级代号	雨水渗透性能 ΔP	
6	$\geqslant 600$	$\geqslant 600$	3	<350	$\geqslant 250$
5	<600	$\geqslant 500$	2	<250	$\geqslant 150$
4	<500	$\geqslant 350$	1	<150	$\geqslant 100$

第二节　铝合金节能门窗

铝合金门窗是经过表面处理的型材，通过下料、打孔、铣槽等工序，制作成门窗框料构件，然后再与连接件、密封件、开闭五金件等一起组合装配而成。尽管铝合金门窗的尺寸大小及式样有所不同，但是同类铝合金型材门窗所采用的施工方法都相同。由于铝合金门窗在造型、色彩、制作工艺、玻璃镶嵌、密封材料的封缝和耐久性等方面，都比钢门窗、木门窗有着明显的优势，因此，铝合金门窗在高层建筑和公共建筑中获得了广泛的应用。例如，日本98%的高层建筑采用了铝合金门窗。我国铝合金门窗于20世纪70年代末期开始被使用。近年来，在我国建筑门窗行业中铝合金门窗发展速度十分喜人。据中国建筑金属结构协会的统计资料显示，在我国的建筑门窗产品市场上，铝合金门窗产品所占比例最大，为55%；其次是塑料门窗，为35%；其他材料的门窗仅占10%。据铝合金门窗幕墙委员会统计，2003年我国的铝合金门窗产量为$2.80 \times 10^8 m^2$，2005年为$3.20 \times 10^8 m^2$，2007年为$3.65 \times 10^8 m^2$，2008年为$6.32 \times 10^8 m^2$，2016年已突破$10 \times 10^8 m^2$。由此可见，铝合金门窗将成为建筑业与装饰业中的一种不可缺少的新型门窗。

（一）铝合金门窗的特点

铝合金门窗是指采用铝合金挤压型材为框、梃、扇料制作的门窗称为铝合金门窗。铝合金门窗是最近十几年发展起来的一种新型节能环保门窗，与普通木门窗和钢门窗相比具有以下特点。

(1) 质轻高强铝合金是一种质量较轻、强度较高的金属材料，在保证使用强度的要求下，门窗框料的断面可制成空腹薄壁组合断面，使其减轻了铝合金型材的质量，节省了大量的铝合金材料，一般铝合金门窗质量与木门窗差不多，比钢门窗轻50%左右。

(2) 密封性能是门窗质量的重要指标，铝合金门窗和普通钢、木门窗相比，其气密性、水密性和隔声性均比较好，是一种节能效果显著的建筑门窗。工程实践证明，推拉门窗要比平开门窗的密封性稍差，因此推拉门窗在构造上加设尼龙毛条，以增加其密封性。

(3) 铝合金门窗的变形比较小，一是因为铝合金型材的刚度好，二是由于其制作过程中采用冷连接。横竖杆件之间及五金配件的安装，均是采用螺钉、螺栓或铝钉，通过角铝或其他类型的连接件，使框、扇杆件连成一个整体。铝合金门窗的冷连接与钢门窗的电焊连接相比，可以避免在焊接过程中因受热不均而产生的变形现象，从而能确保制作的精度。

(4) 表面美观。一是造型比较美观，门窗面积大，使建筑物立面效果简洁明亮，并增加了虚实对比，富有较强的层次感；二是色调比较美观，其门窗框料经过氧化着色处理，可具有银白色、金黄色、青铜色、古铜色、黄黑色等色调或带色的花纹，外观华丽雅致，不需要再涂漆或进行表面维修装饰。

(5) 铝合金材料具有很高的耐蚀性能，材料试验证明，不仅可以抵抗一般酸碱盐的腐蚀，而且在使用中不需要涂漆，表面不褪色、不脱落、不必要进行维修。由于其耐蚀性很好，所以用铝合金材料制作的门窗，使用年限要比其他材料的门窗长。

(6) 铝合金门窗具有刚度好、强度高、耐腐蚀、美观大方、坚固耐用、开闭轻便、无噪声等优异性能，特别是对于高层建筑和高档的装饰工程，无论从装饰效果、正常运行、年久维修，还是从施工工艺、施工速度、工程造价等方面综合权衡，铝合金门窗的总体使用价值优于其他种类的门窗。

(7) 铝合金门窗框料型材加工、配套零件的制作，均可以在工厂内进行大批量的工业化生产，这样非常有利于实现门窗设计的标准化、产品系列化和零配件通用化，也能有力推动门窗产品的商业化。

（二）铝合金门窗的类型

根据结构与开启形式的不同，铝合金门窗可分为推拉门、推拉窗、平开门、平开窗、固定窗、悬挂窗、回转门、回转窗等。按铝合金门的开启形式不同，可分为折叠式、平开式、推拉式、平开下悬式、地弹簧式等。按铝合金窗的开启形式不同，可分为固定式、中悬式、立转式、推拉式、平开上悬式、平开式、推拉平开式、滑轴式等。按门窗型材截面的宽度尺寸的不同，可分为许多系列，常用的有 25、40、45、50、55、60、65、70、80、90、100、135、140、155、170 系列等。铝合金门窗料的断面几何尺寸目前虽然已经系列化，但对门窗料的壁厚还没有硬性规定，而门窗料的壁厚对门窗的耐久性及工程造价影响较大。如果门窗料的板壁太薄，尽管是组合断面，也会因板壁太薄而易使表面受损或变形，也影响门窗抗风压的能力。如果门窗的板壁太厚，虽然对抗变形和抗风压有利，但投资效益会受到影响。因此，铝合金门窗的板壁厚度应当合理，过厚和过薄都是不妥的。一般建筑装饰所用的窗料板壁厚度不宜小于 1.6mm，门的壁厚不宜小于 2.0mm。

根据氧化膜色泽的不同，铝合金门窗料有银白色、金黄色、青铜色、古铜色、黄黑色等几种，其外表色泽雅致、美观、经久、耐用，在工程上一般选用银白色、古铜色居多。氧化膜的厚度应满足设计要求，室外门窗的氧化膜应当厚一些，沿海地区与较干燥的内陆城市相比，沿海由于受海风侵蚀比较严重，氧化膜应当稍厚一些；建筑物的等级不同，氧化膜的厚度也要有所区别。所以，氧化膜厚度的确定，应根据气候条件、使用部位、建筑物的等级等多方面因素综合考虑。

（三）铝合金门窗的性能

详细了解铝合金门窗的性能是进行设计、施工使用的主要指标，铝合金门窗的性能主要包括：气密性、水密性、抗风压强度、保温性能和隔声性能等。

(1) 气密性

气密性称空气渗透性能，指空气透过处于关闭状态下门窗的能力。材料试验证明，与门窗气密性有关的气候因素，主要是室外的风速和温度。在没有机械通风的条件下，门窗的渗透换气量起着重要作用。不同地区气候条件不同，建筑物内部的热压阻力和楼层层数不同，致使门窗受到的风压相差很大。另外，空调房间又要求尽量减少外窗空气渗透量，于是就提出了不同气密等级门窗的要求。

(2) 水密性

水密性也称雨水渗透性能，指在风雨同时作用下，雨水透过处于关闭状态下门窗的能力。渗水会影响室内精装修和室内物品的使用，因此水密性能是门窗产品的重要指标。门窗的水密性存在有以下 3 方面原因：①存在缝隙及孔洞；②存在雨水；③存在压力差。只有 3 个条件同时存在时才能产生渗漏。我国大部分地区对门窗的水密性要求不十分严格，对水密性要求较高的地区，主要以台风地区为主。

(3) 抗风压强度

所谓建筑外窗的抗风压强度是指在风压作用下，处于正常关闭状态下的外窗不发生损坏以及功能性障碍的能力，这是衡量建筑门窗物理性能的重要环节。过大的风压能使门窗构件变形，拼接处的缝隙变大，影响正常的气密性和水密性。因此，既需要考虑长期使用过程中，在平均风压作用下，保证其正常功能不受到影响，又必须注意到在台风袭击下不遭受破坏，以免产生安全事故。

(4) 保温性能

保温性能是指门窗两侧存在空气温差条件下，门窗阻抗从高温一侧向低温一侧传导热量的能力。要求保温性能较高的门窗，传热的速度应当非常缓慢。我国门窗的保温性能总体水平与国外有比较大差距，北欧和北美国家窗户传热系数 K 值一般都小于 $2.0W/(m^2 \cdot K)$，有的达到 $1.1 \sim 1.2W/(m^2 \cdot K)$。门窗的保温性能能显著影响建筑物的供暖能耗和室温。如果隔热系数不高，会引起空调能耗增加或者室内温度上升过快，也会影响人的正常生活。

(5) 隔声性能

隔声性能是指声音通过门窗时其强度衰减多少的数值。为了避免外界噪声对建筑室内的环境侵袭，建筑外立面的隔声性能是首先要考虑的问题。噪声污染会严重破坏人的生活环境，危害人的健康，目前，选择安装隔声性能较好的外门窗构件是解决这一问题的基础手段之一。因此，隔声性能是环保门窗的重要指标，也是评价门窗质量好坏的重要指标。

第三节 铝塑钢节能门窗

铝塑节能门窗也称为断桥铝门窗，是继铝合金门窗、塑钢门窗之后研制成功的一种新型门窗。断桥铝门窗采用隔热断桥铝型材和中空玻璃，并仿欧式结构组合而成，其外形美观，具有节能、隔声、防噪、防尘、防水等多种功能。这类门窗的热传导系数 K 值为 $3W/(m^2 \cdot K)$ 以下，比普通门窗热量散失减少 $1/2$，降低取暖费用 30% 左右，隔声量达 29dB 以上，水密性、气密性良好，均达国家 A_1 类窗标准。

铝塑节能门窗的特点包括以下几个方面。

(1) 整体强度高，总体质量好

铝塑门窗是从型材选用材料上提高门窗的整体强度、性能、档次和总体质量。铝合金型材的平均壁厚达 $1.4 \sim 1.8mm$，表面采用粉末喷涂技术，以保证门窗强度高、不变色、不掉色。中间的隔热断桥部分采用改良 PVC 塑芯作为隔热桥，其壁厚为 2.5mm，使塑芯的强度更高。由于铝材和塑料型材都具有很高的强度，通过铝材+塑料+铝材的紧密复合，从而使铝塑门窗的整体强度更高。

(2) 优异的隔热性能

由于铝塑门窗的塑料型材使用国内首创的腔体断桥技术，所以使其具有更优异的隔热性能。为了减少热量的损失，铝塑门窗型材在结构上设计为六腔室，由于多腔室的结构设计，使室内(外)的热量(冷气)在通过门窗时，经过一个个腔室的阻隔作用，热量的损失大大减少,从而保证了优异的隔热性能。

(3) 优异的密封性能

铝塑节能门窗一般为三道密封设计,具有优异的密封性能。室外的一道密封胶条,增加后可以提高门窗的气密性能,但略降低了水密性能;去掉后气密性能略降低,但可以提高水密性能。因此,可以根据不同地区的气候特点选择添加或不设置密封胶条。材料试验证明,专门设计的宽胶条,其密封性能更好,尤其是新开发的宽胶条,大大提高了门窗的密封性能。当外侧冷风吹进时,风的压力越大,宽胶条压得越紧,从而更好地保证了门窗的密封效果。

(4) 优异的隔声性能

铝塑门窗上镶嵌的玻璃,最低限度使用5+12A+5的中空节能玻璃,同时通过修改压条的宽度,可以使用5+16A+5及5+12A+5+12A+5的中空节能玻璃,从而可以更好地确保门窗的隔声降噪功能大于35dB。

(5) 时尚美观的外表

铝塑门窗的两侧采用表面光滑、色彩丰富的铝材,断桥采用改良的PVC塑芯作为隔热材料,从而使铝塑门窗具有铝和塑料的共同优点:隔热、结实、耐用、美观。同时,可以根据设计的要求,更换门窗两侧铝材的颜色,提供更大的选择空间。

(6) 良好的抗风压性能

根据测试结果表明,铝塑门窗的抗风压级别可以达到国家标准《建筑外门窗气密、水密、抗风压性能分级及检测方法》GB/T 7106—2019中最高级别——8级水平。因此,铝塑门窗具有良好的抗风压性能。

(7) 清洁方便

门窗两侧采用的铝合金材料,其表面又采用的喷涂的处理方式,这样铝型材的表面清洁起来更加容易,大大节省了清洁门窗的时间。铝塑铝复合型材不易受酸碱侵蚀和污染,几乎不需要进行保养。当门窗表面脏污时,也不会变黄褪色,只要用水加清洗剂擦洗,清洗后洁净如初。

(8) 良好的防火性能

门窗两侧的铝合金为金属材料,不自燃,不燃烧,具有很好的防火性能;在门窗中间的PVC型材中加有阻燃剂,其完全可以达到氧指数大于36的阻燃材料标准。

第四节 玻璃钢节能门窗

玻璃钢门窗被国际称为继木、钢、铝合金、塑料之后的第五代门窗产品,它既具有铝合金的坚固,又具有塑钢门窗的保温性和防腐性,更具有它自身独特的特性:多彩、美观、时尚,在阳光下照射无膨胀,在冬季寒冷下无收缩,也不需要用金属加强,耐老化性能特别显著,其使用寿命可与钢筋混凝土相同。玻璃钢门窗是采用热固性不饱和树脂作为基体材料,加入一定量的助剂和辅助材料,采用中碱玻璃纤维无捻粗纱及其织物作为增强材料,并添加其他矿物填料,经过特殊工艺将这两种材料复合,再通过加热固化,拉挤成各种不同截面的空腹型材加工而成。

（一）玻璃钢节能门窗的特性

玻璃钢俗称 FRP（Fiber Reinforced Plastics），即纤维强化塑料。根据采用的纤维不同分为玻璃纤维增强复合塑料（GFRP）、碳纤维增强复合塑料（CFRP）和硼纤维增强复合塑料等。这是发达国家 20 世纪初研制开发的一种新型复合材料，它具有质轻、高强、防腐、保温、绝缘、隔声、节能、环保等诸多优点。

(1) 轻质高强

玻璃钢型材的密度在 $1.7g/cm^3$ 左右，约为钢密度的 1/4，为铝密度的 2/3，密度略大于塑钢，属于轻质建筑材料；其硬度和强度却很大，巴氏硬度为 35，拉伸强度 350～450MPa，与普通碳素钢接近，弯曲强度为 200MPa，弯曲弹性模量为 10000MPa，分别是塑料的 8 倍和 4 倍，因此不需要加钢材补强，减少了组装工序，提高功效。

(2) 密封性能好

玻璃钢窗的线膨胀系数为 $7×10^{-6}mm/℃$，低于钢和铝合金，是塑料的 1/10，与墙体膨胀系数相近，因此，在温度变化时，玻璃钢门窗窗体不会与墙体之间产生缝隙，因此密封性能好。特别适用于多风沙、多尘及污染严重的地区。

(3) 保温节能

测试数据显示，玻璃钢型材的导热系数是钢材的 1/150，是铝材的 1/650。是一种优良的绝热材料。玻璃钢门窗型材为空腹结构，具有空气隔热层，保温效果佳。采用玻璃钢双层玻璃保温窗，与其他窗户相比，冬季可提高室温 3.5℃左右。由此可见，隔热保温效果显著，特别适用于温差大、高温高寒地区，是一种节能性能优良的门窗材料。

(4) 耐腐蚀性好

由于玻璃钢属优质复合材料，它对酸、碱、盐、油等各种腐蚀介质都有特殊的防止功能，且不会发生锈蚀。玻璃钢的抗老化性能也很好，铝合金门窗平均寿命为 20 年，普通的 PVC 寿命为 15 年，而玻璃钢门窗的寿命可达 50 年。玻璃钢门窗对无机酸、碱、盐、大部分有机物、海水及潮湿环境都有较好的抵抗力，对于微生物也有抵抗作用，因此除适用于干燥地区外，同样适用于多雨、潮湿地区，沿海地区以及有腐蚀性的场所。

(5) 耐候性良好

玻璃钢属热固性塑料，树脂交联后即形成二维网状分子结构，变成不溶体，即使加热也不会再熔化。玻璃钢型材热变形温度在 200℃以上，耐高温性能好，而耐低温性能更好，因为随着温度的下降，分子运动减速，分子间距离缩小并逐步固定在一定的位置，分子间引力加强，由此可见玻璃钢门窗可长期使用温度变化较大的环境中。

(6) 色彩比较丰富

玻璃钢门窗可以根据不同客户的需求、室内装修、建筑风格，对型材的表面喷涂各种颜色，以满足人们的个性化审美要求。

(7) 隔声效果显著

材料试验表明，玻璃钢门窗的隔声值为 36dB，同样厚度的塑钢和铝合金门窗隔声值分别是 16dB 和 12dB，因此玻璃钢门窗的隔声性能良好，特别适宜于繁华闹市区建筑门窗。

(8) 绝缘性能很好

玻璃钢门窗是良好的绝缘材料,其电阻率高达 $10^{14}\Omega$,能够承受较高的电压而不损坏。不受电磁波的作用,不反射无线电波,透微波性好。因此,玻璃钢门窗对通信系统的建筑物有特殊的用途。

(9) 具有阻燃性

由于拉挤成型的玻璃钢型材树脂含量比较低,在加工的过程中还加入了无机阻燃填料,所以该材料具有较好的阻燃性能,完全达到了各类建筑物防火安全的使用标准。

(10) 抗疲劳性能好

金属材料的疲劳破坏常常是没有明显预兆的突发性破坏,而玻璃钢中纤维与基体的界面能阻止材料受力所致裂纹的扩展,所以玻璃材料有较强的疲劳强度极限,从而保证了玻璃钢门窗使用的安全性与可靠性。

(11) 减振性能良好

由于玻璃钢型材的弹性模量高,用其制成的门窗结构件具有较高的自振频率,而高的自振频率可以避免结构件在工作状态下的共振引起的早期破坏。同时,玻璃钢中树脂与纤维界面具有吸振能力。这一特性,有利于提高玻璃钢门窗的使用寿命,正常使用条件下可达到 50 年之久。

(12) 绿色环保

据有关部门检测,优质玻璃钢门窗型材符合国家规定的各项有害物质限量指标,达到 A 类装修材料要求,符合绿色环保建材产品重点推广条件。

(二) 玻璃钢节能门窗的节能关键

玻璃钢节能窗户节能效果是否符合设计和现行规范的要求,关键是抓好以下几个环节:玻璃钢型材、使用的玻璃、五金件和密封的质量以及安装质量等。

玻璃钢型材是导热系数除木材之外最低的门窗型材。一般情况下,窗框占整个窗户面积的 25%~30%,特别是平开窗,窗框所占窗户面积的比例会更大,可见型材的导热系数会对窗户的保温性能产生很大的影响。玻璃型材的传热系数在室温下为:$0.3\sim0.4W/(m^2 \cdot K)$,只有金属的 1/100~1/1000,是优良的绝热材料,从而在根本上解决了门窗的保温性能。

玻璃钢型材是热膨胀系数最小,与墙体最接近的门窗型材。经国家专业检测部门检测,玻璃钢型材热膨胀系数与墙体热膨胀系数最相近,低于钢和铝合金,是塑钢的 1/20,因此,在温度变化时玻璃钢门窗框既不会与墙体产生缝隙,也不会与门窗扇产生缝隙,密封性能良好,非常有利于门窗的保温。

玻璃钢型材属于轻质高强材料。在同样配置的情况下,会减小单位面积的窗扇的重量及合页的承重力,长时间使用不会使窗扇变形,不会影响窗扇与窗体结合的密封性能。

材料试验证明,玻璃、五金件及密封件的性能如何,对门窗的保温性能起到很重要的影响。室内热量透过门窗损失的热量,主要是通过玻璃(以辐射的形式)、门窗框(以传导的形式)、门窗框与玻璃之间的密封条(以空气渗透的形式)而传递到室外。质量较好的中空玻璃、镀膜玻璃、Low-E 玻璃可以有效地降低热量的辐射;好的密封条受热后不收缩,遇冷不变脆,从而有效地杜绝门窗框与玻璃之间空气渗透。玻璃钢节能门窗的定位是高端市场产品，配置的是高档的玻璃、五金件及密封件，保障了节能门窗的保温效果。

（三）玻璃钢节能门窗的性能及规格

玻璃钢门窗型材具有很高的纵向强度，在一般情况下，可以不采用增强的型钢。如果门窗尺寸过大或抗风压要求很高时，应当根据使用的要求，确定采取适宜的增强方式。型材的横向强度较低，玻璃钢门窗框角梃连接应采用组装式，连接处需要用密封胶密封，防止缝隙处产生渗漏。玻璃钢门窗的技术性能应符合现行标准《玻璃纤维增强塑料（玻璃钢）门》JG/T 185—2006 和《玻璃纤维增强塑料（玻璃钢）窗》JG/T 186—2006 中的规定。

（四）玻璃钢型材与铝合金、塑钢的性能比较

玻璃钢型材，铝合金型材和塑钢型材是目前市场上常用的三种型材。它们各自具有不同的性能特点，适用于不同的场合和用途。首先，玻璃钢型材的最大优点是重量轻，比强度高。玻璃钢型材的密度只有钢的 1/3 左右，但强度却可以与钢相媲美。这使得玻璃钢型材在运输、安装和使用过程中具有显著的优势。此外，玻璃钢型材还具有优良的耐腐蚀性能，可以在恶劣环境下长期使用。而且，玻璃钢型材具有良好的绝缘性能，适用于电气设备中。但是，玻璃钢型材的缺点是成本较高，加工工艺相对复杂，导致其应用受到一定限制。

铝合金型材的优点在于其优异的导电性、导热性和抗蚀性。铝合金型材的导电性和导热性在常见金属材料中名列前茅，这使得铝合金型材在电气、电子和热交换器等领域有着广泛的应用。同时，铝合金型材具有较好的耐腐蚀性能，特别是在氧化环境下，其抗蚀性能更加突出。铝合金型材还具有较好的可塑性和可加工性，可以满足各种复杂形状的加工需求。但是，铝合金型材的密度较大，重量较重，这在一定程度上限制了其应用领域。

塑钢型材主要是指以聚氯乙烯（PVC）为主要材料的型材。塑钢型材的优点在于其优异的耐腐蚀性能、绝缘性能和隔热性能。塑钢型材在恶劣环境下具有很好的耐腐蚀性能，适用于酸、碱、盐等腐蚀性较强的环境中。同时，塑钢型材的绝缘性能非常好，可以应用于电气设备中。此外，塑钢型材还具有较好的隔热性能，有利于节能降耗。但是，塑钢型材的强度相对较低，耐温性能有限，不适用于高温环境。

综合比较这三种型材，我们可以发现：玻璃钢型材具有重量轻、强度高、耐腐蚀和绝缘性能好的优点，但成本较高，加工工艺复杂。铝合金型材具有导电性、导热性和抗蚀性优异的优点，但密度较大，重量较重。塑钢型材具有耐腐蚀、绝缘性能和隔热性能好的优点，但强度较低，耐温性能有限。在实际应用中，应根据具体的工程需求和环境条件，选择适合的型材。例如，在电气设备中，可优先考虑使用玻璃钢型材和铝合金型材；在建筑领域，可根据具体需求选择塑钢型材或铝合金型材。通过合理选择型材，可以有效提高工程质量和降低成本。

第五节　铝木节能门窗

（一）铝木节能复合门窗的性能

铝木节能复合门窗是由铝合金型材、木指接集成材、中空玻璃及五金件通过高分子尼

龙件连接和橡胶条密封复合而成的产品。铝木节能复合门窗具有节能、隔声、防噪、防尘、防水等功能。具体地讲，它具有以下优良的性能。

(1) 保温隔热性能良好

铝木节能复合门窗采用的木指接集成材、铝合金型材及中空玻璃结构，其热传导系数K值在2.23W/(m²·K)以下，大大低于普通铝合金型材140~170W/(m²·K)；采用中空玻璃结构，其热传导系数K值为3.17~3.59W/(m²·K)，大大低于普通玻璃6.69~6.84W/(m²·K)，有效降低了通过门窗传导的热量。

(2) 防噪隔声性能很好

铝木节能复合门窗结构精心设计，接缝非常严密，采用厚度不同的木质材料、中空玻璃结构、隔热断桥铝合金型材空腔结构，能够有效降低声波的共振效应，阻止声音的传递，可以降低噪声30~40dB以上。

(3) 防风沙和抗风压性能好

门窗内框直料采用空心设计，抗风压变形能力强，抗震动效果好。可用于高层建筑及民用住宅，可设计大面积的窗型，采光面积比较大；这种门窗的气密性比铝合金和塑料门窗都好，能保证风沙大的地区室内窗台和地板无灰尘。

(4) 防水性能良好

铝木节能复合门窗利用压力平衡原理设计，设有良好的结构排水系统，下滑部分设计成斜面阶梯式，并设置排水口，排水非常畅通，水密性能好。

(5) 防结露和结霜性能好

铝木节能复合门窗可实现门窗的三道密封结构，合理分离水汽腔，成功实现汽水等压平衡，显著提高门窗的水密性和气密性，达到窗净明亮的效果。铝木节能复合门窗除具有上述突出的优良性能外，还有稳固安全、坚固耐用、采光面积大、耐大气腐蚀性好、综合性能高、使用寿命长、装饰效果好等优点。

(二) 铝包木节能门窗

铝包木门窗是由木材为主要受力构件，铝合金建筑型材作为木材的保护构件及辅助结构而制作的框、扇结构的门窗。这种门窗既能满足建筑物内外侧封门窗材料的不同要求，保留纯木门窗的特性和功能，外层铝合金又起到了保护作用，并且便于门窗的保养，可以在外层进行多种颜色的喷涂处理，维护建筑物的整体美。铝包木节能门窗是对人类居家生活所作出的改革，弥补了一般铝合金门窗保温隔热（冷）性能、气密性较差的缺点。在铝材、木材之间利用传热系数极低、强度极好的专用连接件进行连接，使型材的内外侧之间形成有效断热层，促使散失热量的途径被阻断，达到高效节能之目的。同时，解决了材质不同、工艺不同不易组合的难题，具有强度高、密度小、防腐蚀、隔热、隔声等优异性能和美观耐用、密封防尘之功效，充分体现了现代社会追求节能、环保、绿色的理念和时尚，在炎热和寒冷地区使用最能显示它的优越性。铝包木节能门窗最大的特点是保温、节能、抗风沙，这种类型的门窗是《民用建筑节能管理规定》中鼓励开发新节能型环保门窗，是大力推广、应用节能型门窗和门窗密封条的新举措。铝包木节能门窗可以广泛应用于大型商务建筑、城市花园别墅、高档住宅小区等，具有广阔的市场前景。

(三)木包铝节能门窗

铝包木的主要受力结构为纯实木,而木包铝内侧则为一层木板材,主要受力结构为断桥铝合金。木包铝节能门窗是木材的优异性能与铝材耐腐蚀、硬度高等特点的完美结合。木包铝节能门窗的特点包括以下几个方面。

(1) 保温、隔热性能优异

木包铝节能门窗运用等压原理,采用空心结构密闭,提高了气密性和水密性,有效阻止了热量的传递。靠近室内一侧用木材镶嵌,再配以 5+9+5 或 5+12+5 的热反射中空玻璃,更进一步阻止热量在窗体上的传导,从而使窗体的传热系数 K 值达到 $2.7W/(m^2 \cdot K)$,完全符合《建筑外窗保温性能分级及检测方法》GB/T 8484—2020 中规定的 7 级标准。

(2) 窗型整体强度高

木包铝节能门窗以闭合型截面为基础,采用内插连接件配合挤压工艺组装,窗体的机械强度高、刚性好。

(3) 装饰美感强

木包铝节能门窗镶嵌的木材质地细腻,纹理样式丰富多样。外观采用流线型设计,加配圆弧扣条,门型、窗型自然秀丽,纯朴典雅。根据室内装饰要求,包不同颜色的原木,与室内装饰浑然成一体。

第六节 门窗薄膜材料和密封材料

门窗薄膜是一种多功能的复合材料,一般由金属薄膜和塑料薄膜交替构成。两层塑料薄膜分别充当基材和保护薄膜,中间的金属层厚度只有 30mm,因而其透光性能好,但是它们对红外线辐射有高反射率和低发射率,将这种材料装贴在建筑物的门窗玻璃上,可以产生奇妙的保温隔热效果,从而达到预定的节能指标。

(一)门窗薄膜材料

建筑门窗上用的薄膜有 3 种类型,即反射型、节能型和混合型。反射型薄膜使射到门窗上的大部分太阳光线反射回去,可以阻止太阳热量进入室内,保持室内凉爽清幽,节约制冷的费用,达到节能的目的;节能型薄膜也称为冬季薄膜,这种薄膜把热能折射回室中,阻止室内的热量传到室外,从而达到室内保温节能的目的。

混合型薄膜具有反射型、节能型的双重效果。建筑门窗采用薄膜结构既是一种古老的结构形式,也是一种代表当今建筑技术和材料科学发展水平的新型结构形式。在 20 世纪 60 年代,美国的杜邦公司研制出聚氟乙烯品牌的氟素材料,其主要产品有聚四氟乙烯薄膜、聚偏氟乙烯薄膜、聚氟乙烯薄膜等。为了配合聚四氟乙烯涂层,人们进一步开发出玻璃纤维作为聚四氟乙烯的基材,从而使聚四氟乙烯膜材的应用更加广泛。

目前薄膜所用的材料分为织物膜材和箔片膜材两大类。高强度的箔片近几年才开始进行应用。织物是由平织或曲织而制成的,根据涂层的具体情况,织物膜材可分为涂层膜材和非涂层膜材两种。根据材料类型,织物膜材可以分为聚酯织物和玻璃织物两种。通过单边或双边涂层可以保护织物免受机械损伤、大气影响以及动植物作用等的损伤，所以目前涂层膜材是膜结构的主流材料。

建筑门窗工程中的箔片都是由氟塑料制造的，这种材料的优点在于有很高的透光性和出色的防老化性。单层的箔片可以如同膜材一样施工预拉力，但它常常被做成夹层，内部充有永性的空气压力以稳定箔面。由于这种材料具有极高的自洁性能，氟塑料不仅可以制成箔片，还常常被直接用作涂层，如玻璃织物上的聚四氟乙烯涂层，或者用于涂层织物的表面细化，如聚酯织物加 PVC 涂层外的聚偏氟乙烯表面。

（二）门窗薄膜材料的性能

以玻璃纤维织物为基材涂敷 PTFE 的膜材质量较好、强度较高、蠕变性小，其接缝可达到与基本膜材同等的强度。这种膜材的耐久性能较好，在大气环境中不会出现发黄、霉变和裂纹等现象，也不会因受紫外线的作用而变质。PTFE 膜材是一种不燃材料，具有极好的耐火性能，不仅具有良好的防水性能，而且防水汽渗透的能力也很强。另外，这种膜材的自洁性能非常好，但其价格昂贵，材质比较坚硬，施工操作时柔顺性较差，因而精确的计算和下料是非常重要的。涂敷 PVC 的聚酯纤维膜材价格比较便宜，其力学强度稍高于 PTFE 膜材，并且具有一定的蠕变性，另外，还具有较好的拉伸性，比较易于制作，对剪裁中出现的误差有较好的适应性。但是，这种膜材的耐久性和自洁性较差，容易产生老化和变质。为了改进这种膜材的性能，目前常在涂层外再加一面层，如加聚氟乙烯（PVF）或聚偏氟乙烯（PVDF）面层后，这种膜材的耐久性和自洁性大为改善，价格虽然稍贵一些，但比 PTFE 膜材还便宜得多。

ETFE 膜材是乙烯-四氟乙烯共聚物制成的，既具有类似聚四氟乙烯的优良性能，又具有类似聚乙烯的易加工性能，另外还具有耐溶剂和耐辐射的性能。用于门窗工程的 ETFE 膜材是由其生料加工而成的薄膜，其厚度通常为 0.05~0.25mm，非常坚固、耐用，并具有极高的透光性，表面具有较高的抗污、易清洗的特点。0.20mm 厚的 ETFE 膜材的单位面积质量约为 $350g/m^2$，抗拉强度大于 40MPa。

（三）门窗的密封材料

随着建筑设计理念的不断进步，为了增大室内采光通风面积或表现现代建筑的性格特征，建筑物的门窗面积越来越大，甚至出现了全玻璃的幕墙建筑。这种设计提高了建筑物的美观性和功能性，但也带来了能源损失的问题。据统计，门窗的热损失占建筑总热损失的 40% 以上，因此，门窗节能成为建筑节能的关键环节。门窗的密封性能对于节能效果起着举足轻重的作用，它是防止热量流失和提高室内舒适度的关键因素。

门窗的缝隙是热量损失的主要部位，这些缝隙主要包括三种类型：门窗与墙体之间的缝隙、玻璃与门窗框之间的缝隙，以及开启扇和门窗之间的缝隙。这些缝隙的存在导致了大量的热量流失，因此，密封材料的选用至关重要。

目前，门窗密封材料主要分为两大类：密封胶和密封条。

（1）密封胶

密封胶通常是一种黏稠的密封材料，用于填充门窗缝隙，以防止水分、风和热量等的渗透。密封胶的种类繁多，包括硅酮密封胶、聚氨酯密封胶、聚硫密封胶、丙烯酸酯密封胶等，它们各自具有不同的性能特点，适用于不同的密封需求。

(2) 密封条

密封条是一种条状的密封材料，通常由橡胶或橡胶类似材料制成，用于填充门窗框和玻璃之间的缝隙。密封条具有较好的弹性和耐久性，能够适应门窗的开启和关闭，同时提供良好的密封效果。

正确选用洞口密封材料对于提高房屋的保温节能效果和墙体的防水性能至关重要。在选择密封材料时，需要考虑材料的性能、耐久性、施工方便性以及成本效益等因素，以确保密封效果达到最佳。同时，施工过程中的技术要求和操作规范也应得到严格遵守，以保证密封材料的性能得到充分发挥。

(四) 门窗的密封胶

门窗密封胶是确保门窗密封性能的关键材料，它能够防止风雨、水分、灰尘等外界因素侵入室内，同时起到保温隔热的作用。市场上常见的门窗密封胶种类繁多，每种密封胶都有其独特的性能特点，适用于不同的门窗密封需求。

(1) 聚氨酯建筑密封胶

这种密封胶具有较高的弹性、粘结性和耐候性，能够适应温差变化和紫外线照射。它通常用于高档建筑的门窗密封，尤其是在要求较高的幕墙系统中。

(2) 聚硫建筑密封胶

聚硫密封胶具有良好的耐水性、耐化学品性和耐老化性，适用于各种建筑门窗的密封，尤其是那些需要长期暴露在恶劣环境中的场合。

(3) 丙烯酸酯建筑密封胶

丙烯酸酯密封胶具有良好的耐候性和色彩稳定性，适用于建筑外窗和幕墙的密封，能够抵抗紫外线和气候变化的影响。

(4) 硅酮建筑密封胶

硅酮密封胶是一种广泛应用于建筑领域的密封材料，具有卓越的耐候性、耐久性和防水性能。它通常用于高档建筑的门窗密封，以及玻璃幕墙的接缝密封。

这些密封胶的生产和应用都需要符合相应的国家或行业标准，如《聚氨酯建筑密封胶》JC/T 482—2022、《聚硫建筑密封胶》JC/T 483—2022、《丙烯酸酯建筑密封胶》JC 484—2006、《硅酮和改性硅酮建筑密封胶》GB/T 14683—2017、《建筑用硅酮结构密封胶》GB 16776—2005。这些标准规定了密封胶的技术性能、测试方法、使用条件和安全要求等，确保了密封胶的质量和施工的安全性。

在实际应用中，如果缺少上述标准的密封胶，可以根据门窗的具体情况配制适用的密封胶。这可能包括考虑门窗的材质、使用环境、温度变化、紫外线照射等因素，以确定最合适的密封材料。门窗工程中常见的其他密封胶类型可能包括橡胶密封胶、聚乙烯密封胶等，这些密封胶通常具有良好的柔韧性和耐低温性能，适用于各种气候条件下的门窗密封。

(五) 门窗的密封条

门窗密封条在门窗和断桥铝门窗中不仅要起到防水、密封及节能的重要作用，而且要具有隔声、防尘、防冻、保暖等作用。因此,门窗密封胶条必须具有足够的拉伸强度、良好的弹性、良好的耐温性和耐老化性,断面结构尺寸要与塑钢门窗型材匹配。质量不好的胶条耐老化性差,经太阳长期暴晒,胶条老化后变硬,失去弹性,容易脱落,不仅密封性差,而且造成玻璃松动产生安全隐患。密封毛条主要用于框和扇之间的密封,毛条的安装部位一般在门窗扇上,框扇的四周围或密封桥(挡风块)上,增强框与扇之间的密封,毛条规格是影响推拉门窗的气密性能的重要因素,也是影响门窗开关力的重要因素。毛条规格过大或竖毛过高,不但装配困难,而且使门窗移动阻力增大,尤其是开启时的初阻力和关闭时的最后就位阻力较大;规格过小或竖毛条高度不够,易脱出槽外,使门窗的密封性能大大降低。毛条需经过硅化处理,质量合格的毛条外观平直,底板和竖毛光滑,无弯曲,底板上没有麻点。

胶条、毛条都起着密封、隔声、防尘、防冻、保暖的作用。它们质量的好坏直接影响门窗的气密性和长期使用的节能效果。在门窗中所用的密封条种类很多,常见的主要有以下几种。

(1) 橡胶密封条

橡胶密封条是一种常用的密封材料,用于确保铝合金门窗的密封性能,防止风雨等外部环境因素侵入室内。这种密封条采用氯丁橡胶、顺丁橡胶和天然橡胶作为主要基料,这些橡胶具有良好的弹性和耐老化性能。

生产过程中,橡胶密封条通过剪切机头冷喂料挤出连续硫化生产线进行制造。这种生产线可以确保橡胶密封条的规格多样,目前有50多个不同规格可供选择。规格的多样性使得橡胶密封条能够满足不同铝合金门窗的需求,无论是尺寸还是形状。得益于先进的生产工艺,橡胶密封条具有均匀一致的性能。这意味着每个橡胶密封条的弹性、硬度和耐老化性能都非常稳定,保证了门窗系统的整体密封性能。橡胶密封条的弹性较高,能够在门窗关闭时提供良好的密封效果,防止空气和水分渗透。同时,橡胶密封条的耐老化性能优越,能够抵抗阳光、热量、氧气和臭氧等外界因素的影响,延长密封条的使用寿命。此外,橡胶密封条还具有良好的耐低温和耐化学品性能,能够在恶劣环境下保持良好的密封性能。这使得橡胶密封条成为铝合金门窗理想的密封解决方案。

总之,铝合金门窗橡胶密封条采用氯丁橡胶、顺丁橡胶和天然橡胶为基料,通过先进的生产工艺制造而成。具有规格多样、均匀一致、弹性较高和耐老化性能优越等特点,为铝合金门窗提供了可靠的密封解决方案。

(2) 丁腈橡胶-PVC门窗密封条

丁腈橡胶-PVC门窗密封条是一种结合了丁腈橡胶和聚氯乙烯(PVC)树脂优点的密封材料。它采用一次挤出成型工艺生产,这种工艺能够在单一的生产过程中将丁腈橡胶和PVC树脂融合在一起,形成具有优异性能的密封条。这种门窗密封条具有较高的强度和弹性,这得益于丁腈橡胶的优异弹性特性和PVC树脂的高强度。这样的组合使得密封条能够在受到外力作用时保持形状和功能,不易变形,从而确保长期的密封效果。此外,丁腈橡胶-PVC门窗密封条具有适宜的刚度,既不会过于柔软导致变形,也不会过于坚硬影响密封效果。这种刚度使得密封条能够在门窗关闭时形成有效的密封,防止风雨等外部因素的侵入。丁腈橡胶-PVC门窗密封条还具有优良的耐老化性能。它能够抵抗阳光、热量、氧气和臭氧等外界因素的影响,延长密封条的使用寿命,减少更换频率。丁腈橡胶-

PVC门窗密封条的规格多样，包括塔型、U型、掩窗型等系列，以满足不同门窗的密封需求。同时，根据客户的要求，还可以加工成各种特殊规格和用途的密封条，提供定制化的解决方案。总之，丁腈橡胶-PVC门窗密封条是一种结合了丁腈橡胶和PVC树脂优势的密封材料，具有较高的强度、适宜的刚度和优良的耐老化性能。其多样化的规格和定制化能力使其成为门窗密封的理想选择。

（3）彩色自粘性门窗密封条

彩色自粘性门窗密封条是一种采用丁基橡胶和三元乙丙橡胶为基料，通过特殊配方和生产工艺制成的密封材料。这种密封条不仅具有良好的外观，而且具有出色的性能，是现代节能型门窗的理想选择。彩色自粘性门窗密封条的耐久性非常优越，能够在各种气候条件下保持稳定性能，不易老化，不易断裂。这使得密封条具有较长的使用寿命，减少了更换频率，降低了维护成本。此外，彩色自粘性门窗密封条具有很好的气密性，能够在门窗关闭时形成有效的密封，防止空气和水分渗透，提高室内环境的舒适度。同时，密封条的黏结力强，能够牢固地粘贴在门窗框和扇上，确保密封效果的持久性。彩色自粘性门窗密封条还具有较好的延伸力，能够在温度变化和门窗运动时保持良好的密封效果，不易变形。这使得密封条能够适应不同温度和湿度条件下的使用环境，保证了门窗系统的稳定性和密封性能。在工程实践中，彩色自粘性门窗密封条已经得到了广泛应用，并取得了显著的节能效果。它能够有效地减少室内外温差，降低冷暖气的损失，提高能源利用效率。这对于实现建筑节能目标，减少能源消耗，保护环境具有重要意义。总之，彩色自粘性门窗密封条是一种具有优越耐久性、气密性、粘结力和延伸力的密封材料。它在现代节能型门窗中发挥着重要作用，为实现建筑节能目标提供了有力支持。

第八章
绿色建筑评估体系概述

在人类生存环境受到破坏，人们开始注重环保时，绿色建筑评估体系应运而生，并已发展成了管理体系。人类正承受着破坏环境所得到的惩罚，如资源匮乏、酸雨、空气质量严重下降和呼吸道疾病数量大幅上升等，与此同时，人们逐渐的对自身行为进行反省，并开始试着改变自己的生存方式。绿色建筑切合了当前的时代需求，使得人们更加关注生态环境，有利于人们接受建筑可持续性发展的观念，为其进一步绿色发展打下坚实基础。绿色建筑的发展按照人们认知需求的不同可分为三个阶段，即遮蔽阶段，追求舒适阶段和追求健康阶段。实行绿色建筑最初目的是最大限度的节约资源，一方面是在建设过程中注重减少对环境的破坏，另一方面是在使用过程中尽可能的利用可再生能源，最大限度的对能源进行二次利用。绿色建筑的发展是一个漫长的过程，各国政府也都在此方面投入很大的财力和物力，对世界范围内优秀的绿色建筑评估体系进行对比分析，发现出其具有一定的共通性，但同时也各具特色。

第一节 国外绿色建筑评估体系现状

国外在绿色建筑评估体系方面具有完备的规范体系，其中具有代表性的国家有美国、英国和日本。首先，就美国而言，1998年美国开始正式实施《绿色建筑评估体系》，也就是通常所说的LEED，这是一种专门用来评价绿色建筑的评估体系，其主要是从五个方面对绿色建筑进行评级，一是从选址与建筑物所在区域环境的角度进行评价，二是从建筑物的室内环境质量方面进行评价，三是对建筑区域的能源与大气污染情况进行评价，四是对绿色建筑的资源利用情况进行评价，最后是从建设所用材料与建筑的节水性能等方面进行评价。就该体系而言，其评价等级主要分为四级，最高一级是白金认证，最低一级则是通过认证。现阶段，世界范围内最成熟的商业化绿色建筑分级评估体系就是美国的LEED。

早在1994年，美国绿色建筑委员会就开始着手完善该国的建筑环境评估体系，为了更好地适应美国绿色建筑技术与能源的发展，该部门不断更新该体系版本，这对于绿色建筑评估体系而言属于一种先导性计划。LEED体系重点评价了美国各类建筑项目的六个主要方面，同时明确而细致地规定了能源与环境可持续的场地设计、水资源的有效利用和技术升级等多个方面，对各个建筑进行评价并根据最后的实际得分给予其相应的认证等级，一方面可以确保美国绿色建筑能源与环境审计能够得到有效的实施，同时也有利于对其进行标准化控制。与此同时，还可对美国当时使用的绿色建筑评估体系进行补充完善。

其次，英国是世界上第一个建立绿色建筑评估体系的国家，早在1990年英国建筑研究就制定了该国的《建筑研究所环境评价法》。英国建立BREEAM主要为降低建筑物对于环境所造成的影响，该体系所涵盖的范围比较广泛，包括从建筑主体的能源利用率到针对场地生态价值所进行的评价等各个方面。可持续发展是BREEAM重点关注的问题之一，尽管这种评价体系是非官方的，但与建筑规范的要求相比，它的要求显然更高，在降低建筑对于环境所产生的影响方面起到重要的推动作用。现阶段，BREEAM得到世界各国的普遍认可与支持。

以英国的环境性能评分为依据进行绿色建筑认证的制度正是该评价系统的研究基础，该制度不但可以对绿色建筑组群进行评价，同时也能用来评价单体建筑，主要从以下九方面进行评价的，主要包括：政策规程的实际执行情况、原料选择对于环境的影响、空气与水体污染控制、能耗程度与二氧化碳的排放、场地的生态控制、水的消耗及渗透、场地规划与运输过程中的二氧化碳排放、绿地利用及环境的健康与舒适程度等。BREEAM针对建筑的综合性评价总共分为及格、良好、优良与优秀四个级别。BREEAM可以对建筑整个寿命周期的各个阶段进行评价是其最大优势，而且能够较为全面地评价各个阶段，其评价方法具有很强的操作性，可有效降低评价工作的执行难度。

最后，早在2001年日本国土交通省就开始组织构建《建筑物综合环境性能评估体系》（Comprehensive Assessment System for Building Environmental Efficiency，简称CASBEE），在日本可持续建筑协会的主导下最终成功开发出该体系，该体系最初的名称是"建筑物综合环境性能评估体系"，后来在2009年4月初变更为"建筑环境综合性能评估体系"，一直沿用至今。就CASBEE这一体系而言，其评价对象从建筑用途的角度主要分为商用办公楼、学校、民用住宅及医院等。CASBEE作为一种综合性评价标准，其评价时会用到各种各样的评价工具，例如设计方面的评价工具和用来对环境进行标记的标签类评价工具等，每个建筑物在环境品质方面都有自身特性，在评价时要根据其特性选择相应的评价工具。就日本而言，其不但在地势方面较为特殊，而且其国内的环境资源也相对不足，所以对绿色建筑的综合环境评价也提出较高要求，对建筑物的环境品质与特性也提出较为细致、全面的要求，而建筑环境效益指标的综合体系正是由这些评价指标与各种外部影响因素所构成的，其中环境外部影响因素主要包括建筑用地、资源与能源、建设材料等，特别是对于日本而言，由于其土地资源较为匮乏，所以CASBEE是非常关注环境与土地的使用情况的。

第二节 国内绿色建筑评估体系概况

2001年，我国开始正式实施《中国生态住宅技术评价手册》，它是我国首个专门针对生态住宅所提出的评估体系，它的指导思想是可持续发展理念，它的根本宗旨是对自然资源进行有效保护，从而为社会各界创建健康舒适的居住空间。当初建立该体系主要是为了推动建筑行业实现可持续发展，将绿色建筑评估体系运用到住宅建筑的建设当中，从而可以有效提升住宅建筑其周边生态环境的协调性。《中国生态住宅技术评价手册》主要内容是对建筑存续期之内不同阶段各种技术的综合品质进行评价，而其主要目的是使中国生态住宅建设整体水平得到有效提升，并带动相关产业实现快速发展。该体系主要包括四大部分，第一部分是关于住宅区的设计与规划，第二部分是对于环境与能源的评价，第三部分是关于室内环境质量的相关控制措施，第四部分是对区域内水环境等进行有效控制，最后一部分则是对于住宅建设材料与相关资源的有效控制。详见图8-1。

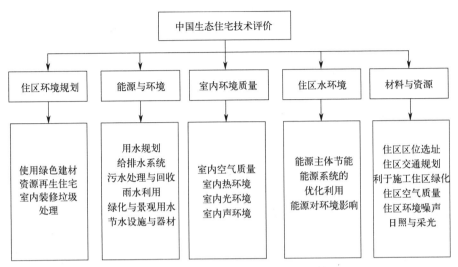

图8-1 中国生态住宅技术评价手册结构体系图

制定该手册主要是为了预防在不适合建设的区域内建造建筑物的情况发生，从选址方面降低对环境所造成的消极影响。在进行选址时，需要综合考虑各方面的因素，例如防灾减灾、土地改良开发强度等，其根本目的就是要为社会各界创建健康、安全、舒适的居住空间。它一方面要求对耕地进行有效保护，还要求应合理地利用废地及荒地等，同时也要根据实际情况对这两类土地进行相应地改良，决不允许非法侵占耕地及林地等情况的发生。在进行土地使用整体规划时，要以因地制宜为基本原则，住宅建筑与其周边自然生态环境之间存在一种紧密的共生关系，需要对这种关系进行合理地规范。同时还应加强对原生态、原有水系及原地形地貌等的开发利用，在开发过程中为了尽可能降低对环境的伤害，在开发之后应采取相应的措施来恢复场地环境。中国生态住宅评估体系同时要考虑绿色建筑与住宅交通两者之间的关系，合理地对各种商业服务设施与对外交通进行布局，还考虑到小区内部车辆的停放等问题，既对建筑自身的自然生态进行了考虑，同时还对建筑的人文理念与内容进行考量。此外，该评估体系还包括了对于环境的各种污染、水源及材料等因素。绿色住宅评估体系还有一个非常重要的评价目的，即对建筑物本身的采光条件以及住宅周围的微观环境等进行有效改善，同时对热岛效应进行有效控制。

到2003年，我国相关院校及科研院所等单位共同编制并推出《绿色奥运建筑评估体系》。所谓绿色奥运，简单来说就是以相关的评估体系为基本依据对各个奥运场馆进行整体规划，它属于科技奥运十大专项其中的一项，该体系针对建筑方面的多项评价方法进行了重大创新。该体系从室内环境质量、材料、环境能源及水资源等多个方面进行评价，对奥运相关建筑的服务质量进行有效改善，最大程度降低其给环境所造成的负载量与压力。绿色奥运建筑评估体系融合绿色建筑、人文奥运及科技奥运等不同元素的综合性产物，建立绿色奥运建筑评估体系，最主要的是为了能够实现绿色的奥运建筑与园区建设，建立标准规范的、可操作性强、对建筑设计与建设全过程可进行有效监督的评估体系，从而使各个奥运建筑的建设实现科技化与绿色化，同时有效降低操作难度系数，这也是提出该体系的根本目的。就绿色奥运建筑评估体系，不但明确规定了评价的主要内容，同时还详细地规定评分手册的具体打分方法，该体系中最核心的内容是实现对奥运场馆建设的全方位与全过程监控。此外，在对建筑物的资源以及环境付出等进行考察的过程中，应以绿色建筑这一理念为指导，从我国的实际情况出发，对国外先进的技术与经验予以参考、借鉴，重点突出奥运建筑所用建材是可以回收再利用与再生的，同时对奥运建筑的设计、建设与运营等整个生命周期进行重点分析，以期可以有效提升各种资源的利用率，同时能够按照阶梯式的方式进行使用。

在住房和城乡建设部的要求下，2006年我国多家相关单位联合出版《绿色建筑评价标准》GB/T 50378—2006，后来根据实际需要对其进行修订，就是目前一直在使用的 GB/T 50378—2019，而本文参考基础评价标准也是后来的修订版。所谓的中国绿色建筑标识具体是指以《绿色建筑评价标准》为主要依据，由住房和城乡建设部的科技发展中心组织有关专家进行评审，对于符合该标准并通过评审的向其颁发"绿色建筑评价标识"。该标识共分为3个星级，级别最高的是3星级。为推动我国绿色建筑事业的发展，住房和城乡建设部先后出台多项相关政策，如"低能耗与绿色建筑双百示范工程"等。它是我国首个国家级的绿色建筑方面的评价标准。

第三节 节能环保技术分类及指标分析

根据绿色建筑中典型的节能环保技术的特点，本文将技术分为三大类：建筑设计及围护结构相关技术、暖通空调相关技术、可再生能源应用技术。本文提出的节能环保技术预评估体系是在建筑实际落成或实际使用前对其使用的节能环保技术实效进行预测，预评估的内容应涉及技术性能、成本效益和舒适度等三方面的指标，国内绿色建筑评价现行的清单式评分形式容易导致技术堆砌使用而忽视其实际运行效果，故本章选择一些常用的、绿色建筑中典型的节能环保技术进行分析，作为对体系的补充完善。对各单项技术的分析围绕三个维度的指标选择以及指标值的计算进行说明。

（一）建筑设计及围护结构相关技术

在绿色建筑中，大部分建筑设计及围护结构相关技术的增量投资少，或仅通过建筑的前期规划设计时对建筑朝向、遮阳、围护结构等设置，采用的非机械、少能耗或无能耗的形式即可实现建筑需要的通风空调、供暖、采光等能耗的降低。根据调查结果可知，应用率较高的被动式技术有如下几项：墙体/屋面保温、屋顶绿化、可调遮阳、外遮阳、诱导通风、Low-E（Low Emissivity）玻璃等。本节选择几个在绿色建筑中应用较为典型的技术进行分析。由于自然通风或自然采光涉及的一些技术是结合建筑设计进行的，并且基本不需要产生太多增量投资，具有普遍适宜性，是鼓励所有建筑应用的，在进行适宜性评价时不需过多讨论。与传统单层幕墙相比，双层幕墙具有更好的隔热性能，因此在运行阶段使用双层幕墙将节省一部分能耗。在建筑需要使用玻璃幕墙的前提下，通过对投资高出的成本与运行阶段节约的能耗的成本进行比较，并参考相关舒适度差异，综合评估双层幕墙的技术适宜性。

（1）成本效益指标：增量投资回收期

双层幕墙的投资回收期可通过增量投资与节能收益两个参数计算而得。增量投资主要包括两个部分：初期投资建设和运行维护费用。初期投资建设即相对于建筑使用单层幕墙所需增加的材料费、人工费等费用。运行维护费用即清洁维护成本。由于实际回收玻璃的不多，窗支撑结构一般也当废品直接处理，因此双层幕墙的回收成本与整体投资相比可忽略，故在此不考虑。有研究经市场调查得知，在运行维护阶段，每年维护费用可按投资造价的1.0%估算。幕墙清洁费用参考当地均价。双层幕墙的节能效益，可根据当地典型气象年的数据计算冬夏两季单层幕墙与双层幕墙的热流，作为幕墙的制冷和供暖能耗，根据室内机组的能效值计算双层幕墙相较于单层幕墙的节电量，并通过当地电价计算每平方米每年节约的电费。根据增量投资、供暖制冷节约费用、清洁维护费用差即可计算双层幕墙相较于单层幕墙的增量投资回收期。

（2）舒适度指标：隔声性能

由于使用双层玻璃幕墙的建筑很多都是位于噪声较高的都市环境中，因此隔声性能也成为影响玻璃幕墙使用适宜性的因素之一。双层幕墙附加的外层幕墙能够隔开一部分的外部噪声，其隔声量主要与外层幕墙的开口率有关，而由于玻璃幕墙的开启部分能使建筑获得量好的通风，故《绿色建筑评价标准》中规定：玻璃幕墙的可开启面积比例应大于5%以上。开口率的大小应同时考虑到建筑的通风与声环境。根据已有研究可知，双层幕墙的隔声效果可根据玻璃的隔声量和开口率进行估算，如表8-1所示。随着幕墙外墙开口率的增大，其隔声性能下降的幅度呈对数关系逐渐减小，而当开口率一定时，玻璃的隔声值持续增大对双层幕墙的隔声性能影响并不大。隔声量即可作为双层玻璃幕墙的舒适性评价指标。

不同隔声量的玻璃在不同开口率时的隔声效果　　　　表8-1

开口率	5%	10%	20%	30%	40%	50%	60%
20dB	12.2	9.6	6.8	5.1	3.9	3.0	2.2
30dB	13.0	10.0	7.0	5.2	4.0	3.0	2.2
40dB	13.0	10.0	7.0	5.2	4.0	3.0	2.2

（3）建筑遮阳技术

在夏季，建筑的冷负荷很大一部分是由太阳直射通过外窗而引起的，因此使用遮阳技术降低外窗负荷从而降低室内能耗是很有必要的。遮阳有很多种形式：最原始最简单的如屋檐、遮阳挡板等，这类形式的遮阳是永久的、固定的；现在较常用的、研究较多有遮阳百叶、卷帘、可调节遮阳棚等，这些遮阳构件是可以后期安装拆卸、可调节的，这类形式的遮阳措施可以更好的兼顾遮阳、采光、通风、美观等，是比较有研究开发潜力的；玻璃镀膜技术作为较为新兴的遮阳技术，可以将可见光透入室内并同时将增加负荷的红外线阻挡在室外从而降低能耗。以上都是通过利用遮阳技术而降低能耗的方法，然而最适宜的遮阳技术应用与所在地区、遮阳形式、初投资等因素息息相关。由于遮阳技术的费用还较高，大多用于公共建筑，而遮阳也对室内的制冷、通风、采光都有一定的影响，因此对评价指标的选择也应参照这几个方面。

由于遮阳技术涉及气象、采光等因素，因此评价时会用到模拟软件辅助计算，常用的软件包括 Daysim、DOE-2、Dest 等。DOE-2 是用于分析遮阳系统节能效果的软件；Daysim 是加拿大国家研究院开发的动态光环境模拟软件，相较于其他综合能耗模拟软件，Daysim 由于其动态模拟的特点计算精度更高，可以模拟建筑全年的动态自然采光和照明情况。其模拟时间步长最短也可精确到 1 分钟，逐时计算照度，并根据设定最低照度判断是否需要开灯，最后计算出建筑全年的照明能耗。建筑热环境模拟软件 Dest 可用于建筑能耗分析，它基于"分阶段模拟"的理念，基本算法是状态空间法，可为建筑能耗模拟预测和性能评估提供实用可靠的依据。在遮阳技术的评价过程中，可以应用 Daysim 等软件分析遮阳对室内光环境的影响，应用 Dest 等软件分析遮阳对空调能耗的影响。

（二）性能指标综合能耗比

遮阳技术对能耗的影响体现在两大方面，一方面是由于抵挡了部分阳光射入房间从而降低了夏季负荷，对于固定遮阳也会提高冬季负荷，另一方面是由于减少了可见光射入从而影响了自然采光，提高了照明能耗。因此在考虑其能耗影响时应综合考虑到这两部分，因此定义"综合能耗比"评价遮阳对综合能耗的影响。综合能耗比是指有遮阳措施时房间的综合能耗与无遮阳措施时综合能耗的比值，是一个无因次量，只与外遮阳的设置有关。由于模拟分析的是遮阳的对能耗的影响，因此模拟软件的设置时间可定为 8：00～17：00，再根据建筑类型的不同，若为居住建筑，模拟的日期为全年，若为公共建筑，则根据建筑的使用时间规定一年内的模拟日期。对于模拟的房间，当自然通风不能满足室内热舒适要求时开启空调，调节温度，根据照明标准，当自然采光不能满足室内照度要求时开灯，随即消耗电能。根据模拟结果求得有无外遮阳装置两种情况时的综合能耗，作比求得综合能耗比。

通过模拟软件及可预知信息得到有遮阳装置时和无遮阳装置时的综合能耗后，可以得到通过利用遮阳技术而节省的电能，根据当地电价即可计算出年节约电费，再根据预期投资，可知案例中遮阳技术的静态投资回收期。舒适度指标：光通量比由于光源的辐射功率或辐射通量不能直接用来衡量光环境的好坏，我们通过光通量来评价光环境。光通量是以人眼对光的感觉量为基准的单位，通常用符号 ϕ 来表示，单位为流明。光通量比的大小是与遮阳装置的设置有很大关系的，它能直接反应外遮阳对室内采光的影响。光通量比 φ' 是对一个房间有无遮阳设施时光通量的对比，其数值等于有遮阳措施时透过窗户的光通量与无遮阳措施时窗户的光通量的比值。在有遮阳措施的情况下，透光量越多对于室内的光环境影响越小，因此光通量比越大越好，该指标为高优指标。

房间光通量的求取需要通过模拟软件来实现，在对建筑的遮阳技术评价之前，需先得知当地全年太阳辐射情况、建筑模型信息、遮阳装置信息等，在模拟软件中建立模型，可以求得某一时刻无遮阳措施时的光通量与设置遮阳措施的光通量，以求得该房间光通量比，根据模型可估算建筑年使用期内的光通量比均值。

第九章
绿色建筑材料在我国建筑工程施工技术中的应用与未来展望

第一节 绿色建筑材料在我国建筑工程施工技术中的应用

（一）在室内装饰环节的应用

绿色墙体材料，作为室内装饰的优选材料，不含任何有害物质，同时具备吸音和隔热等多重环保功能。它们特有的调湿和空气净化能力，为居住空间营造了更加舒适和宜人的环境。此外，绿色墙体材料在设计上展现出极高的创意性和可塑性，能够满足个性化和时尚化的装饰需求，为室内空间增添独特的风格。在室内装修领域，纳米材料的应用进一步增强了室内环境的精细调控能力。这些材料以其卓越的机械强度和热传导特性，被广泛应用于智能玻璃和纳米涂料的制造。纳米技术的应用不仅提升了隔声和隔热性能，还通过在建筑表面形成纳米级涂层，实现了自清洁、防污和抗菌等多重功能。特别值得一提的是，纳米材料在可调光玻璃技术中的应用，使得室内光线可以根据居住者的需求进行智能调节，极大地提升了居住空间的舒适度和灵活性。

（二）在顶层设计环节的应用

在建筑屋顶设计中，采用保温隔热材料是一种关键的节能措施。这些材料对于降低建筑的能源消耗至关重要，尤其是在季节性温差显著的地区，它们能够稳定室内温度，减轻空调系统的负担，从而提高建筑的整体能效。屋顶的保温设计不仅增强了建筑的隔热能力，减少了能源的使用，还有助于减少碳排放，使建筑更好地适应各种气候条件，减轻对环境的热影响，推动建筑行业向环保和可持续的方向发展。

屋顶太阳能技术作为绿色建筑实践中的一项重要革新，不仅体现了现代建筑对环境保护的责任感，也是实现能源结构转型和低碳生活目标的关键举措。随着光伏技术的不断进步，太阳能电池板的转换效率持续提升，同时成本逐步下降，使得这一绿色能源解决方案更加经济可行，广泛适用于住宅、商业楼、公共设施乃至工业厂房的屋顶。太阳能电池板，尤其是采用高效单晶硅或多晶硅技术的面板，能够高效地将太阳能直接转换为电能，供建筑内照明、空调、热水系统等多种用途使用。此外，随着建材技术的融合创新，出现了太阳能瓷砖、透明太阳能玻璃等新型产品，这些材料在保持建筑美观和功能性的基础上，实现了能源的隐形采集，使得绿色建筑设计更加贴近人们的生活美学需求。在实施层面，屋顶太阳能系统的设计需综合考虑建筑物的朝向、倾斜角度、遮挡情况以及当地的气候条件，以确保最大化的能源产出。智能监控和管理系统也日益成为标配，它们能够实时监测太阳能系统的运行状态，优化能源分配，甚至与电网实现互动，如余电上网或在停电时提供应急电源，进一步提升能源利用的灵活性和可靠性。从经济效益来看，虽然初期投资相对较高，但太阳能屋顶的使用寿命长，维护成本低，加上政府补贴、税收优惠等政策支持，长远看能显著降低建筑物的整体能源成本。更重要的是，这种绿色能源的利用减少了对化石燃料的依赖，有助于缓解全球变暖和环境污染问题，符合可持续发展的长远目标。此外，绿色建筑中太阳能技术的应用，往往与建筑节能设计、雨水收集、绿色植被屋顶等其他生态策略相结合，形成一套综合的绿色建筑解决方案。这种全方位的可持续设计不仅提升了建筑的环境表现，还增强了居民或使用者的生态意识，促进了社会整体向更加绿色、健康的生活方式转变。总之，屋顶太阳能技术不仅是绿色建筑的标志性特征，更是推动建筑行业乃至整个社会走向低碳未来的强大驱动力。

（三）在外部建筑环节的应用

绿色墙体材料在建筑外墙设计中展现出显著的优势，它们不仅增强了建筑外墙的抗风和防水性能，还提供了出色的保温和隔热效果。使用竹木纤维板、草木纤维墙板等环保材料，能够有效调节室内外温差，提升建筑的整体能效，为居住者营造更加宜人的居住空间。这些材料在生产过程中遵循环保原则，减少了对环境的影响，与绿色建筑的可持续发展理念相得益彰。

在外墙装饰材料的绿色选择上，现代绿色建筑理念追求的不仅仅是材料的可降解性和可回收性，还包括材料的生命周期评估、低环境影响以及对人体健康的无害性。这意味着选用的材料从生产、运输、安装到废弃处理的每一个环节，都力求最小化对环境的影响。例如，竹材、再生木材、麻织品、稻草板等自然或再生物质，因其生长周期短、可再生性强，成为受欢迎的选择。这些材料不仅减少了森林资源的压力，还能在废弃后自然降解，回归自然循环，体现了循环经济的理念。

在减少室内污染方面，绿色外墙装饰材料通过限制或避免使用含有有害化学物质的成分，如减少或消除甲醛、挥发性有机化合物 VOCs 的释放，为居住者创造了一个更加安全、健康的室内环境。长期处于低 VOCs 环境下的居住者，呼吸系统疾病、过敏反应的发生率会显著降低，进而提升生活质量。透明太阳能材料的创新应用，如染料敏化太阳能电池（DSSC）、有机光伏（OPV）和透明光伏玻璃等，是科技与美学完美结合的典范。这些材料允许光线穿透，同时捕获部分太阳光谱的能量转换为电能，不仅减少了建筑对外部供电的依赖，还为建筑物提供了新的自我供能途径。透明太阳能外墙不仅能够满足建筑物的采光需求，保持室内的明亮和视觉通透，还能在高楼大厦、商业中心、温室等场所发挥重要作用，使建筑美学与能效提升并行不悖。随着技术的不断进步，透明太阳能材料的转化效率正在逐步提高，成本也在逐渐降低，使得这一技术更加贴近市场需求，未来有望成为绿色建筑外墙设计的主流趋势之一。结合智能建筑管理系统,这些材料能够更加高效地管理和分配所收集的电能,进一步提升建筑的能源使用效率,向净零能耗建筑目标迈进,为实现全球可持续发展目标贡献力量。

(四)在前期施工环节的应用

在建筑项目的实施过程中,绿色建筑材料的应用贯穿于从地基处理到建筑主体构造的每一个细节,对促进项目整体的环保性、可持续性以及经济性具有深远影响。

在地基处理环节,采用再生骨料作为填料,是绿色建筑实践中的一个重要里程碑。再生骨料来源于建筑废弃物的回收利用,如旧混凝土块、碎砖块等,经过破碎、筛分等处理后,可以替代天然碎石作为地基回填材料。这样做不仅减少了建筑废弃物占用宝贵的土地资源和对环境的潜在污染,而且减少了新采石场的开挖,保护了自然景观和生物多样性。

此外,再生骨料的使用有助于减少运输过程中的碳排放,因为它通常可以在当地或附近地区获得,缩短了物流链。在基础设施建设中,绿色建筑材料的选用不仅仅局限于地基处理。例如,使用高性能混凝土、生态水泥、植物纤维增强复合材料等,这些材料不仅强度高、耐久性好,而且在生产过程中能显著降低二氧化碳排放量,有的甚至具备自愈合或吸音减震的特性。高性能混凝土含有特殊添加剂或使用再生材料作为部分骨料,可以大幅提高结构的抗震性和耐久性,减少维修成本,延长建筑使用寿命。生态水泥则通过减少石灰石的用量,或是利用工业副产品作为原料,降低了生产过程中的能耗和碳足迹。

在墙面和屋面材料方面,选择具有高反射率的涂料或绿色屋顶系统,可以有效降低建筑物的冷热负荷,减少空调和暖气的能源消耗。绿色屋顶不仅能够提供良好的隔热效果,还能增加城市绿地面积,改善城市微气候,提升生物多样性,同时具备雨水管理和净化的功能。

总之,绿色建筑材料的应用不仅关乎环境保护和资源节约,也是推动建筑行业技术进步、提高建筑品质和市场竞争力的关键。通过综合考虑材料的全生命周期成本与环境影响,建筑项目能够实现经济效益与生态效益的双赢,为构建低碳、环保、可持续的未来城市奠定坚实基础。

第二节 绿色建筑材料未来的发展方向

(一)生产低碳化

为了实现温室气体排放的显著减少,构建一个低能耗、低污染的建材生产体系是推动建筑行业向绿色、可持续方向转型的核心策略。针对水泥、玻璃和陶瓷这三大建材行业,采取一系列创新技术和管理措施,是推动行业绿色转型的关键步骤。

(1)水泥行业

作为二氧化碳排放的主要贡献者之一,水泥行业的减排尤为重要。采用先进的窑炉结构,比如高效燃烧技术和余热回收系统,能够显著提升热能利用效率,减少燃料消耗和排放。余热发电技术的利用,将生产过程中产生的大量废热转换为电能,不仅降低了外部能源需求,还实现了能源的循环利用。同时,积极研发和推广低碳水泥产品,如使用替代原料(如粉煤灰、矿渣等工业废弃物)替代部分熟料,不仅能减少石灰石的开采和煅烧,还能有效降低碳排放。此外，碳捕集、利用与封存（CCUS）技术的应用，通过捕捉生产过程中释放的二氧化碳并将其转化为有价值的产品或安全封存，是水泥行业实现深度减排的重要途径。

（2）玻璃行业

玻璃生产中，优化熔窑设计和采用先进的熔窑余热回收技术是减少能耗的关键。通过改进熔化工艺，比如使用全氧燃烧或富氧燃烧技术，可以提高燃烧效率，减少燃料消耗。同时，利用熔窑余热进行发电或预热原材料，能大幅度提升能源利用率。此外，循环利用生产过程中的碎玻璃（回炉料），不仅能减少原材料需求，还能降低熔化过程中的能耗和排放。

（3）陶瓷行业

陶瓷生产中，重点在于优化生产工艺和废弃物的循环利用。采用高效节能的干燥和烧成设备，以及开发低能耗的釉料和坯体配方，可以有效降低能耗。建立完善的废弃物回收系统，将生产过程中的边角料和不合格产品重新加工利用，减少废弃物排放，同时减轻对原材料的依赖。此外，探索使用替代能源，如太阳能或生物质能源，作为部分生产能源，也是减少碳足迹的有效措施。

总体来说，这些行业在推进绿色转型的过程中，还需要政府政策的支持、技术创新的激励以及消费者对绿色建材产品认知度的提升。通过政策引导、技术创新与市场机制的有机结合，建材行业将逐步建立起一个低碳、环保、可持续的基础生产体系，为全球气候变化应对作出重要贡献。

（二）环境友好化

外墙占据了建筑围护结构总面积的60％以上，并且其能耗占到了建筑总能耗的40％。因此，开发和应用新型墙体材料及复合墙体技术，例如混凝土砌块、灰砂砖、纸面石膏板、加气混凝土和复合轻质板，以及采用内保温、外保温和夹心保温的复合墙体结构，是降低建筑总体能耗的有效途径。此外，生态型混凝土如光催化混凝土、透水混凝土和植被混凝土等，不仅能够缓解城市环境问题，还能美化环境和改善生态，是建筑材料绿色发展的重要趋势。

以建筑材料在其全生命周期内对资源和能源的消耗以及对生态环境的影响为核心，建立绿色建材的评价方法和指标体系，构建建材环境负荷数据库，是实现建筑材料环境友好化的关键。因此，行业内需要开展绿色建材的评价认证工作，发布绿色建材产品目录，并建立可追溯的信息系统，以确保建筑材料的绿色发展和环境友好性。

（三）循环利用化

将废弃物转化为生产要素，融入循环经济体系，是全球范围内应对资源约束、环境污染和生态退化挑战的有效途径。这一过程不仅有助于减轻环境负担，还能开辟新的经济增长点，实现经济、社会与环境的和谐共生。在这一领域，废弃物的综合利用正逐步成为推动可持续发展的重要驱动力。工业废渣，如钢铁厂的高炉渣、铜冶炼渣、燃煤电厂的粉煤灰等，富含多种矿物质，通过技术创新，可以转化为水泥的掺合料、道路建设的填充材料或者制作成新型环保砖块，既解决了废渣堆放占地和环境污染的问题，又减少了对天然资源的开采。农业废弃物，如农作物秸秆、畜禽粪便等，通过生物技术、热化学转化等方式，可以转化为生物燃料、有机肥料或制成生物质板材等建材，既丰富了农业生产循环，又促进了农村经济多元化发展，增强了农业生态系统的可持续性。建筑垃圾，如废弃混凝土、砖瓦碎块等，经过破碎、筛分、再加工等处理，可以作为再生骨料用于生产绿色墙体材料、透水砖、再生混凝土等，不仅减少了建筑废弃物对环境的负面影响，还为城市建设和改造提供了宝贵的资源。

绿色水泥、绿色墙体材料、绿色高性能混凝土等产品的开发与应用，不仅减少了传统建材生产中的碳排放和资源消耗，还提升了建筑的节能环保性能，适应了绿色建筑和低碳城市建设的需求。随着技术的进步和政策的推动，这些绿色建材的市场接受度不断提高，应用范围从试点示范项目逐渐扩展到更广泛的民用、商用和基础设施建设中，展现出广阔的应用前景和市场潜力。为了加速这一进程，各国政府纷纷出台相关政策，鼓励废弃物资源化利用的研发和产业化，提供财政补贴、税收减免等激励措施，加强标准制定和市场监管，引导和促进循环经济产业链的形成与发展。同时，公众环保意识的提升和对绿色消费的偏好变化，也为废弃物综合利用产品的市场推广创造了有利的社会环境。因此，废弃物综合利用正逐步从概念走向现实，成为推动全球可持续发展战略实施的重要力量。

（四）结构长寿命化

混凝土作为建筑领域不可或缺的基石，其质量控制与性能优化对于提升整个建筑行业的可持续性发展至关重要。混凝土的耐久性不仅关系到建筑物的安全性与稳定性，还直接影响到维护成本、资源消耗和环境影响。因此，采用先进技术和材料，从源头上提升混凝土的性能，成为当前建筑科技创新的关键点。

（1）水化热调控材料

在混凝土浇筑过程中，水泥水化反应会释放大量的热量，导致内部温度升高，产生温度应力，这是混凝土开裂的主要原因之一。通过在混凝土配比中加入水化热调控材料，如矿物掺合料（如粉煤灰、矿渣粉等）或专用水化热减缓剂，可以有效延缓水泥的水化进程，降低峰值温度，从而减少因温度差异引起的内部应力，防止或减轻裂缝的形成。

（2）减缩型减水剂

减水剂能显著降低混凝土拌合物的需水量，提高流动性，而减缩型减水剂在此基础上进一步增加了混凝土的体积稳定性，减少了干缩和塑性收缩，对抗裂性有显著改善。通过减少水分的蒸发和提高水泥浆体的致密性，减缩型减水剂有助于提升混凝土的抗裂性能和耐久性。

（3）水分蒸发抑制剂

在混凝土养护阶段，使用水分蒸发抑制剂可以在混凝土表面形成一层保护膜，有效减缓水分蒸发速度，保持混凝土内部的湿度平衡，这对于控制早期开裂尤为关键。通过延长混凝土的保湿时间，可以给予水泥水化充分的时间，促进强度的均匀增长，减少表面干裂。

（4）钢筋阻锈剂与侵蚀介质传输抑制剂

钢筋锈蚀是影响混凝土结构耐久性的另一大因素。采用钢筋阻锈剂，可以在钢筋表面形成保护层，阻止或延缓腐蚀反应，同时，侵蚀介质传输抑制剂可以减缓氯离子、硫酸盐等侵蚀性介质向混凝土内部的渗透，构建起一道有效的防护屏障。这两种材料的联合使用，不仅增强了混凝土对恶劣环境的抵抗力，还确保了钢筋与混凝土之间的良好黏结，延长了结构的使用寿命。

综上所述，通过综合运用这些先进技术与材料，不仅能够显著提升混凝土的质量与耐久性，还为建筑行业向更加绿色、可持续的方向转型提供了强有力的技术支撑。这些措施不仅关乎单个建筑物的性能，更是推动整个建筑业向资源高效利用、环境友好型发展模式转变的关键。随着研究的深入和技术的不断进步，混凝土材料的性能还将得到进一步优化，为构建更加安全、长寿、环保的建筑环境贡献力量。

参考文献

[1] Mulya S K, Ng L W, Biró K, et al. Decarbonizing the high-rise office building: A life cycle carbon assessment to green building rating systems in a tropical country [J]. Building and Environment, 2024: 255-437.

[2] 刘原鑫, 董鹏. 绿色建筑评估体系下的公共建筑设计与性能分析 [J]. 住宅产业, 2024 (3): 43-45.

[3] 黄燕飞. "双碳"背景下建筑全寿命周期绿色施工策略简析 [J]. 广西城镇建设, 2024 (2): 69-74.

[4] 王海山, 梁磊, 程雅坤. 标准数字化助力绿色低碳建筑高质量发展 [J]. 建设科技, 2022 (21): 61-66.

[5] 刘平, 黄晶晶, 成诚. 实现绿色低碳公共建筑的设计策略分析 [J]. 低碳世界, 2021, 11 (11): 83-84.

[6] 刘明迪, 边俊杰. 绿色金融助力绿色建筑发展的机制研究 [J]. 建设科技, 2021, (16): 80-83.

[7] 郑文元, 宋秀杰. 绿色建筑在解决北京城市发展问题中的作用研究 [J]. 城市住宅, 2021, 28 (8): 69-71.

[8] 虞志淳. 英国低碳建筑: 法规体系与技术应用 [J]. 西部人居环境学刊, 2021, 36 (1): 51-56.

[9] 周越, 鲍沁星, 张敏霞. 国际城市绿色空间热环境相关标准比较 [J]. 中国城市林业, 2021, 19 (1): 36-41.

[10] 李嫣翠, 黄向向. 基于BIM的绿色建筑预评估体系研究 [J]. 中小企业管理与科技（中旬刊）, 2021 (1): 104-105.

[11] 祝云华, 邓甜, 陈楠, 等. 我国绿色建筑发展现状、趋势及效益评价 [J]. 建筑技术开发, 2020, 47 (20): 156-158.

[12] 何锦丛. 依斯干达绿色建筑发展经验借鉴 [J]. 中国机关后勤, 2020 (9): 56-58.

[13] 羊烨, 李振宇, 郑振华. 绿色建筑评价体系中的"共享使用"指标 [J]. 同济大学学报（自然科学版）, 2020, 48 (6): 779-787.

[14] 栗凯伟. 新型城镇化背景下绿色建筑评估体系构建与知识重用研究 [D]. 西安: 西安建筑科技大学, 2020.

[15] 张颖. 绿色建筑运营评估体系现状分析及案例实践 [J]. 绿色建筑, 2020, 12 (2): 10-13.

[16] A Critical Research of Green Building Assessment Systems in Malaysia Context [J]. International Journal of Innovative Technology and Exploring Engineering, 2019, 8 (12S2): 778-785.

[17] Lee H, Park E. Developing a Landscape Sustainability Assessment Model Using an Analytic Hierarchy Process in Korea [J]. Sustainability, 2019, 12 (1): 301.

[18] Cordero S A, Melgar G S, Márquez A M J. Green Building Rating Systems and the New Framework Level (s): A Critical Review of Sustainability Certification within Europe [J]. Energies, 2019, 13 (1).

[19] 杨东东, 王亚亚, 吴宇婷. 浅谈绿色建筑节能评估体系与实例分析 [J]. 居舍, 2019 (34): 18-19.

[20] 谢晓欢, 贾倍思, 肖靖. 中国绿色建筑的集成化设计现状、困境与出路: 基于建筑师的访谈 [J]. 建筑师, 2019 (5): 103-109.

[21] Alyami H S. Critical Analysis of Energy Efficiency Assessment by International Green Building Rating Tools and Its Effects on Local Adaptation [J]. Arabian Journal for Science and Engineering,

2019，44（10）：8599-8613.

[22] 李龙．基于环境评估的回馈式绿色建筑教学体系研究［J］．散装水泥，2019（4）：17-18＋33.

[23] 徐婷梅，徐文明．迪拜哈斯彦电站的绿色建筑设计［J］．吉林电力，2019，47（3）：48-50.

[24] 钱坤，封元．浅谈绿色建筑的发展［J］．河南建材，2019（3）：298-300.

[25] Environmental Building; Data on Environmental Building Described by Researchers at University of Hong Kong (Evaluating the Effects of Green Building On Construction Waste Management：a Comparative Study of Three Green Building Rating Systems)［J］. Ecology Environment Conservation，2019.

[26] 张建东．目前环境条件下绿色建筑的管理研究［J］．城市建设理论研究（电子版），2019（16）：49-50.

[27] Vyas S G, Jha N K, Patel A D. Development of Green Building Rating System Using AHP and Fuzzy Integrals：A Case of India［J］. Journal of Architectural Engineering, 2019, 25 (2)：04019004-04019004.

[28] 陆姝钰．中国与奥地利绿色建筑评价体系比较研究［D］．宜昌：三峡大学，2019.

[29] 李阳．LEED认证在既有建筑绿色化改造中的应用［J］．建筑施工，2019，41（5）：942-944.

[30] 张仲军．绿色建筑评估体系优化及评价研究［D］．石家庄：河北经贸大学，2019.

[31] 陈剑波，李嘉飞，田恬．南京市绿色建筑实施现状调研与分析［J］．安徽建筑，2019，26（4）：183-184.

[32] 金悦，徐少山．开展绿色生活第三方评价可行性探索［J］．质量与认证，2019（4）：59-61.

[33] Ismaeel S W. Drawing the operating mechanisms of green building rating systems［J］. Journal of Cleaner Production，2019，213599-609.

[34] 尹泽开．基于实测数据绿色建筑地源热泵系统应用效果后评估体系研究［D］．沈阳：沈阳建筑大学，2019.

[35] 高荣伟．绿色建筑的全生命周期管理［J］．城市开发，2019（4）：77-79.

[36] 张军学，彭昌海，王晨杨．基于能值方法评估高层办公建筑生态可持续性——以东南大学逸夫建筑楼为例［J］．华中建筑，2019，37（2）：44-48.

[37] 汤诗嘉．国内外绿色建筑评价标准研究及其展望［J］．居舍，2019（2）：8.

[38] 高荣伟．关于绿色建筑全生命周期管理［J］．资源与人居环境，2019（1）：58-61.

[39] 颜淑婧，张赢丹，毕爱琦，等．北方新型城镇化中绿色建筑评价系统的构建［J］．经济师，2019（1）：70-71.

[40] 王雪洋．国内外绿色建筑评价体系分析［J］．中华建设，2019（1）：93-95.

[41] 孙思．化虚为实让绿色建筑真正"绿"起来［J］．中华建设，2018（12）：22-25.

[42] 薛秀春．绿色建筑后评估时代正在到来［J］．中华建设，2018（12）：12-13.

[43] 张正磊，刘萍，周伟伟．国内外绿色建筑评价体系发展现状及展望［J］．科技风，2018（36）：143.

[44] 贾玉婷．中国式绿色建筑发展现状分析［J］．建设科技，2018（19）：76-79.

[45] 姚华．浅谈绿色建筑发展现状及其应用［J］．城市建设理论研究（电子版），2018（28）：150.

[46] L. P C, Brand C W, Melanie B. Sustainability and wood constructions：a review of green building rating systems and life-cycle assessment methods from a South African and developing world perspective［J］. Advances in Building Energy Research，2018：1-20.

[47] Dakheel A J, Aoul T K, Hassan A. Enhancing Green Building Rating of a School under the Hot Climate of UAE; Renewable Energy Application and System Integration［J］. Energies, 2018, 11 (9)．

[48] 陈立文，赵士雯，张志静．绿色建筑发展相关驱动因素研究——一个文献综述［J］．资源开发与

市场，2018，34（9）：1229-1236.

[49] Marsh D. Pervious pavement, permeable pavers traffic Smart Surfaces Coalition goals [J]. Concrete Products，2018，121（9）.

[50] Mohd A E, Mohd M N. Assessment of Renewable Distributed Generation in Green Building Rating System for Public Hospital [J]. International Journal of Engineering Technology, 2018, 7 (3.15)：40-40.

[51] 姜鑫. 绿色建筑设计理念及发展方向 [J]. 建筑技术开发，2018，45（14）：109-110.

[52] 李群. 绿色建筑评估体系对建筑节能管理的指示作用 [J]. 建筑技术开发，2018，45（13）：119-120.

[53] Seghier, Eddine T, Ahmad, et al. Integration Models of Building Information Modelling and Green Building Rating Systems：A Review [J]. Advanced Science Letters, 2018, 24 (6): 4121-4125.

[54] 瞿士培，刘过. 探析绿色建筑技术和相关材料在建筑中的应用 [J]. 建材与装饰，2018（27）：43-44.

[55] 樊海彬. 绿建评价新国标后的河北省绿色建筑实践研究 [D]. 石家庄：石家庄铁道大学，2018.

[56] 吴闻婧，曲辰飞，王东林. 基于绿色三星运行标识的绿建智能化系统设计 [J]. 建筑电气，2018，37（5）：100-104.

[57] Shan M, Hwang B. Green building rating systems：Global reviews of practices and research efforts [J]. Sustainable Cities and Society, 2018 (39) 172-180.

[58] Ismaeel S W. Midpoint and endpoint impact categories in Green building rating systems [J]. Journal of Cleaner Production, 2018 (182) 783-793.

[59] 李鸥，赵田. 基于环境评估的回馈式绿色建筑教学体系 [J]. 城市建筑，2018（11）：47-50.

[60] He Y, Kvan T, Liu M, et al. How green building rating systems affect designing green [J]. Building and Environment, 2018, 13319-31.

[61] 程瑞希. 城市建筑密集区高层办公建筑绿色建筑技术指标体系研究 [J]. 广东土木与建筑，2018，25（3）：76-78.

[62] Krajangsri T, Pongpeng J. A comparison of green building assessment systems [J]. MATEC Web of Conferences, 2018, 1920—2027.

[63] Horr A Y, Arif M, Kaushik A, et al. Occupant productivity and indoor environment quality：A case of GSAS [J]. International Journal of Sustainable Built Environment, 2017, 6 (2)：476-490.

[64] 赵铁群. 绿色建筑节能环保技术适宜性预评估体系研究 [D]. 天津：天津大学，2018.

[65] GREEN BUILDING RATING SYSTEMS AND THEIR APPLICATION IN THE MEXICAN CONTEXT [J]. Theoretical and Empirical Researches in Urban Management, 2017, 12 (4)：20-32.

[66] 林霄. 绿色建筑评估体系优化研究 [D]. 成都：西南交通大学，2017.

[67] 吴川. 建筑环境影响指数研究 [D]. 北京：北京建筑大学，2014.

[68] 李志铮. 绿色建筑与声环境 [D]. 北京：清华大学，2014.

[69] 张荼子. 结构体系绿色度的评价标准构建研究及定性分析 [D]. 阜新：辽宁工程技术大学，2013.

[70] 许佳. 以德国"FOB项目"为切入点的低碳办公建筑设计研究 [D]. 沈阳：沈阳建筑大学，2012.

[71] 张伟. 国际绿色建筑评估体系及与我国评估体系的对比研究 [D]. 天津：天津大学，2012.

[72] 黄璐. 公共建筑项目绿色度评估体系研究 [D]. 长沙：中南大学，2012.

[73] 张伟. 国内外绿色建筑评估体系比较研究 [D]. 长沙：湖南大学，2011.

［74］ 杨彩霞．基于全寿命周期的绿色建筑评估体系研究［D］．北京：北京建筑工程学院，2011．
［75］ 张丁丁．基于全寿命周期我国绿色住宅建筑评估体系的研究［D］．北京：北京交通大学，2010．
［76］ 李冬．绿色建筑评估体系的设计导控机制研究［D］．济南：山东建筑大学，2010．
［77］ 杨文．我国绿色建筑评估体系的探索研究［D］．重庆：重庆大学，2008．
［78］ 徐莉燕．绿色建筑评价方法及模型研究［D］．上海：同济大学，2006．
［79］ 李路明．绿色建筑评价体系研究［D］．天津：天津大学，2003．